高职高专水利工程类专业"十二五"规划系列教材

# 水工建筑物

主　编　汤能见　王黎平　杨　艳
副主编　黄宏亮　李　培　段凯敏　陈一华
　　　　李胜宣　李毓军　易进蓉
主　审　邹　林

华中科技大学出版社
中国·武汉

## 内 容 提 要

本书是全国高职高专水利工程类专业"十二五"规划系列教材之一。其内容的深度和难度按照高等职业教育的教学特点和专业需要进行设计和编写。

本书在编写过程中采用最新的中华人民共和国设计规范和行业标准,吸收新技术,广泛选用新的大坝资料,针对高职高专教学的特点,着重讲授理论知识在实践中的应用,培养学生的实践能力,以项目、任务、工作过程组织教学,力求做到:基本概念准确,设计方法步骤清楚。全书包括水工建筑物认知、混凝土坝构造与设计、土石坝构造与设计、水闸构造与设计、溢洪道构造与设计、水工隧洞构造与设计、渠系构造与设计和过坝建筑物构造与设计等八个项目。本书在编写过程中,结合教学改革实践,对课程内容进行了较大调整,突出实用性,强调理论知识和实际操作紧密结合,注重学生理论知识的应用和实践能力的培养。

本书既可作为高职高专水利水电及相关专业水工建筑物课程的教材,也可作为其他层次职业学校相关专业的教材或教学参考书,还可作为水利水电工程技术人员的参考书。

### 图书在版编目(CIP)数据

水工建筑物/汤能见,王黎平,杨艳主编.—武汉:华中科技大学出版社,2013.5(2022.1重印)
ISBN 978-7-5609-9078-1

Ⅰ.①水… Ⅱ.①汤… ②王… ③杨… Ⅲ.①水工建筑物-高等职业教育-教材 Ⅳ.①TV6

中国版本图书馆 CIP 数据核字(2013)第 113600 号

**水工建筑物**　　　　　　　　　　　　　　　汤能见　王黎平　杨　艳　主编

策划编辑:谢燕群　熊　慧
责任编辑:余　涛
封面设计:李　嫚
责任校对:马燕红
责任监印:周治超
出版发行:华中科技大学出版社(中国·武汉)　　电话:(027)81321913
　　　　　武汉市东湖新技术开发区华工科技园　　邮编:430223
录　排:武汉市洪山区佳年华文印部
印　刷:广东虎彩云印刷有限公司
开　本:787mm×1092mm　1/16
印　张:15.75
字　数:400 千字
版　次:2022 年 1 月第 1 版第 6 次印刷
定　价:38.00 元

高职高专水利工程类专业"十二五"规划系列教材

# 编 审 委 员 会

# 前　言

　　"水工建筑物"是水利水电工程类专业理论与实践紧密结合的必修专业课之一,是一门以项目导向、任务驱动、集"教、学、练、做"为一体的课程。本书以全国水利示范院校建设"水利水电建筑工程"重点建设专业课程标准为编写依据,以培养面向水利行业生产一线、从事水利水电工程建设岗位的高素质技术技能型专门人才为目标,在充分采纳企业合理化要求和意见的基础上进行教学标准和教学内容设计,以能力和素质培养为主线,带动理论知识的学习和技能的提高。

　　本书在编写过程中,按照突出实用性、突出理论知识的应用和有利于实践能力培养的原则,按照水利水电工程中的新规范、新标准、新技术要求,对课程内容进行了较大的调整。

　　本书特点如下。

　　(1)以项目、任务、工作过程组织教学,力求做到:基本概念准确;设计方法步骤清楚;各部分内容紧扣培养目标,相互协调,减少重复;文字简练,通俗易懂,不强调理论的系统性,努力避免贪多求全和高度浓缩的现象,实现了理论与实践的无缝对接。

　　(2)以职业能力和素质培养为主,与多家水利水电企业合作,结合水利水电建筑工程专业人才培养模式进行教学内容改革,按照企业岗位能力和素质要求编写本书,以利于读者学习、实践和解决工程问题。

　　(3)本书不仅注重了知识的传授,更加注重开拓读者的思路和职业能力的培养,全书共分八个工作项目,而每个项目又分为若干个工作任务,以实现任务为驱动,带动学生知识的学习和职业能力的提高,具有较强的可操作性。

　　本书由长江工程职业技术学院汤能见统筹策划,汤能见、王黎平、杨艳任主编,长江工程职业技术学院邹林任主审。参加本书编写的有:长江工程职业技术学院黄宏亮(编写项目1);长江工程职业技术学院杨艳、成都勘测设计研究院四川二滩国际工程咨询有限责任公司黄翮(编写项目2);长江工程职业技术学院李培、中水集团第五工程局有限公司李远杰(编写项目3);长江工程职业技术学院陈一华、长江水利委员会勘测设计院杨学红(编写项目4);长江工程职业技术学院段凯敏(编写项目5);长江工程职业技术学院王黎平、湖南岳阳永安工程技术有限公司李胜宣(编写项目6);长江工程职业技术学院李毓军(编写项目7);长江工程职业技术学院易进蓉(编写项目8)。汤能见、王黎平负责全书的统稿和校对。

　　本书在编写过程中,引用了大量的规范、专业文献和资料,未在书中一一注明,在此对有关作者表示感谢,并对所有热情支持和帮助本书编写工作的人员表示感谢。

　　对书中存在的缺点和疏漏,恳请广大读者批评指正。

编　者

2013 年 6 月

# 目　　录

# 项目1　水工建筑物认知

## 任务1　水资源与河流的基本知识

### 模块1　水资源

　　水是一种重要的资源。在自然界水循环过程中,大气降水落到地面后形成径流,流入江河、湖泊、沼泽和水库中形成地表水,渗入地下形成地下水。水是大自然赋予人类的宝贵财富,是生命的源泉和生态环境系统中最活跃和影响最广泛的因素之一,是人类生存活动和社会发展过程中不可缺少的自然资源。水能够循环,并能逐年得到补充和恢复,因此水资源不同于土地、矿藏等自然资源,是一种不仅可以再生而且可以重复利用的自然资源。水既是生活资料,又是生产资料,对人类生存和社会的发展至关重要。水在工农业生产过程中以及国民经济建设的各行各业中占有重要地位,所以,各国都把自然界中的水当做一种宝贵的资源去开发、研究、利用和保护。水资源的合理利用和科学管理,主要表现在水量、水质和水能三个方面。

　　地球上的总水量很大,约为13.86亿立方千米,但绝大部分是海洋中的咸水,占地球总储水量的96.5%。其中通过太阳做功、大气循环,而以降水、径流方式在陆地运行的淡水,全球年径流总量为427000亿立方米,这是最重要的一部分水,但只占地球总储水量的3.5%,且大部分在北半球。陆地有限的水体在时间和空间上的分布极不均匀,大部分分布于冰川、多年积雪、南北两极和多年冻土中,真正便于人类利用的水只是其中一小部分,主要分布在湖泊、河流、土壤中以及600 m深度以内的含水层,由此可见,地球上的淡水资源数量极为有限,需要人类珍惜,任何无节制的开发、利用都可能对人类的生存环境造成破坏。

　　世界各国和地区因所处的地理环境不同,拥有水资源的数量差别很大。按水资源量大小排列,排前几名的国家依次是巴西、俄罗斯、加拿大、美国、印度尼西亚、中国、印度。

　　我国流域面积在50 km²及以上的河流有45203条,流域面积在100 km²及以上的河流有22909条,居世界第六位。但由于我国幅员辽阔,自然条件悬殊,降水、径流在时间和地域上的分布不均衡。秦岭、淮河以南地区年降水量一般在800 mm以上,属于湿润和十分湿润地区,其中台湾地区东北部最大年降水量达6569 mm,是我国降水量最多的地区。秦岭、淮河以北地区年降水量一般小于800 mm,属于干旱和半干旱地区,其中新疆南部塔里木盆地和青海西部柴达木盆地年降水量不足25 mm,是我国降水量最少的地区。我国降水总趋势是由东南沿海向西北内陆递减。南方水多地少,北方地多水少。例如,长江及其以南地区,耕地面积占全国的38%,而河川径流量占全国的83%;黄、淮、海、辽四河流域内耕地面积占全国的42%,但河川径流量只占全国的8%,水资源总量只占全国的9%。所以,按人均占有量我国的水资源并不丰富,据2011年7月中央水利工作会议数据表明,我国三分之二的城市和地区在不同程度上缺水。人均水资源占有量为2200 m³,仅为世界平均水平的四分之一,列世界第125位,已经被联合国列为 13 个贫水国家之一。

我国受季风气候的影响,降水的年际变化很大,年内分配也很不均匀,降水越少的地区,年际和年内的变化也越大。降水及河川径流在季节和年际上分布不均匀的情况,北方甚于南方,枯水季节或枯水年,雨量很小,往往不能满足用水要求,而丰水季节或丰水年,雨量又很大,可能泛滥成灾。我国南部地区最大年降水量一般是最小年降水量的 2~4 倍,北部地区的一般是3~6 倍,且常有连续丰水年和连续枯水年出现。我国多数地区的雨季为 4 个月,南部地区在 5月到 8 月,4 个月的降水量占年降水量的 50%~60%;北部地区雨季多为 6 月到 9 月,4 个月的降水量占年降水量的 70%~80%。不同地区之间,南方地区一日降水量可远超过西北地区全年降水量。同一地区,一次暴雨降水量可超过多年平均年降水量,这就导致我国各地历史上洪、涝、旱灾频发。而由此可见,大力治水,根除水旱灾害,进而充分开发利用珍贵的水资源是何等重要。因此,无论是发展农业、工业,还是进行城市规划,都应考虑水资源的现状和开发的可能性,不能不顾水资源条件而盲目发展。

我国人均拥有水量很低,但可用于发电的水能资源却十分丰富。从青藏高原到海平面之间的巨大落差,形成了由水体的动能、势能和压力能等能量资源,即水能资源。

在我国水能理论蕴藏量达 6.94 亿千瓦,其中技术可开发量达 5.42 亿千瓦,年发电量24 740 亿千瓦时,居世界首位。因此,我国可利用这一优势,大搞水力发电,这对解决我国的建设发展中的能源问题具有决定性意义。

水资源是国家的财富,属全民所有,不受行政区划和部门的干扰。对水资源的开发,一定要统一规划、综合治理、综合利用、综合经营,为整个国民经济的发展服务,这是兴办水利事业的基本原则。对发电、防洪、灌溉、水运、给水等方面要统筹规划,全面安排,按照各部门的需要制定最优开发方案,尽量统一它们之间的矛盾,最大限度地照顾各方要求,使水利资源得到最有效的利用,使国民经济所得到的总效益最大。

# 模块 2　河流与水库

河流是地球上水循环的重要路径,自然界中的水主要来自降水、地下水和高山融雪。高山融雪和降水由起伏不平的地形提供了地表径流而形成由高向低冲刷的条件,径流越集中,冲刷力越强,久而久之,小沟变小溪,经过地面和地下向河流补给水源,上游水流不断切割和冲蚀河床,使河床逐渐扩大加深,最后汇集成为终年有水的河流。

## 1. 河流的基本知识

### 1) 干流、支流

直接流入海洋、湖泊或消失于荒漠的河流称为干流。直接或间接流入干流的河流称为支流,在较大水系中,直接流入干流的河流称为一级支流,流入一级支流的河流称为二级支流,其余依此类推。

### 2) 水系

由大小不同的江河干流、支流、湖泊、沼泽和地下暗流等组成的脉络相通的水网系统称为水系,也称为河系或河网。水系一般以它的干流或以注入的河流、湖泊名称命名,如长江水系、太湖水系、珠江水系等。

### 3) 河流的分段

河流可按其地貌特征及水力特性进行分段,一条发育完整的河流可分为河源、上游、中游、下游及河口等 5 个河段。

（1）河源：河流的发源地，多为泉水、溪涧、冰川、湖泊或沼泽等。

（2）上游：直接连接河源的河流上段。其特点是河谷窄、坡度大、水流急、下切强烈，常有瀑布、急滩。河床多为基岩或砾石。

（3）中游：上游以下的河流中段。河段坡度渐缓，河槽变宽，两岸常有滩地，冲淤变化不明显，河床较稳定。河床多为粗沙。

（4）下游：中游以下的河段。一般处于平原区，其特征是河槽宽阔，河床坡度较小，流速慢，水位变幅小，淤积明显，浅滩和河湾较多。河床多为细沙或淤泥。

（5）河口：河流的终点，即河流注入海洋或内陆湖泊的出水口。这一段因流速骤减，泥沙大量淤积，往往形成平面呈扇形的沙洲，常称为三角洲。

流入海洋的河流，称为入海河流。由于沿途渗漏或蒸发损失，在与其他河流汇合前就已枯竭而没有河口的河流，称为内陆河，俗称"瞎尾河"。我国新疆的塔里木河就是一条长度为中国第一、世界第二的内陆河。

**4）河流分类**

河流根据不同的划分原则而有不同的分类，主要分为以下 3 类。

（1）按地区分类：分为山区（包括高原）河流和平原河流两类。这是最常用的划分方法。

对于较大的河流，其上游段多为山区河流，而下游段多为平原河流，位于上、下游之间的中游段则往往兼有山区河流和平原河流的特性。

山区河流流经地势高峻、地形复杂的山区，所以岸线极不规则，宽度变化很大，水流急，多险滩瀑布，洪水猛涨猛落。河谷断面多为 V 字形或 U 字形。河床由岩石组成，水流的切削作用进行缓慢，河道基本上是稳定的。但在岩石风化严重、植被很差的地区，暴雨可能会引发危险性很大的泥石流。山区河流水力资源丰富，但对航运不利。

平原河流地形平缓，泥沙容易沉积，在两岸形成自然堤。堤岸较高，使地表径流不易流入河中，低洼地容易形成内涝。河谷较宽，河谷断面呈 U 字形或 W 字形。其水量比较丰富，对航运和灌溉提供了有利条件。但平原河流的河床土质抗冲能力小，极易产生变形、弯曲、浅滩等，使深槽位置变化不定，需要采取整治措施来稳定河床。

（2）按平面形态（河型）分类：分为顺直型、弯曲型、分汊型和游荡型。

（3）按河型动态分类：分为稳定型或相对稳定型和不稳定型。

**2. 河流的基本特征**

河流的基本特征有河流长度、河床纵横断面、河床比降等，一般是实测或依据实测地形图计算而来的，是进行水利工程规划和水工建筑物设计的基本数据。

**1）河流长度**

河流自河源到河口的长度称为河流长度（河长）。由于河流蜿蜒曲折，不易直接量测，河流长度一般在河道地形图上按比例尺量出，可以行驶机船的河流，亦可用机船行驶的速度及航行的时间求得。

**2）河床**

河流沿途经过的河道称为河床，亦称河谷。枯水期水流所占河床称为主槽；汛期洪水泛滥所及部位，称为滩地。在枯水期和中水期水流经过的河床称为基本河床；在洪水期漫溢到两岸滩地所形成的河床称为洪水河床。一般上游为峡谷，中游有滩地，下游位于冲积层上。

**3）河流的横断面**

河流的横断面是指与河道主流方向垂直的断面，即河底线与水面线之间所包围的平面，是决定河槽输水能力、流速分布、流向的重要因素。当河水涨落变化时，过水断面的形状和面积也随之发生变化。

**4）河流的纵断面**

河流的纵断面是指沿河流中线（也有取沿程各横断面上的河床最低点）沿河长变化的剖面，可以表示河流的纵坡及落差的沿程分布。这是推算水流特性和估计水能资源的主要依据。

**5）河道纵比降**

河段两端的河底高程之差称为河床落差，单位河长的河床落差称为河道纵比降，通常以千分数或小数表示。

# 任务 2　水利建设与水库

## 模块 1　水利建设

远古以来，我国人民曾为治理水患、开发水利进行过长期的英勇奋斗，取得了辉煌的业绩。至今还有一些纪元前修建的水利工程在为我们服务。例如，秦代李冰主持修建的岷江都江堰分洪灌溉工程，一直是成都平原农业稳产高产的保证，堪称中华民族的骄傲之一。

然而，从 1840 年的鸦片战争开始，到 1949 年，中国已是山河破碎，河流水系紊乱，水利基础设施非常薄弱。1931 年，长江发生了全流域大洪水，平原湖区几乎全部受灾，死亡 14.5 万人。1933 年黄河大堤决口 50 多处，受灾面积达 1.1 万平方公里，死亡 1.8 万人；1935 年黄河大水造成江苏、山东 27 个县受淹，灾民 340 万人；1938 年国民党在花园口扒开黄河，造成黄河大改道，390 万人流离失所，89 万人死亡。1935 年，汉水、澧水发生特大洪水，长江中下游地区 6 省受灾，死亡 14 万余人。另外，全国其他江河洪水造成的损失也相当严重。淮河、海河流域洪旱灾害不断。

新中国成立后，我国的水利事业有了巨大的发展，在主要江河的上游兴建水库，修建和加固堤防下游，增加入海通道。洪水得到了初步控制，几千年为患的黄河未再泛滥。各流域修建多个水电站，建成了大批的水利工程。

根据 2013 年 3 月 26 日公布的第一次全国水利普查结果表明，截至 2012 年底，全国整修和兴建了约 413 679 km 的堤防；兴建了 98 002 座水库，总库容 9 323.12 亿立方米（已建 97 246 座，库容 8 104.10 亿立方米；在建 756 座，库容 1 219.02 亿立方米）；水电站 46 758 个，装机容量从 1949 年的 163 000 千瓦发展到 2012 年底的 3.33 亿千瓦，年发电量达到 4.94 万亿千瓦时，灌溉面积已达 10.02 亿亩，规模以上泵站 85 050 座。过闸流量 1 km³/s 及以上水闸 268 476 座；橡胶坝 2 685 座。

众多的工程实践促进了水利科学技术的发展。在坝工建筑、坝基处理、高速水流泄洪消能、地下工程开挖、大流量的截流和施工导流，以及大型闸门与水轮发电机组的设计、制造、安装等方面，都取得了成功的经验，有些方面已接近世界先进水平。例如，新中国成立以来兴建的"五利俱全"的大型水利枢纽工程——丹江口水利枢纽，其水库号称亚洲第一大人工湖，是将汉水送往华北地区和北京地区南水北调中线工程的水源地。修筑在岩溶地区的乌江渡水电站,坝型为拱形重力坝,最大坝高165 m,帷幕灌浆最大深度达200 m。碧口水电站的拦河坝为壤土心墙土石坝,最大坝高102 m,坝基处理采用混凝土防渗墙,最大深度为65.5 m。陕西石头河水库的拦河坝为黏土心墙土石坝,最大坝高105 m,已实现全面机械化施工。黄河上游第一座大型梯级电站龙羊峡水电站的坝型为重力拱坝,最大坝高177 m,最大库容为247亿立方米,装机容量为128万千瓦,单机容量为32万千瓦。万里长江第一坝葛洲坝水电站总装机容量为271.5万千瓦,年平均发电量141亿千瓦时。采用蓄清排浑方式的小浪底水利枢纽由拦河坝、引水发电系统、泄洪排沙系统组成。广西红水河碾压混凝土重力坝龙滩水电站装机容量为540万千瓦,坝高192 m。云南澜沧江上的小湾水电站,是世界首座在复杂的地质环境中建设的近300 m级混凝土双曲拱坝,装机容量为420万千瓦,水库库容为149亿立方米,具备调节多年水量功能。世界上规模最大总装机容量为1 820万千瓦,拥有双线五级连续永久船闸的三峡水利枢纽工程已经建成,并且已成功达175 m正常蓄水位。举世瞩目的大跨度调水工程——南水北调(东、中线)工程已经进入倒计时的关键阶段。

从第一次全国水利普查成果看,我国水利发展取得了巨大成就,基本形成了覆盖城市乡村、功能较为齐全、惠及亿万群众的水利基础设施体系,但与支撑经济社会快速发展和提高人民群众生活水平的需求相比,由于历史欠账较多,水利建设依然存在很多薄弱环节。全国有防洪任务的河段中,已治理的只占33%,已治理且达标的仅占17%,尤其是中小河流治理率低;全国水库总库容占河川径流量的34%,兴利库容仅占16.8%,对江河水资源的调控能力不强;全国以供水和灌溉为主的水库虽然有9.3万多座,但兴利库容只有1 700多亿立方米,供水保障能力较弱;全国灌溉渠道衬砌长度不到30%,中小灌区的灌溉效率较低,由此可见,还有许多伟大而艰巨的世界一流的水利建设任务正等待我们去完成。

## 模块2　水库

水库是一种蓄水工程。它由拦河坝截断河流,形成一定容积的水库。在汛期可以拦蓄洪水,削减洪峰,减除下游洪水灾害,蓄于水库的水量可以用来满足灌溉、发电、航运、城市给水和养鱼的需要。所以,修建水库是解决来水和用水在时间上的矛盾,并能综合利用水资源的有效措施。

水库的总库容由死库容、兴利库容和调洪库容三部分组成。死库容是根据发电最小水头或灌溉引水的最低水位确定的,同时考虑泥沙淤积、养殖及环境卫生等要求;兴利库容是根据灌溉、发电等需要确定的,它是确定水库效益和投资的重要依据;调洪库容是根据防洪标准由调洪演算确定的。如果能利用一部分兴利库容兼作调洪库容,则可减少水库总库容,降低工程造价。

水库的形成使库区内造成淹没,村镇、居民、工厂及交通等设施需要迁移重建;水库水位的升降变化可能引起岸坡大范围滑坡,影响拦河大坝的安全;在地震多发区,有可能引起诱发地震;水库水质、水温的变化使库区附近的生态平衡发生变化。

水库改变了河道的径流,水库下游河道的流量产生了变化。在枯水期,通过电站和灌溉下泄水流,可使下游流量增加,对航运、河道水质改善,维持生态平衡等方面均有利。如不放水,将使河道干涸,两岸地下水位降低,生态平衡受到影响。另外,下泄的清水易冲刷河床,将影响下游桥梁、护岸等工程的安全。某些水库上游河道的入库处容易发生淤积，使河水下泄不畅，水库上游河道容易发生泛滥。

水利工作者在进行水利规划和水库设计时，应认真研究和解决这些问题，充分利用有利条件，避免或减轻这些不利影响。

# 任务 3　水利枢纽和水工建筑物的概念

## 模块 1　基本概念

在水利事业中采取的工程措施称为水利工程。工程中的建筑物称为水利工程建筑物，简称水工建筑物。

对于开发河川水资源来说，常需在河流适当地段集中修建几种不同类型与功能的水工建筑物，以控制水流并便于协调运行和管理，这一多种水工建筑物组成的综合体就称为水利枢纽。

【例 1-1】　黄河干流上以发电为主，兼有防洪、灌溉等综合利用效益的龙羊峡水力发电枢纽的平面布置，如图 1-1 所示。

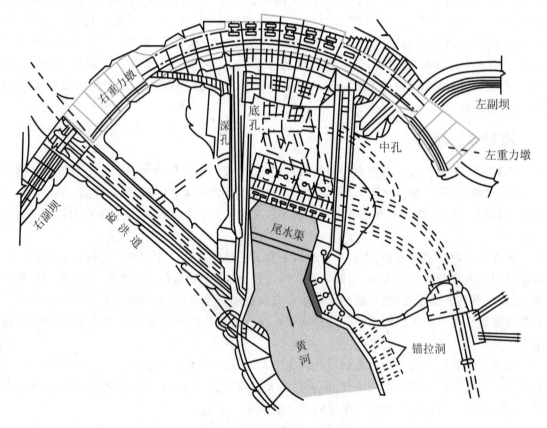

图 1-1　龙羊峡水电站平面图

【例 1-2】　甘肃省白龙江碧口水利枢纽，如图 1-2 所示。

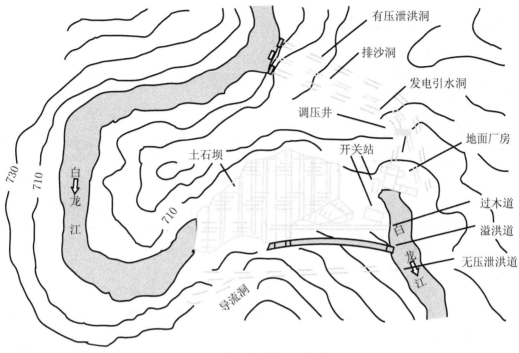

**图 1-2　碧口水电站平面布置图**

【例 1-3】　长江干流上著名的葛洲坝水利枢纽，如图 1-3 所示。

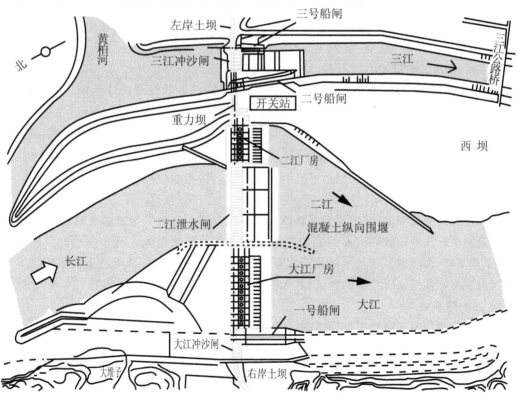

**图 1-3　葛洲坝水利枢纽平面布置图**

## 模块 2　水工建筑物分类

### 1. 水工建筑物按功能分类

水工建筑物按功能分类,可分为挡水建筑物、泄水建筑物、输水建筑物、取水建筑物、整治建筑物和专门性水工建筑物等。

**1)挡水建筑物**

挡水建筑物是指拦截或约束水流,并可承受一定水头作用的建筑物,如蓄水或壅水的各种拦河坝,修筑于江河两岸以抗洪的堤防、施工围堰等。

**2)泄水建筑物**

泄水建筑物是指排泄水库、湖泊、河渠等多余水量,以保证挡水建筑物和其他建筑物安全,或为必要时降低库水位乃至放空水库而设置的建筑物,如设于河床的溢流坝、泄水闸、泄水孔,设于河岸的溢洪道、泄水隧洞等。

**3)输水建筑物**

输水建筑物是指为灌溉、发电、城市或工业给水等需要,将水自水源或某处送至另一处或用户的建筑物。其中直接自水源输水的也称引水建筑物,如引水隧洞、引水涵管、渠道、渡槽、倒虹吸管、输水涵洞等。

**4)取水建筑物**

取水建筑物是指引水建筑物的上游首部建筑物,如取水口、进水闸、扬水站等。

**5)整治建筑物**

整治建筑物是指改善河道水流条件,调整河势,稳定河槽,维护航道和保护河岸的各种建筑物,如丁顺坝、潜坝、导流堤、防波堤、护岸等。

**6)专门性水工建筑物**

专门性水工建筑物是指为水利工程中某些特定单项任务而设置的建筑物,如专用于水电站的前池、调压室、压力管道、厂房;专用于通航过坝的船闸、升船机、鱼道、筏道;专用于给水防沙的沉沙池等。与专门性水工建筑物相对,前面 5 类建物也可统称为一般性水工建筑物。

### 2. 水工建筑物按使用的时间分类

水工建筑物按使用的时间长短,可分为永久性建筑物和临时性建筑物两类。

**1)永久性建筑物**

这种建筑物能长期使用,根据其在整体工程中的重要性又分为主要建筑物和次要建筑物。主要建筑物系指该建筑物在失事以后将造成下游灾害或严重影响工程效益的建筑物,如闸、坝、泄水建筑物、输水建筑物及水电站厂房等;次要建筑物系指失事后不致造成下游灾害和对工程效益影响不大且易于检修的建筑物,如挡土墙、导流墙、工作桥及护岸等。

**2)临时建筑物**

这种建筑物仅在工程施工期间使用,如围堰、导流建筑物等。

## 模块 3　水工建筑物的特点

### 1. 工作条件复杂

水工建筑物经常承受着水的作用,产生各种作用力,对其工作条件不利。挡水建筑物承受着一定的静水压力、风浪压力、地震动水压力、冰压力、浮力及渗流产生的渗透压力,对建筑物的稳定性影响极大;水流渗入建筑物内部及地基中,还可能产生侵蚀和渗透破坏;泄水建筑物的过水部分还承受着水流的动水压力及磨蚀作用,高速水流还可能对建筑物产生空蚀、振动,以及对河床产生冲刷。由于水的某些作用力难以用计算方法确定,故进行水工建筑物设计时,往往按理论和经验拟定建筑物的尺寸、构造和外形后,还需借助模型试验进行验证和修改,才能选择合理的建筑物形式和正确的处理措施。

**2. 施工条件复杂**

在河床中修筑建筑物,需要解决施工导流的问题,避免建筑物基坑及施工设施被洪水淹没。根据河道情况,在施工期还要保证航运和木材浮运不致中断。要进行很深的地基开挖和复杂的地基处理,常需水下施工。因此,水工建筑物的施工比陆地上的土木工程施工复杂得多。再加上工程量庞大,且要在较短时间内完成,故需要采用先进的施工技术、大型施工机械和科学的施工组织与管理体制。

**3. 对国民经济的影响巨大**

一个综合性水利枢纽工程和单项水工建筑物不仅可以承担防洪、灌溉、发电、航运等任务,同时又可以调节当地气候,改良土壤植被,美化环境,发展旅游,甚至建成优美的城市等,但是处理不当也可能产生消极的影响。河流中筑坝建库后,上、下游水文状态将发生变化。水库蓄水造成上游淹没损失,不仅导致大量移民和迁建,还可能引起库区周围地下水位的变化,直接影响到工农业生产,甚至影响生态环境;拦蓄巨大水量的挡水建筑物如果失事,将会给下游人民生命财产和工农业生产带来巨大的灾害,其损失远远超过建筑物本身的价值,并使以该水利枢纽为基础而建立起来的经济处于瘫痪状态。

因此,水利工程建设要进行全方位考虑,充分论证,权衡利弊,对设计方案进行综合优化论证,尽可能以最小的负面影响取得最高的效益。水工建筑物的设计工作必须充分重视勘测、试验和研究分析工作,以高度负责的精神,精心设计、精心施工、加强管理,确保工程安全。

# 任务 4　了解河川水利枢纽对环境的影响

**1. 物理影响**

如果水库不具有较大的径流调节性能,则变化只表现为上游有一壅水段。而一般具有季、年或多年调节性能的水库,上游水位将有很大的变化幅度,这就会造成一片淹没、浸没区,迫使原来的居民迁移。拦河水坝截断河流会导致下游河流水位及地下水位都可能下降,与此同时,造成下游河流水量减少,湖泊枯萎,甚至带来干旱。

水库蓄水以后,上游水库水深加大,流速降低,河流带入水库的泥沙会淤积下来,逐渐减少水库库容,这实际上能最终决定水库的寿命。库区周边,由于浸润,加上风浪、冰凌的撞击,沿岸水流的冲刷,土质岸坡可能坍塌,有的水库岸坡坍塌宽度达数十米。这不但增加了水库的淤积,也威胁了岸坡附近的生产企业和居民点的安全。一般土质的岸坡坍塌以后,岸坡变缓,可逐渐趋向稳定。水库的"沉沙池"作用,使过坝调节下放的水流成为"清水",冲刷能力加大,从而会使下游河床刷深,也可能影响到河势变化乃至河岸稳定。经水库再下泄的水,水质一般有所改善;但随着库区不同的条件,也可能受某些盐分污染。深水库底孔下放的水,水温会较原天然状态下的有所变化。

大面积的水库还会引起小气候的变化,例如,可能增加雾天的出现频率,大水库可能诱发地震也是国内外专家学者广泛关注的问题。据调查,在已建的坝高超过 100 m 和库容超过 10 亿立方米的水库中,发生水库地震的达 17%,但烈度不高。堤坝等挡水建筑物万一失事或决口,将会给下游人民的生命财产和国家建设带来灾难性的损失。

**2. 生态影响**

高坝大库对生态影响的问题涉及范围很广,包含许多人们还未认识的。人工水库虽然较天然河流大大增加了水库面积与容积,有利于渔业生产,但坝对原河鱼的回游构成障碍,任何过鱼设施难以维持原状,某些鱼类品种因此消失。水库调蓄的水量增加农作物灌溉的机会,但水温可能不如原来的更适应作物生长。地下水位的上升,可能引起耕地的盐碱化,导致农作物减产以致土地荒废。钉螺、疟蚊等传播疾病的媒介物可能得到新的、有利的繁殖条件,从而增加了血吸虫病、疟疾等的传染危险性。此外,库水化学成分的改变、营养物质浓集导致水的异味或缺氧等,也会对生物带来影响。

# 任务 5　水利枢纽与水工建筑物的等级划分

一项水利枢纽工程的成败对该国在国际上的声誉有直接影响,但不同规模的工程影响程度不同。为了使工程的安全可靠性与其造价的经济合理性适当统一起来,水利枢纽及其组成建筑物要分等级,即先按工程的规模、效益及其在国民经济中的重要性,将水利枢纽分等级,而后再对各组成建筑物按其所属枢纽等别、建筑物作用及重要性进行分级,枢纽工程、建筑物的等级不同,对其规划、设计、施工、运行管理的要求也不同,等级越高者要求也越高。这种分等分级、区别对待的方法,也是国家经济政策和技术政策的一种重要体现。

根据我国水利部颁发的现行规范《水利水电工程等级划分及洪水标准》(SL 252—2002),水利水电枢纽工程按其规模、效益和在国民经济中的重要性划分为五等,如表 1-1 所示。

表 1-1　水利水电工程等级划分及洪水标准

| 工程等别 | 工程规模 | 水库总库容 $/\times10^8 \ m^3$ | 防　洪 | | 治涝 | 灌溉 | 供水 | 发电 |
| | | | 保护城镇及工矿企业的重要性 | 保护农田 $/\times10^4$ 亩 | 治涝面积 $/\times10^4$ 亩 | 灌溉面积 $/\times10^4$ 亩 | 供水对象重要性 | 装机容量 $/\times10^4 \ kW$ |
|---|---|---|---|---|---|---|---|---|
| Ⅰ | 大(1)型 | ≥10 | 特别重要 | ≥500 | ≥200 | ≥150 | 特别重要 | ≥120 |
| Ⅱ | 大(2)型 | 10～1.0 | 重要 | 500～100 | 200～60 | 150～50 | 重要 | 120～30 |
| Ⅲ | 中型 | 1.0～0.10 | 中等 | 100～30 | 60～15 | 50～5 | 中等 | 30～5 |
| Ⅳ | 小(1)型 | 0.10～0.01 | 一般 | 30～5 | 15～3 | 5～0.5 | 一般 | 5～1 |
| Ⅴ | 小(2)型 | 0.01～0.001 | | ＜5 | ＜3 | ＜0.5 | | ＜1 |

注:(1) 水库总库容指水库最高水位以下的静库容;

(2) 治涝面积和灌溉面积均指设计面积;

(3) 灌溉面积系指设计灌溉面积。

对综合利用的水利水电工程,当按各综合利用项目的分等指标确定的等别不同时,其工程等别应按其中最高等别确定。

水利水电工程的永久性水工建筑物的级别,应根据其所在的工程等别和建筑物的重要性分为五级,如表 1-2 所示。

**表 1-2 永久性建筑物级别**

| 工 程 等 别 | 主要建筑物 | 次要建筑物 |
|:---:|:---:|:---:|
| I | 1 | 3 |
| II | 2 | 3 |
| III | 3 | 4 |
| IV | 4 | 5 |
| V | 5 | 5 |

永久性水工建筑物级别确定时,对于下述情况可提高或降低其主要建筑物级别。

(1)对于失事后损失巨大或影响十分严重的水利水电工程的 2~5 级主要永久性水工建筑物,经论证后可提高一级;对于失事后损失不大的水利水电工程的 1~4 级主要永久性水工建筑物,经论证后可降低一级。

(2)对于永久性水工建筑物的工程地质条件特别复杂,或采用缺少实践经验的新坝型、新结构时,对 2~5 级水工建筑物可提高一级,但洪水标准可不提高。

(3)对于水库大坝按表 1-2 规定为 2 级、3 级的永久性水工建筑物,如坝高超过表 1-3 中数值者可提高一级,但洪水标准不予提高。

**表 1-3 水库大坝提级指标**

| 级 别 | 坝 型 | 坝高/m |
|:---:|:---:|:---:|
| 2 | 土石坝 | 90 |
| | 混凝土坝、浆砌石坝 | 130 |
| 3 | 土石坝 | 70 |
| | 混凝土坝、浆砌石坝 | 100 |

水利水电工程施工期使用的临时性挡水和泄水建筑物的级别,应根据保护对象的重要性、失事后果、使用年限和临时性建筑物规模,按表 1-4 确定。

**表 1-4 临时性建筑物级别**

| 级别 | 保 护 对 象 | 失 事 后 果 | 使用年限/年 | 临时性水工建筑物规模 高度/m | 库容/×10^8 m³ |
|:---:|:---:|:---|:---:|:---:|:---:|
| 3 | 有特殊要求的 1 级永久性水工建筑物 | 淹没重要城镇、工矿企业、交通干线或推迟总工期及第一台(批)机组发电,造成重大灾害和损失 | >3 | >50 | >1.0 |
| 4 | 1、2 级永久性水工建筑物 | 淹没一般城镇、工矿企业,或影响工程总工期及第一台(批)机组发电而造成较大经济损失 | 3~1.5 | 50~15 | 1.0~0.1 |
| 5 | 3、4 级永久性水工建筑物 | 淹没基坑,但对总工期及第一台(批)机组发电影响不大,经济损失较小 | <1.5 | <15 | <0.1 |

当临时性水工建筑物根据表 1-4 指标分属不同级别时,其级别应按其中最高级别确定。但对于 3 级临时性水工建筑物,符合该级别规定的指标不得少于两项。

利用临时性水工建筑物挡水发电、通航时,经过技术经济论证,3 级以下临时性水工建筑物的级别可提高一级。

# 任务6　本门学科的学习方法和研究途径

## 模块1　本课程的学习方法

"水工建筑物"又称水工结构,是一门综合性很强的学科,涉及的知识面很宽,并需要较深的数学力学基础。它同时又是一门实践性很强的课程,掌握它的标志是工作中具有对各种水工建筑物进行设计、施工和运行管理的良好能力。为此在学习过程中,要综合运用基础理论,并通过作业、实验、设计等教学环节,锻炼培养解决实际问题的独立工作能力。

(1)复习巩固并适当开拓已学过的基本理论和基础知识。

(2)做好课下任务与课程实训。

(3)积极阅读参考书籍、文献和资料,开拓知识面。

(4)理论与实际相结合,以提高理论分析和解决实际问题的能力。

## 模块2　本学科的研究途径

水利工程科学技术水平在不断提高,但随着水工建筑物的规模不断加大,亟待解决的各种水工问题的难度也在不断增加。研究解决水工问题的途径可归结为以下几点。

(1)理论分析与计算。对实际问题通过已知的理论进行分析计算,目前可采用计算机仿真计算。

(2)试验研究。用水工水力学模型、水工结构模型等物理模型试验途径来解决理论计算尚不能解决的问题,并有结果直观、明显的优点。

(3)原型观测。对已建或在建的水工建筑物进行水流、结构或地基的各种观测,分析观测成果,找出一般规律,用以验证理论分析计算和试验成果,进而应用于其他工程。

(4)工程类比。通过调查研究,了解与本工程类似的已建并运行良好工程的参数、尺寸,归纳总结经验,从而参照进行本工程的设计。

# 课 下 任 务

**1.** 我国水资源分布的特点是什么?解决能源问题是否应优先开发水电?为什么?

**2.** 什么是水利枢纽?什么是水工建筑物?水工建筑物有些什么特点?

**3.** 水工建筑物有哪几类?各自的功用是什么?

**4.** 河川上建造水利枢纽对环境有何影响?有何利弊?人们应如何对待?

**5.** 水利枢纽、水工建筑物为何要分等级?其分等级的依据是什么?

# 项目2 混凝土坝构造与设计

## 任务1 资料收集

### 模块1 工程概况

工程概况主要包括:所建水坝的用途,如防洪、发电、灌溉及通航等;规划设计的依据;规模等级;工程投资资金预算和工期;施工和运用条件;产生的效益和生态环境影响。

### 模块2 气象、水文、泥沙资料

(1)坝址区地理位置,流域概况。

(2)气象条件:如严寒、酷热、风速、年平均气温和变幅、多年月平均气温、旬平均气温、气温骤降的变幅和历时及相应的频率、河流水温、坝基地温及类似工程水库水温等资料。

(3)水文地质:水文条件将影响坝型选择、布置以及导流度汛,如坝址水库集雨面积、水文地质条件、相对不透水层埋藏深度、降雨量、降雨天数、蒸发量以及库区有无渗漏问题等。

(4)泥沙淤积:河流泥沙特性、水库运行方式、上游有无调节水库,以及受淹对象的严重程度,考虑10~30年的泥沙淤积影响。

### 模块3 地形、工程地质构造条件

(1)坝址地形条件对设计、施工均有影响。地形条件包括河流走势、坝址地势的缓陡、河谷外形(U形河谷、梯形河谷、狭窄的V形河谷)。

(2)坝址地质条件是水利枢纽设计的重要依据之一,对坝型的选择和枢纽的布置起着决定性作用。坝址最好的地质条件是强度高、透水性小、不易风化、岩层坚硬完整、没有构造缺陷的岩基。但理想的天然地基很少,因而在选择坝址时应从实际出发,对于一个具体的枢纽来说,需从各个方面综合考虑:是否便于布置泄洪、发电建筑物,是否便于施工导流,是否技术可行,是否经济合理等。不同的情况应采取不同的地基处理方式,以满足工程需要。

### 模块4 地震、建筑材料等基本资料

地震、建筑材料等资料包括:坝址是否属于地震活动区域;建坝以后诱发地震的可能性;建坝所用材料的来源及适应性。

### 模块5 社会经济和移民搬迁影响的资料

(1)移民安置规划设计资料:妥善安置移民,关系到工程规模的合理选定,关系到移民的生产、生活和有关地区国民经济的恢复与发展,必须以实事求是的科学态度,深入细致地调查

研究,精心设计。水利水电工程建设,应根据我国人多地少的实际情况,尽量减少建设用地和移民数量。科学确定征地移民范围;查明受淹没、占地影响的人口和各种国民经济对象的经济。

（2）社会经济:分析评价所产生的社会、经济、环境、文化等方面的影响;确定移民安置规划方案;进行农村移民安置,集镇、城镇、工业企业迁建,专业项目恢复改建,防护工程的规划设计和水库库底清理设计;提出水库水域开发利用和水库移民后期扶持措施;初步拟定水库淹没处理设计洪水标准,初步确定泥沙淤积年限,初步进行水库洪水回水计算;初步确定水库淹没影响处理范围,包括水库淹没范围,浸没、坍岸、滑坡及其他影响范围;铁路、公路、电力、电信、水利设施及文物古迹等淹没对象。

# 任务 2　混凝土坝的枢纽布置

## 模块 1　混凝土重力坝的枢纽布置

重力坝是用混凝土或浆砌石修筑的挡水建筑物。其工作原理是在水压力及其他荷载作用下,依靠坝体自重在坝基面产生的抗滑力来抵抗水平水压力以达到稳定要求;利用坝体自重在水平截面上产生的压应力来抵消由水压力所引起的拉应力以满足强度要求。重力坝基本断面一般是上游面铅直或接近铅直的三角形断面,如图 2-1 所示。

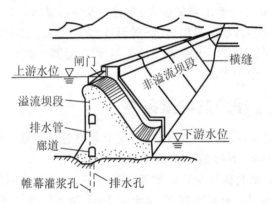

**图 2-1　混凝土重力坝示意**

### 1. 重力坝的特点

**1）优点**

（1）工作安全,运行可靠。重力坝剖面尺寸大,坝内应力较小,筑坝材料强度较高,耐久性好。因此,重力坝抵抗洪水漫顶、渗漏、侵蚀、地震和战争等破坏的能力都比较强。据统计,在各种坝型中,重力坝失事率相对较低。

（2）对地形、地质条件适应性强。任何形状的河谷都可以修建重力坝。重力坝对地质条件要求相对较低,一般修建在岩基上,当坝不高时,也可修建在土基上。

（3）泄洪方便,导流容易。可采用坝顶溢流,也可在坝内设泄水孔,不需设置溢洪道和泄水隧洞,枢纽布置紧凑。在施工期可以利用坝体导流,不需另设导流隧洞。

（4）施工方便,维护简单。大体积混凝土可以采用机械化施工,在放样、立模和混凝土浇筑等环节都比较方便。后期维护、扩建、补强、修复等也比较简单。

（5）受力明确，结构简单。重力坝沿坝轴线用横缝分成若干坝段，各坝段独立工作，结构简单，受力明确，稳定和应力计算都比较简单。

**2）缺点**

（1）坝体剖面尺寸大，材料用量多，材料的强度得不到充分发挥。

（2）坝体与坝基接触面积大，坝底扬压力大，对坝体稳定不利。

（3）坝体体积大，混凝土在凝结过程中产生大量水化热和硬化收缩，将引起不利的温度应力和收缩应力。因此，在浇筑混凝土时，需要有较严格的温度控制措施。

### 2. 重力坝的分类

（1）按坝的高度分类。坝高低于 30 m 的为低坝，高于 70 m 的为高坝，介于 30～70 m 的为中坝。坝高是指坝基最低面（不含局部有深槽或井、洞部位）至坝顶路面的高度。

（2）按泄水条件分类。重力坝可分为溢流重力坝和非溢流重力坝。溢流坝段和坝内设有泄水孔的坝段统称为泄水坝段，非溢流坝段也称为挡水坝段。

（3）按筑坝材料分类。重力坝可分为混凝土重力坝和浆砌石重力坝。

（4）按坝体结构形式分类。重力坝可分为实体重力坝、宽缝重力坝、空腹（腹孔）重力坝、预应力锚固重力坝和装配式重力坝，如图 2-2 所示。

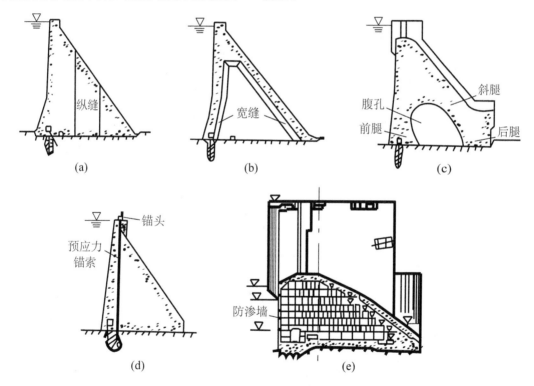

**图 2-2　重力坝按坝体结构形式分类**

（a）实体重力坝；（b）宽缝重力坝；（c）空腹（腹孔）重力坝；（d）预应力锚固重力坝；（e）装配式重力坝

（5）按施工方法分类。重力坝可分为浇筑混凝土重力坝和碾压混凝土重力坝。碾压混凝土重力坝剖面与实体重力坝剖面类似。

### 3. 重力坝布置

（1）应结合枢纽布置全面考虑，首先考虑泄洪建筑物的布置，如图 2-3 所示。

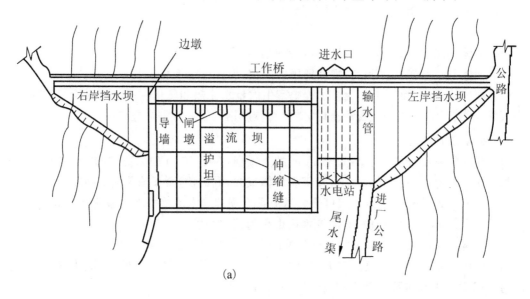

(a)

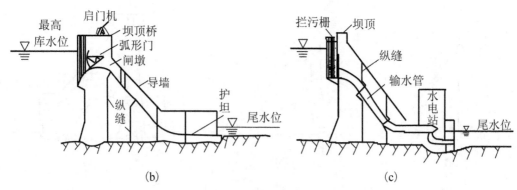

(b)                                    (c)

**图 2-3　重力坝的布置**

(a) 平面布置；(b) 溢流坝剖面；(c) 非溢流坝剖面

（2）碾压混凝土重力坝宜采用引水式或地下式厂房。若采用坝后式厂房时，宜采用背管式布置。

（3）位于洪水流量大而狭窄河道上高坝的枢纽布置，可选用厂房顶溢流式、厂前挑流式、坝内式或地下式厂房等。

（4）坝体溢流段的前沿长度、溢流泄水孔孔数、孔口形式、尺寸和堰顶高程应综合比较决定。

（5）坝体泄洪及消能防冲设施应根据坝高、坝基及下游河床和两岸地形地质条件、下游河道水深变化情况，结合过木、排冰、排漂等要求合理选择。

（6）可根据功能要求设置坝体泄水孔、放水孔。

（7）泄水孔位置、形式、高程、孔数和孔口尺寸的选择应考虑的因素。

（8）重力坝的施工导流建筑物，如底孔、缺口、梳齿等，应根据导流方案和地形、地质、水文等条件经比较确定，其布置应符合的要求。

（9）设于坝内的发电引水管道的进水口高程，应根据水利动能设计要求和泥沙淤积等条件确定，并符合《水电站进水口设计规范》（DL/T 5398—2007）或《水利水电工程进水口设计规范》（SL 285—2003）的有关规定。

（10）大型枢纽工程的重力坝布置应进行水工模型试验，以验证运行期和施工期的流态与冲淤状况是否满足各项建筑物的运行需要。

### 4. 重力坝的设计内容

（1）剖面设计。初步参照已建类似工程，拟定剖面尺寸。

（2）稳定分析。验算坝体沿地基面或地基中软弱结构面抗滑稳定的安全度。

（3）应力分析。应力条件应满足设计要求，保证坝体和坝基有足够的强度。

（4）构造设计。根据施工和运用要求来确定坝体的细部构造，如廊道系统、排水系统、坝体分缝等。

（5）地基处理。根据地基条件和受力情况，进行地基防渗、排水、断层处理等。

（6）溢流重力坝和泄水孔的孔口设计。具体内容包括堰顶的高程、孔口尺寸、体形及消能、防护设计等。

（7）监测设计。具体内容包括坝体内部和外部的监测设计，制定大坝的运行、维护和监测条例。

### 5. 重力坝设计原则

（1）重力坝的断面原则上应由持久状况控制，并以偶然状况复核，此时，可考虑坝体的空间作用或采用其他适当措施，不宜由偶然状况控制设计断面。

（2）分期施工投入运行的坝，其强度和稳定计算应按持久状况计算。

（3）宽缝重力坝可用材料力学法计算坝体应力，局部区域，如头部附近等部位，也可用有限元法计算，并允许在离上游面较远部位出现不超过坝体混凝土允许的拉应力。

（4）空腹重力坝可用结构力学、材料力学法和有限元法计算坝体应力，并用模型试验验证。所得应力成果应避免特别不利的应力分布状态。

（5）有横缝的重力坝，其强度和稳定计算应按平面问题考虑，可取一个坝段或取单位宽度进行计算。

（6）厂坝连接的坝后式厂房，在坝的稳定核算中，可考虑厂坝联合的抗滑作用。厂房作用于坝上的抗滑力，可根据厂坝整体分析的应力状态确定。

## 模块 2　混凝土拱坝的枢纽布置

拱坝是在平面上呈凸向上游的拱形挡水建筑物，借助拱的作用将水压力的全部或部分传给河谷两岸的基岩。坝体的稳定主要是利用拱端基岩的反作用来支承。拱圈截面上主要承受轴向反力，可充分利用筑坝材料的强度，如图 2-4 所示。

### 1. 拱坝的特点

#### 1）结构特点

（1）超载能力强。拱坝四周嵌固于基岩，拱坝属于高次超静定结构。当外荷载增大或坝的某一部位发生局部开裂时，坝体拱和梁的作用因受变位的相互制约而自行调整，坝体应力出现重分配，原来应力较低的部位将承受增大的应力。国内外成功的拱坝结构模型试验表明，拱

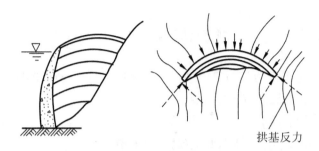

图 2-4　拱坝示意图

坝的超载能力可达到设计荷载的 5～11 倍。

（2）抗震性能好。拱坝是一空间壳体结构，坝体结构可近似看做由一系列凸向上游的水平拱圈和一系列竖向悬臂梁所组成。当基础及坝肩岩体稳定时，其抗震能力较强。如美国的巴柯依玛拱坝，1971 年遭受强烈的地震，虽震害严重，但大震时未倒。目前世界上地震地区的拱坝日益增多。据不完全统计，坝高大于 200 m，地震烈度在 8～10 度者有 3 座；坝高超过 150 m，地震烈度在 8～11 度者有 9 座；坝高大于 100 m，地震烈度在 8～11 度者有 14 座；坝高大于 100 m，地震烈度在 7 度及 7 度以上者有 40 余座。

（3）利用拱结构特点，充分利用材料强度。拱是一种主要承受轴向压力的推力结构。在外荷载作用下，拱内弯矩较小，应力分布比较均匀，这一特点能适应坝体材料（混凝土或浆砌石）抗压强度高的特性，使材料的强度得到充分发挥。对于同一坝址，坝高相同时，拱坝的体积比重力坝的小 1/3～2/3。

坝体结构既有拱作用又有梁作用。其所承受的水平荷载一部分由拱的作用传至两岸岩体，另一部分通过竖直梁的作用传到坝底基岩，如图 2-5 所示。

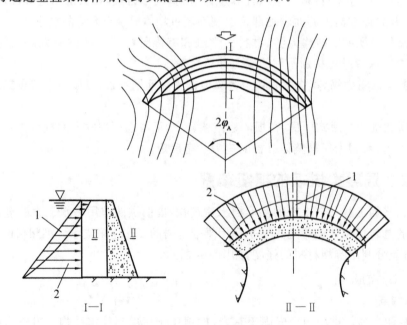

图 2-5　拱坝平面及剖面图

拱坝两岸的岩体部分称为拱座或坝肩；位于水平拱圈拱顶处的悬臂梁称为拱冠梁，一般位于河谷的最深处。

**2）稳定特点**

拱坝不像重力坝那样依靠自重来维持稳定,而是由两岸岩体的支撑和混凝土的抗压强度来维持拱坝的稳定和安全。拱坝所承受的水平荷载大部分通过拱的作用传给两岸岩体,小部分通过梁的作用传到坝底基岩。拱坝的稳定性主要是依靠两岸拱端的反力作用。

**3）内力特点**

拱结构是一种推力结构,在外荷作用下内力主要为轴向压力,有利于发挥筑坝材料(混凝土或浆砌块石)的抗压强度,坝体厚度可较薄。

拱坝采用高次超静定结构。当坝体某一部位产生局部裂缝时,坝体的梁作用和拱作用将自行调整,坝体应力将重新分配。所以,只要拱座稳定可靠,拱坝的超载能力是很高的。混凝土拱坝的超载能力可达设计荷载的 5~11 倍。

**4）性能特点**

拱坝坝体轻韧,弹性较好,整体性好,故抗震性能也很高。拱坝是一种安全性能较高的坝型。

**5）荷载特点**

拱坝坝身不设永久伸缩缝,其周边通常固接于基岩上,因而温度变化和基岩变化对坝体应力的影响较显著,必须考虑基岩变形,并将温度荷载作为一项主要荷载。

**6）泄洪特点**

在泄洪方面,拱坝不仅可以在坝顶安全溢流,而且可以在坝身开设大孔口泄水。目前坝顶溢流或坝身孔口泄水的单宽流量已超过 200 $m^3/(s \cdot m)$。

**7）设计和施工特点**

拱坝坝身单薄,体形复杂,设计和施工难度较大,因而对筑坝材料强度、施工质量、施工技术以及施工进度等方面有较高要求。

**2. 拱坝对地形和地质条件的要求**

**1）对地形的要求**

地形条件是决定拱坝结构形式、工程布置及经济性的主要因素。理想的地形应是坝址上游较为宽阔、左右两岸对称、岸坡平顺无突变、在平面上向下游收缩的峡谷段。坝端下游则要有足够的岩体支承,以保证坝体的稳定。如图 2-6 所示,B—B 坝址虽然河谷狭窄,但位于向下游扩散的喇叭口处,两岸拱座单薄,对稳定不利,而 A—A 处坝址两岸拱座厚实,拱轴线与等高线接近垂直,因此应将 A—A 处选为坝址。

河床断面形状是影响拱坝体型及其经济性的更为重要的因素。不同的河谷即使具有相同的高宽比,断面形状也可能相差很大。图 2-7 所示的为两种不同类型的河谷形状对在水压荷载作用下拱梁系统的荷载分配以及坝体剖面的影响。

以厚高比 $T/H$ 来区分拱坝的厚薄程度。当 $T/H < 0.2$ 时,为薄拱坝;当 $T/H = 0.2 \sim 0.35$ 时,为中厚拱坝;当 $T/H > 0.35$ 时,为厚拱坝或重力拱坝。

坝址处的河谷形状特征用河谷宽高比 $L/H$ 及河谷的断面形状两个指标来表示。

$L/H$ 值小,说明河谷窄深,拱的刚度大,梁的刚度小,坝体所承受的荷载大部分通过拱的作用传给两岸,因而坝体可较薄。反之,当 $L/H$ 值很大时,河谷宽浅,拱作用较小,荷载大部分通过梁的作用传给地基,坝断面较厚。

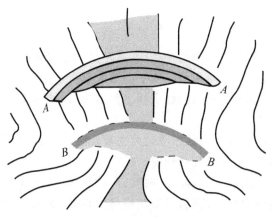

**图 2-6　拱坝选址示意图**

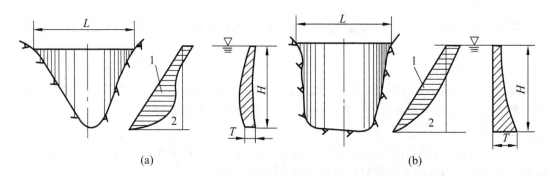

**图 2-7　河谷形状对荷载分配和坝体剖面的影响**

（1）在 $L/H<2$ 的窄深河谷中可修建薄拱坝；

（2）在 $L/H=2\sim3$ 的中等宽度河谷中可修建中厚拱坝；

（3）在 $L/H=3\sim4.5$ 的宽河谷中多修建重力拱坝；

（4）在 $L/H>4.5$ 的宽浅河谷中，一般只宜修建重力坝或拱形重力坝。

左右对称的 V 形河谷最适宜发挥拱的作用，靠近底部水压强度最大，但拱跨短，因而底拱厚度仍可较薄；U 形河谷靠近底部拱的作用显著降低，大部分荷载由梁的作用来承担，故厚度较大，梯形河谷的情况则介于这两者之间。

随着近代拱坝建设技术的发展，已有一些成功的实例突破了这些界限，如奥地利的希勒格尔斯双曲拱坝，高 130 m，$L/H=5.5$，$T/H=0.25$；美国的奥本三圆心拱坝，高 210 m，$L/H=6.0$，$T/H=0.29$。

**2）对地质的要求**

（1）地基对坝体的影响。

地质条件是拱坝建设中的一个重要问题。两岸的基岩必须能承受由拱端传来的推力，要在任何情况下都能保持稳定，不致危害坝体的安全。设计时拱坝地基应尽量地避开有严重地质缺陷的坝址。

（2）理想地质条件。

拱端地基理想的地质条件：基岩比较均匀、坚固完整、有足够的强度、透水性小、能抵抗水的侵蚀、耐风化、岸坡稳定、没有大断裂等。两岸坝肩的基岩必须能承受由拱端传来的巨大推力,保持稳定并不产生较大的变形。

随着经验积累和地基处理技术水平的不断提高,在地质条件较差的地基上也建成了不少高拱坝,如意大利的圣杰斯汀那拱坝,高 153 m,基岩变形模量只有坝体混凝土的 1/10～1/5;葡萄牙的阿尔托·拉巴哥拱坝,高 94 m,两岸岩体变形模量之比达 1:20;我国的龙羊峡拱坝,高 178 m,基岩被众多的断层和裂隙所切割,岩体破碎,且位于 9 度强震区。但当地质条件复杂到难以处理,或处理工作量太大、费用过高时,则应另选其他坝型。

### 3. 拱坝的形式

(1) 按坝高分:坝高小于 30 m 的为低坝;坝高在 30～70 m 的为中坝;坝高大于 70 m 的为高坝。

(2) 按坝顶中心角分:拱圈中心角为 105°～125°的属一般弯曲拱坝;为 60°～90°的属扁平(扁薄)拱坝。

(3) 按拱坝的曲率分:有单曲拱坝和双曲拱坝之分。

单曲拱坝在水平断面上有曲率,而悬臂梁断面上不弯曲或曲率很小(见图 2-8(a))。双曲拱坝在水平断面和悬臂梁断面都有曲率,拱冠梁断面向下游弯曲(见图 2-8(b))。

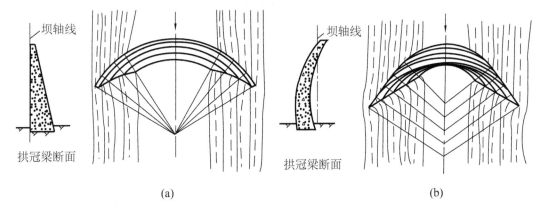

(a)　　　　　　　　　　　　　　　　　(b)

图 2-8　单双曲拱坝示意图

(4) 按水平拱圈形式分:有圆弧拱坝、多心拱坝(二心、三心)、抛物线拱坝、椭圆拱坝和对数螺旋线拱坝等,如图 2-9 所示。

(5) 按拱坝的厚高比分:拱坝的厚高比($T/H$)小于 0.2 的为薄拱坝;厚高比在 0.2～0.35 的为中厚拱坝;厚高比大于 0.35 的为厚拱坝。

(6) 按中心角沿半径高度变化分:有定圆心等外半径拱坝(见图 2-10)、等圆心角拱坝(见图 2-11)和变半径中心角拱坝(见图 2-12)。

(7) 按坝身结构形式分:① 一般拱坝(单曲、双曲拱坝);② 混合型拱坝(隔河岩拱坝、乌江渡拱坝);③ 上拱下部支墩式拱坝(蒙弗特拱坝);④ 空腹拱坝(凤滩混凝土空腹重力拱坝);⑤ 多层拱坝(法国玛雷琪、中国火甲拱坝);⑥ 拱上拱坝(窄巷口混凝土拱坝、红色娘子军砌石拱坝);⑦ 周边缝拱坝(天生桥砌石拱坝);⑧ 平底缝拱坝(门坎哨混凝土薄拱坝);⑨ 铰拱坝(摩荆瑞保双铰拱坝);⑩ 预应力拱坝。

(8) 其他分类方法。

按建筑材料分,有砌石拱坝、混凝土拱坝和钢筋混凝土拱坝。

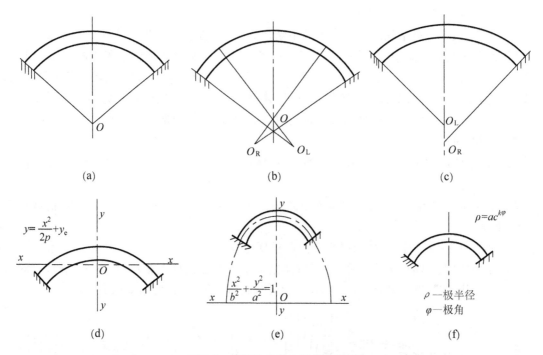

**图 2-9　拱坝的各种水平拱圈形式**

（a）圆拱；（b）三心拱；（c）二心拱；（d）抛物线拱；（e）椭圆拱；（f）对数螺旋线拱

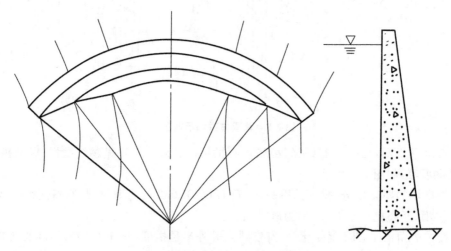

**图 2-10　定圆心等外半径拱坝**

　　按照施工方法分，有常态混凝土拱坝、碾压混凝土拱坝、装配式混凝土拱坝和分期施工拱坝。

　　按泄洪结构与拱坝坝身有无结构关系，可分为坝身泄洪拱坝和坝外泄洪拱坝。

　　按河谷相对宽度的宽窄，可分为宽谷拱坝和窄谷拱坝（坝顶高程处河谷宽与坝高比值不大于 1，即大体弧高比在 1.2 以下的拱坝）。

　　按对称与否，可分为对称（基本对称）拱坝和不对称拱坝。

　　按拱圈厚度是否变化，可分为等厚拱坝和变厚拱坝。

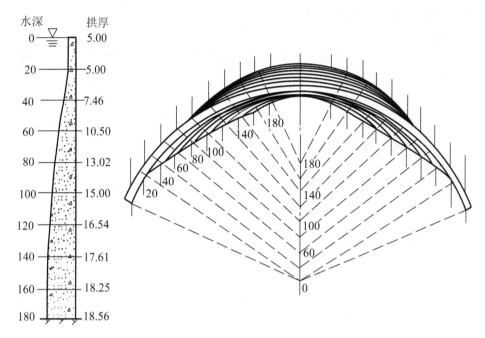

**图 2-11  等圆心角拱坝**

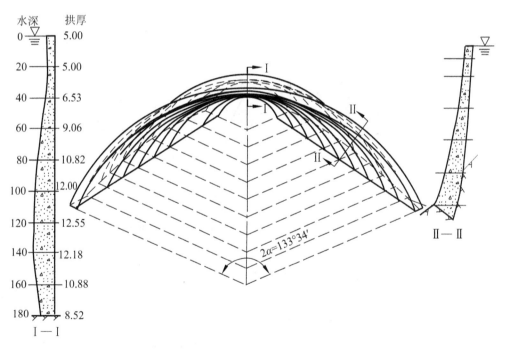

**图 2-12  变半径中心角拱坝**

## 4. 拱坝布置要求和步骤

### 1) 拱坝布置的原则

根据坝址地形、地质、水文等自然条件以及枢纽综合利用要求统筹布置,在满足稳定和建筑物运用的要求下,通过调整拱坝的外形尺寸,使坝体材料的强度得到充分发挥,控制拉应力在允许范围之内,而坝的工程量最省。

**2）布置要求**

拱坝任何部位(包括坝与地基的连接部位)的形状和尺寸的突变都会引起应力集中,拱坝布置应遵循"连续"的原则,要求如下。

（1）基岩轮廓线连续光滑。

基岩轮廓应无突出的齿坎,基岩的岩性应均匀或连续变化,河谷的地形基本对称和变化连续。若天然河谷不满足,则可采用工程措施适当处理。

（2）坝体轮廓线连续光滑。

坝体轮廓应力求简单、光滑平顺,避免有任何突变;圆心轨迹线、中心角和内外半径沿高程的变化也应是光滑连续或基本连续的,悬臂梁的倒悬不宜过大,如图 2-13 所示。

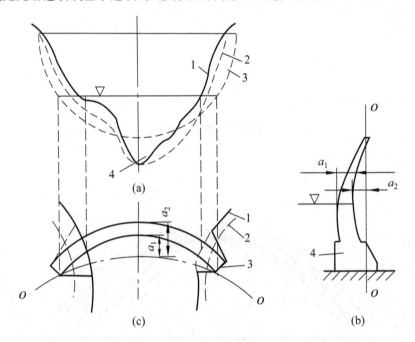

**图 2-13　拱坝布置示意图**

1—原地面线;2—新鲜基岩边界线;3—拱坝支座的周界;4—混凝土垫座

（3）倒悬的处理方式。

拱坝坝面倒悬系指上层坝面突出于下层坝面的现象。在双曲拱坝中,很容易出现坝面倒悬的现象。过度倒悬将使施工困难,且封拱前在自重作用下很可能与其倒悬相对的另一侧坝面产生拉应力,甚至开裂。对于倒悬的处理,一般有以下几种方式。

① 使靠近岸边的坝体上游面维持直立,河床中部坝体将俯向下游,如图 2-14(a)所示。

② 使河床中间的坝体上游面维持直立,而岸边坝体向上游倒悬,如图 2-14(b)所示。

③ 协调前两种方案,使河床段坝体稍俯向下游,岸坡段坝体稍向上游倒悬,如图 2-14(c)所示。

设计时,宜采用第三种方式,以减小坝面的倒悬度。对于向上游倒悬的岸边坝段,为不使其下游面产生过大的拉应力,可在上游坝脚处加设支墩,如图 2-14(d)所示。

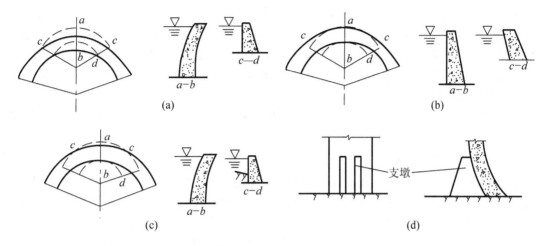

图 2-14　拱坝倒悬的处理

**3）布置的步骤**

（1）定出开挖深度，画出可利用基岩面等高线地形图。

（2）在可利用基岩面等高线地形图上，将顶拱轴线绘在透明纸上，以便在地形图上移动，尽量使顶拱轴线与可利用基岩面等高线在拱端处的夹角不小于 30°，并使两端夹角大致相同。

（3）初拟拱冠梁剖面尺寸，自坝顶往下，一般选取 5～10 道拱圈，绘制各层拱圈平面图。各层拱圈的圆心连线在平面上最好能对称于河谷可利用基岩面的等高线，在竖直面上的圆心连线应为连续光滑的曲线。

（4）切取若干铅直剖面，检查其轮廓线是否光滑连续，确定倒悬程度，并把各层拱圈的半径、圆心位置及中心角分别按高程点绘，连成上、下游面圆心线和中心角线。必要时，可修改不连续或变化急剧的部位，以求沿高程各点连线达到平顺光滑为止。

（5）进行应力计算和坝肩岩体抗滑稳定校核。如不符合要求，应修改坝体布置和尺寸，重复以上的工作程序，直至满足要求。

（6）将坝体沿顶拱轴线展开，绘成拱坝上游或下游展视图，显示基岩面的起伏变化，对突变处应采取削平或填塞措施。

（7）计算坝体工程量，作为不同方案比较的依据。

# 任务 3　混凝土坝的地基处理

## 模块 1　混凝土重力坝的地基处理

**1. 混凝土重力坝的基础经处理后应满足的要求**

（1）具有足够的强度，以承受坝体的压力。

（2）具有足够的整体性和均匀性，以满足坝基抗滑稳定和减少不均匀沉陷。

（3）具有足够的抗渗性，以满足渗透稳定，控制渗流量。

（4）具有足够的耐久性，以防止岩体性质在水的长期作用下发生恶化。

（5）坝基处理设计应综合考虑基础与其上部结构之间的相互关系，必要时可采取措施，调整上部结构的形式,使上部结构与其基础工作条件协调。

(6)坝基处理设计时,应同时考虑坝基和两岸坝接头部位的工程地质条件和水文地质条件对建筑物运行的影响,研究坝基变形、渗透和坝肩边坡稳定情况,尤其要考虑施工或蓄水对稳定和渗透带来的变化,必要时应采取相应的处理措施。

(7)在进行岩溶地区的坝基处理设计时,应认真查清其在坝区分布范围及特点、水文地质条件及裂隙中的充填物、非岩溶岩石的封闭条件。对岩溶发育、情况复杂的基础,应进行专门处理设计。

### 2. 坝基的开挖与清理

坝基开挖与清理的最终目的是能将坝体建在坚固、稳定的地基上。开挖的深度根据坝基应力、岩石强度、完整性、工期、费用、上部结构对地基的要求等综合研究确定。高坝需建在新鲜、微风化或弱风化下部的基岩上;中坝可建在微风化至弱风化中部的基岩上;坝高小于 50 m 时,可建在弱风化中部到上部之间的基岩上。同一工程中的两岸较高部位对岩基要求可适当放宽。

坝段的基础面上、下游高差不宜过大,并开挖成略向上游倾斜的锯齿状。若基础面高差过大或向下游倾斜时,应开挖成带钝角的大台阶状。两岸岸坡坝段基岩面应尽量开挖成有足够宽度的台阶状,以确保坝体的侧向稳定,对于靠近坝基面的缓倾角、软弱夹层,埋藏不深的溶洞、溶蚀面等局部地程地质缺陷应予以挖除。开挖至距利用基岩面 0.5~1.0 m 时,应采用手风钻钻孔,小药量爆破,以免破坏基础岩体。遇到风化的页岩、黏土岩时,应留有 0.2~0.3 m 的保护层,待浇筑混凝土前再挖除。

坝基开挖后,在浇筑混凝土前,要进行彻底、认真的清理和冲洗:清除松动的岩块,打掉凸出的尖角,封堵原有勘探钻洞、探井、探洞,清洗表面尘土、石粉等。

### 3. 坝基的加固处理

坝基加固的目的:提高基岩的整体性和弹性模量;减少基岩受力后的不均匀变形;提高基岩的抗压、抗剪强度;降低坝基的渗透性。

#### 1) 坝基的固结灌浆

当基岩在较大范围内因节理裂隙发育或较破碎而挖除不经济时,可对坝基进行低压浅层灌水泥浆加固,这种灌浆称为固结灌浆,如图 2-15 所示。

固结灌浆可提高基岩的整体性和强度,降低地基的透水性。工程试验表明,节理裂隙较发育的基岩固结灌浆后,弹性模量可提高 2 倍以上。一般在坝体浇筑 5 m 左右时,采用较高强度等级的膨胀水泥浆进行固结灌浆。

固结灌浆孔一般用梅花形和方格形布置。若采用梅花形的排列,孔距、排距随岩石破碎情况而定,一般为 3~4 m,孔深一般为 5~8 m。局部地区及坝基应力较大的高坝基础,必要时可适当加深,帷幕上游区宜配合帷幕深度确定,一般为 8~15 m。

固结灌浆宜在基础部位混凝土浇筑后进行,固结灌浆压力要在不掀动基岩的原则下取较大值,无混凝土盖重时取 0.2~0.4 MPa,有盖重时为 0.4~0.7 MPa,视盖重厚度而定,特殊情况下,应视灌浆压力而定。

#### 2) 坝基软弱断层破碎带的处理

当坝基中存在较大的软弱破碎带(如断层破碎带、软弱夹层、泥化层、裂隙密集带等)时,对坝的受力条件和安全及稳定有很大危害,应根据所在部位、深度、宽度、产状组成特性和有关试

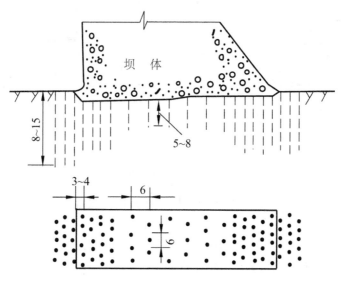

**图 2-15　岩基固结灌浆孔布置图(单位:m)**

验资料,分析对上述结构的影响,结合工程施工条件专门加固处理。

(1) 断层破碎带的处理。

断层破碎带的强度低、压缩变形大,易产生不均匀沉降而导致坝体开裂,若与水库连通,使渗透压力加大,易产生机械或化学管涌,危及大坝安全。

对于侧角较大或与基面接近垂直的断层破碎带,需采用开挖回填混凝土的措施,如做成混凝土塞或混凝土拱进行加固,如图 2-16 所示。

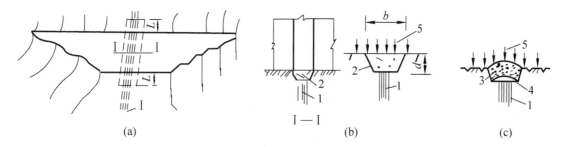

**图 2-16　断层破碎带处理示意**

1—破碎带;2—混凝土梁或混凝土塞;3—混凝土拱;4—回填混凝土;5—坝体荷载

混凝土塞的两侧可挖成 1∶1～1∶0.5 的斜坡,以便将坝体的压力经混凝土塞(拱)传到两侧完整的基岩上。若破碎带延伸至坝体上、下游边界线以外,则混凝土塞也应向外延伸,延伸长度取 1.5～2 倍混凝土塞的高度。

(2) 软弱夹层的处理。

岩石层间软弱夹层厚度较小,遇水容易发生软化或泥化,致使抗剪强度低,特别是倾角小于 30°的连续软弱夹层更为不利。

① 对于软弱的夹层,浅埋软弱夹层要多用明挖换基的方法,将夹层挖除,回填混凝土。

② 对于深层的夹层,应结合工程情况分别采用在坝踵部位做混凝土深齿墙,切断软弱夹层直达完整基岩,如图 2-17 所示。

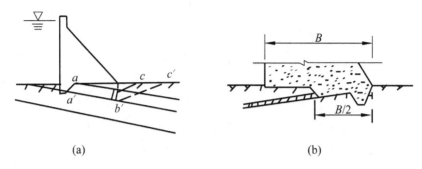

**图 2-17　齿墙设置**

③ 采用洞挖后回填混凝土的方法进行加固。在夹层内设置混凝土塞,如图 2-18(a)所示。

④ 在坝趾处建混凝土深齿缝,如图2-18(b)所示。

⑤ 在坝趾下游侧岩体内设钢筋混凝土抗滑桩,或预应力钢索加固、化学灌浆等,如图2-18(c)所示,以提高坝体和坝基的抗滑稳定性。

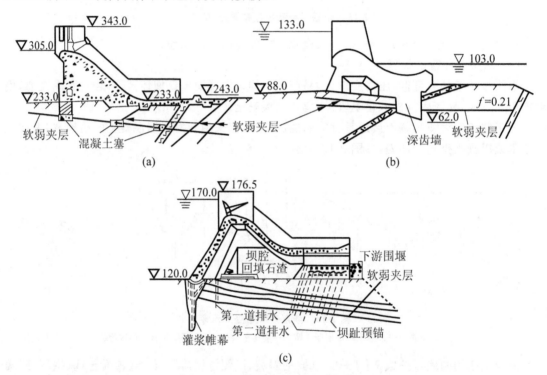

**图 2-18　软弱夹层的处理(高程:m)**
(a) 在夹层内设置混凝土塞;(b) 在坝趾处建混凝土深齿缝;(c) 在坝趾下游侧设预锚

### 4. 坝基的防渗和排水

坝基防渗处理的目的是:增加渗透途径,防止渗透破坏,降低坝基面的渗透压力,以及减少坝基的渗漏量。

#### 1) 帷幕灌浆

帷幕灌浆是最好的防渗方法,可降低渗透水压力,减少渗流量,防止坝基产生机械或化学管涌。常用的灌浆材料有水泥浆和化学浆,应优先采用膨胀水泥浆。化学浆可灌性好,抗渗性好,但价格昂贵。

防渗帷幕布置在靠近上游坝面的坝轴线附近,自河床向两岸延伸,如图 2-19 所示。坝基灌浆帷幕中心线距坝上游面的距离,可取坝底宽的 1/10 左右。

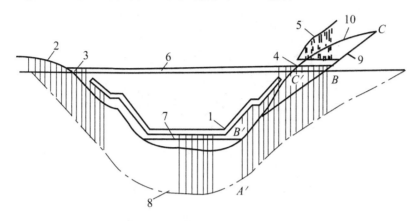

**图 2-19　防渗帷幕沿坝轴线的布置**

1—灌浆廊道;2—山坡钻进;3—坝顶钻进;4—灌浆平洞;5—排水孔;6—正常蓄水位;
7—原水位;8—帷幕底线;9—原地下水位;10—蓄后地下水位

防渗帷幕的深度应根据作用水头、工程地质、地下水文特性确定。坝基内透水层厚度不大时,帷幕可穿过透水层,深入相对隔水层 3~5 m。

当坝基下相对隔水层埋藏较深或分布无规律,可根据降低渗透压力和防止渗透变形等设计要求来确定,一般可在 0.3~0.7 倍水头范围内选择。

帷幕的布置:灌浆孔的排数、排距及孔距,应根据工程地质和水文地质条件,以及作用水头和灌浆试验资料确定。帷幕由一排或几排灌浆孔组成。在考虑帷幕上游区的固结灌浆对加强基础浅层的防渗作用后,坝高 100 m 以下的可采用一排。若地质条件较差,岩体裂缝特别发育或可能发生渗透变形的地段可采用两排,但坝高 50 m 以下的仍采用一排。当帷幕由两排灌浆孔组成时,可将其中的一排孔钻灌到设计深度,另一排孔深可灌至设计深度的 1/2 左右。帷幕孔距为 1.5~3 m,排距可略小于孔距。两岸坝头部位,防渗帷幕宜延伸到相对隔水层或正常蓄水位与地下水位相交处。

灌浆压力:帷幕灌浆必须在浇筑一定厚度的坝体混凝土作为盖重后施工,灌浆压力通常取帷幕孔顶段的 1.0~1.5 倍坝前静水头,在孔底段取 2~3 倍坝前静水头,但不得抬动岩体。水泥灌浆的水灰比适当,灌浆时浆液由稀逐渐变稠。

防渗帷幕的厚度应当满足抗渗稳定的要求,即帷幕内的渗透坡降应小于允许的渗透坡降。防渗帷幕厚度应以浆液扩散半径组成区域的最小厚度为准,厚度与排数有关,中高坝可设两排以上,低坝设一排,多排灌浆时一排必须达到设计深度,两侧其余各排可取设计深度的 1/3~1/2。孔距一般为 1.5~4.0 m,排距宜比孔距略小。还可以在上游坝踵处加一排补强。

帷幕灌浆应在坝基固结灌浆后并要求坝体混凝土浇筑到一定的高度(有盖重)后施工。灌浆压力在孔底应大于 2~3 倍坝前静水头,帷幕表层段应大于 1~1.5 倍坝前静水头,但应以不破坏岩体为原则。

防渗帷幕伸入两岸的范围由河床向两岸延伸一定距离,与两岸不透水层衔接起来,当两岸相对不透水层较深时,可将帷幕伸入原地下水位线与最高库水位交点处。

**2）坝基排水**

降低坝基底面的扬压力,可在防渗帷幕后设置主排水孔幕和辅助排水孔幕,如图 2-20 所示。

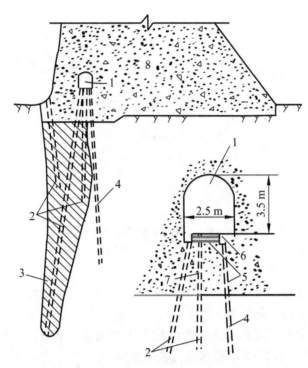

**图 2-20　防渗帷幕和排水孔幕布置**

1—坝基灌浆排水廊道;2—灌浆孔;3—灌浆帷幕;4—排水孔幕;5—$\phi$100 排水钢管;6—$\phi$100 三通;7—$\phi$75 预埋钢管;8—坝体

主排水孔幕在防渗帷幕下游一侧,在坝基面处与防渗帷幕的距离应大于 2 m。主排水孔幕一般向下游倾斜,与帷幕成 10°～15°夹角。主排水孔孔距为 2～3 m,孔径为 15～20 cm,孔径过小容易堵塞,孔深可取防渗帷幕深度的 2/5～3/5,高中坝的排水孔深不宜小于 10 m。

主排水孔幕在帷幕灌浆后施工。排水孔穿过坝体部分要预埋钢管,穿过坝基部分待帷幕灌浆后才能钻孔。渗水通过排水沟汇入集水井,自流或抽排向下游。

辅助排水孔幕高坝一般可设 2～3 排;中坝可设 1～2 排,布置在纵向排水廊道内,孔距为 3～5 m,孔深 6～12 m。有时还在横向排水廊或在宽缝内设排水孔。纵横交错、相互连通就构成坝基排水系统,如图 2-21 所示。若下游水位较深,历时较长,则要在靠近坝趾处增设一道防渗帷幕,坝基排水系统要靠抽排。

实践证明,我国新安江、丹江口、刘家峡等的重力坝采用坝基排水系统,减压效果明显,较常规扬压力减小 30%。在浙江省、湖南省等地,排水系统的设计采用了抽水减压,收到了良好的效果。

## 5. 岩溶地区的防渗处理

（1）防渗处理的方式有防渗帷幕灌浆和防渗墙两类,可采用混凝土防渗墙或高压灌浆填塞等措施处理。

（2）防渗帷幕线在平面上的轮廓布置,可根据两岸地形地质条件选定。防渗帷幕线应

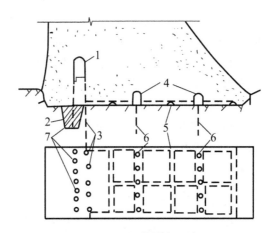

**图 2-21　坝基排水系统**

1—灌浆排水廊道；2—灌浆帷幕；3—主排水孔幕；

4—纵向排水廊道；5—半圆混凝土管；6—辅助排水孔幕；7—灌浆孔

设在岩溶发育微弱地带，若必须通过岩溶暗河或管道，则防渗帷幕线应力求与其垂直。防渗帷幕线可采用直线式、折线式、前翼式或后翼式，需经技术经济比较选定。有条件的可采用后翼式。

（3）地区河谷剖面上帷幕灌浆的形式有封闭式、悬挂式和混合式等，可根据相对隔水层的深度、坝高、坝基及两岸允许的渗漏量及幕后扬压力等因素，在保证大坝安全的前提下，通过技术经济比较选定。

（4）帷幕线沿剖面上、下层搭接可采用斜接式、直接式和错列式等形式，应保证搭接部位连续封闭和密实。

（5）岩溶地区防渗帷幕厚度可根据临界渗透坡降控制的允许水力梯度确定。

（6）灌浆廊道的布设可根据灌浆钻孔条件、幕与幕之间在空间的接头、施工通风和排水等因素确定。

（7）灌浆材料可根据岩溶洞穴和溶蚀裂隙规模、渗漏情况选用水泥或水泥与黏土、膨润土等的混合浆液。

（8）当坝基帷幕轴线上存在连通上、下游的岩溶洞穴或强透水性的溶缝，且埋藏较深不宜明挖时，可采取逐层洞挖，逐个回填混凝土形成连续防渗墙，也可采用槽式洞挖后回填混凝土形成防渗墙。

## 模块 2　混凝土拱坝的地基处理

### 1. 一般规定

混凝土拱坝地基经过必要的处理后，应具有整体性和抗滑稳定性，具有足够的强度和刚度，具有抗渗性、渗透稳定性和有利的渗流场，具有在水长期作用下的耐久性，并通过地基处理来控制地基接触面形状对坝体应力分布的不利影响。

坝基处理设计（包括两岸拱座和河床段的地基）应根据坝址地质条件和基岩的物理力学性质，综合分析坝体和地基之间的相互关系、泄洪建筑物的布置、施工技术等因素，选择安全、经济和有效的处理方案。

### 2. 坝基开挖

坝基开挖深度应根据坝体传来的荷载、坝基内的应力分布情况、基岩的地质条件和物理力学性质、坝基处理的效果、工期和费用等综合研究确定。根据坝址具体地质情况,结合坝高,选择新鲜、微风化或弱风化中、下部的基岩作为建基面。

定出建基面后,即可进行开挖。在开挖过程中应注意以下几点:拱端开挖应注意拱端布置原则,如图 2-22 所示;两岸拱座利用岩面宜开挖成径向面;当按全径向开挖,如拱端厚度较大而使开挖量过多时,也可采用非全径向开挖。

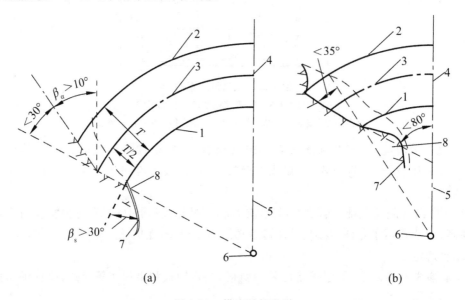

**图 2-22　拱座形状准则**

1—内弧面;2—外弧面;3—坝轴线;4—拱冠;5—基准面;6—坝轴线圆心;7—可利用基岩面线;8—原地面线

### 3. 固结灌浆和接触灌浆

一般要求对拱坝坝基进行全面的固结灌浆,对于比较坚硬完整的基岩,也可以只在坝基的上游侧和下游侧设置数排固结灌浆孔。对节理、裂隙发育的基岩,为了减小地基变形,增加岩体的抗滑稳定性,还需在坝基外的上、下游侧扩大固结灌浆的范围。断层破碎带及其两侧影响带应加强固结灌浆。

对于坝体,与陡于 50°的岸坡间和上游侧的坝基接触面,以及基岩中所有槽、井、洞等回填混凝土的顶部,均需进行接触灌浆,以提高接触面的强度,减少渗漏。

固结灌浆孔的孔距、排距应根据开挖以后的地质条件,并参照灌浆试验确定,宜为 3～4 m。固结灌浆孔的孔深应根据坝高和开挖以后的地质条件确定,宜为 5～8 m。

### 4. 防渗帷幕

防渗帷幕应符合下列基本要求:

(1) 控制渗漏对坝基及两岸边坡稳定的不利影响;

(2) 控制坝基软弱夹层、断层破碎带、岩体裂隙充填物以及抗水性能差的岩层不产生管涌;

(3) 控制坝基渗透压力和渗流量;

（4）具有可靠的连续性和足够的耐久性。

坝基和两岸的防渗帷幕宜采用水泥灌浆。当水泥灌浆达不到设计防渗要求时,可采用化学材料补充灌浆,但应防止污染环境。帷幕灌浆一般在廊道中进行,两岸山坡内的帷幕灌浆可在岩体内开挖的平洞中进行,如图 2-23 所示。

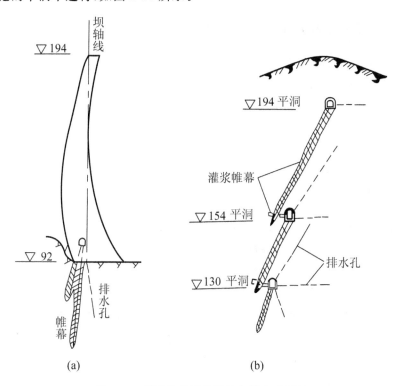

**图 2-23  拱坝基岩帷幕灌浆与排水孔设置**
（a）坝体剖面;（b）坝肩(岸基)剖视

### 5. 坝基排水

正常情况下,防渗帷幕的下游应布置坝基排水,设 1 排主排水孔,必要时加设 1～3 排辅助排水孔。坝基下存在相对隔水层或缓倾角结构面时,宜根据其分布情况进行合理布置。对于地质条件较差的坝基,设置排水孔时应防止渗透变形。中、低高度的薄拱坝经论证可不设坝基排水。

高坝及两岸地形较陡、地质条件较复杂的中坝,宜在两岸布置多层排水平硐,在平硐内钻设排水孔。排水孔的孔壁有塌落危险或排水孔穿过软弱夹层、夹泥裂隙时,应采取孔内设滤层等保护措施。

### 6. 断层破碎带、软弱夹层的处理

对于坝基范围内的断层破碎带或软弱夹层,应根据其产状、宽度、充填物性质、所在部位和有关的试验资料,分析研究其对坝体和地基的应力、变形、稳定与渗漏的影响,并结合施工条件,采用适当的方法进行处理。一般情况下,位于坝肩部位的断层破碎带比位于河床部位的对拱坝的安全影响大;缓倾角断层破碎带比陡倾角断层破碎带的危害性严重;位于坝趾附近的比位于坝踵附近的断层破碎带对坝体应力和稳定更为不利;断层破碎带宽度越大,对应力和稳定

的影响也越严重。

# 任务4　混凝土坝的主体工程剖面设计

## 模块1　混凝土重力坝的主体工程剖面设计

### 1. 非溢流坝的剖面设计

#### 1）剖面设计的基本原则

（1）满足稳定和强度要求，保证大坝安全；

（2）工程量小，造价低；

（3）结构合理，运用方便；

（4）利于施工，方便维修。

#### 2）剖面拟定的步骤

（1）拟定基本剖面；

（2）根据运用及其他要求，将基本剖面修改成实用剖面；

（3）对实用剖面进行应力分析和稳定验算；

（4）按规范要求，经过几次反复修正和计算后，得到合理的设计剖面。

### 2. 重力坝的基本剖面

重力坝承受的主要荷载是静水压力，控制剖面尺寸的主要指标是稳定性和强度。作用于上游面的水平水压力呈三角形分布，而且三角形剖面外形简单，底面和基础接触面积大，稳定性好，重力坝的基本剖面是上游近于垂直的三角形面，如图 2-24 所示。

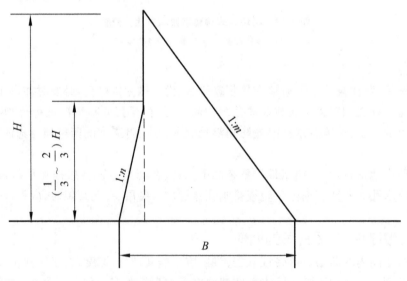

**图 2-24　重力坝的基本剖面**

理论分析和工程实践证明，混凝土重力坝上游面可做成折坡，折坡点一般位于 1/3～2/3 坝高处，以便利用上游坝面水重增加坝体的稳定性；上游坝坡系数常采用 $n=0\sim0.2$，下游坝坡系数常采用 $m=0.6\sim0.8$，坝底宽为 $B=(0.7\sim0.9)H$（$H$ 为坝高或最大挡水深度），基本剖面的拟定,采用工程类比法,确定具体尺寸,简便合理,成功率高。

### 3. 非溢流重力坝的实用剖面

基本剖面拟定后,要进一步根据作用在坝体上的全部荷载及运用条件,考虑坝顶交通、设备和防浪墙布置、施工和检修等综合需要,把基本剖面修改成实用剖面。

#### 1) 坝顶宽度

为了满足运用、施工和交通的需要,坝顶必须有一定的宽度。当有交通要求时,应按交通要求布置。一般情况下,坝顶宽度可采用坝高的 8%～10%,且不小于 3 m。碾压混凝土坝坝顶宽度不小于 5 m;当坝顶布置移动式启闭机时,坝顶宽度要满足安装门机轨道的要求。

#### 2) 坝顶高程

(1) 防浪墙与正常蓄水位或校核洪水位的高差 $\Delta h$。

为了交通和使用中的安全,非溢流重力坝的坝顶应高于校核洪水位,坝顶上游的防浪墙顶的高程应高于波浪高程,其与正常蓄水位或校核洪水位的高差 $\Delta h$ 为

$$\Delta h = h_{1\%} + h_z + h_c \tag{2-1}$$

式中:$\Delta h$——防浪墙顶至正常蓄水位或校核洪水位的高差,m;

$h_{1\%}$——超值累积频率为 1% 时的波浪高度,m;

$h_z$——波浪中心线高出正常蓄水位或校核洪水位的高度,m;

$h_c$——安全超高,m。

波浪的几何要素及风区长度(波高 $h_1$ 为波峰到波谷的高度;波长 $L$ 为波峰到波峰的距离;波浪中心线高出静水面一定高度 $h_z$)如图 2-25 所示。

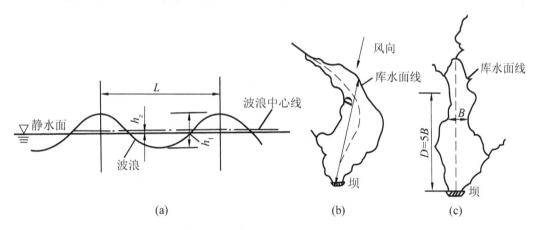

**图 2-25　波浪几何要素及风区长度**

(a) 波浪要素;(b),(c) 风区长度

官厅水库公式(适用于峡谷水库)为

$$\frac{g h_1}{V_0^2} = 0.0076 V_0^{-\frac{1}{12}} \left(\frac{gD}{V_0^2}\right)^{\frac{1}{3}} \tag{2-2}$$

$$\frac{g L}{V_0^2} = 0.331 V_0^{-\frac{1}{2.15}} \left(\frac{gD}{V_0^2}\right)^{\frac{1}{3.75}} \tag{2-3}$$

式中:$V_0$——计算风速,是指水面以上 10 m 处 10 min 的多年风速平均值,当水库为正常蓄水位和设计洪水位时,宜采用相应洪水期最大风速多年平均值的 1.5～2.0 倍,当

水库为校核洪水位时,宜采用相应洪水期最大风速的多年平均值;

$D$——风区长度(有效吹程),是指风作用于水域的长度,为自坝前沿风向到对岸的距离,当风区长度内水面由局部缩窄,且缩窄处的宽度 $B$ 小于计算波长的 12 倍时,风区长度 $D=5B$(不小于坝前到缩窄处的距离),当水域不规则时,按规范要求计算。

$$h_z = \frac{\pi h_1^2}{L} \operatorname{cth} \frac{2\pi H}{L} \tag{2-4}$$

式中:$H$——坝前水深,m。

(2)坝顶高程。

坝顶高程或坝顶上游防浪墙墙顶高程按下式计算,并选用较大值:

$$坝顶或防浪墙顶高程 = 设计洪水位 + \Delta h_设$$

$$坝顶或防浪墙顶高程 = 设计洪水位 + \Delta h_校$$

当坝顶设防浪墙时,坝顶高程不得低于相应的静水位,防浪墙顶高程不得低于波浪顶高程,如图 2-26 所示。

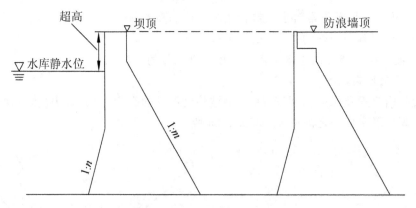

**图 2-26 重力坝的坝顶高程**

**3)坝顶布置**

(1)坝顶结构布置的原则:安全、经济、合理、实用。

(2)坝顶结构形式:① 坝顶部分伸向上游;② 坝顶建成矩形实体结构,必要时为移动式闸门启闭机铺设轨道;③ 坝顶部分伸向下游,并做成拱桥或桥梁结构形式。

(3)坝顶排水:一般都排向上游。

(4)坝顶防浪墙:高度一般为 1.2 m,厚度应能抵抗波浪及漂浮物的冲击,与坝体牢固地连在一起,防浪墙在坝体分缝处也留伸缩缝,缝内设止水。

**4)实用剖面形式**

坝顶的宽度和高程确定以后,可以得出所需要的实用剖面,坝体实用剖面常采用以下三种形式(见图 2-27)。

(1)铅直坝面的上游坝面为铅直面,便于施工,利于布置进水口、闸门和拦污设备,但是可能会使下游坝面产生拉应力,此时可修改下游坝坡系数 $m$ 值。

(2)折坡坝面是最常用的实用剖面。既可利用上游坝面的水重增加稳定,又可利用折坡点以上的铅直面布置进水口,还可以避免空库时下游坝面产生拉应力,折坡点(1/3~2/3 坝前水深)处应进行强度和稳定性的演算。

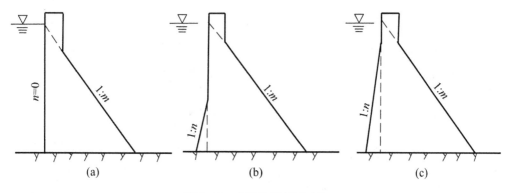

**图 2-27　非溢流坝剖面形状**

（3）斜坡坝面，当坝基条件较差时，可利用斜面上的水重，提高坝体的稳定性。

实用剖面应该以剖面的基本参数为依据，以强度和稳定性为约束条件，建立坝体工程量最小的目标函数，进行优化设计，确定最终的设计方案和相关尺寸。

### 4．溢流坝的设计要求

溢流重力坝简称溢流坝，既是挡水建筑物，又是泄水建筑物。因此，确定坝体剖面除要满足稳定性和强度要求外，还要满足泄水的要求，将规划库容所不能容纳的大部分洪水经坝顶泄向下游，以保证大坝安全，同时要考虑下游的消能问题。溢流坝应满足泄洪的设计要求如下。

（1）有足够的孔口尺寸、良好的孔口形状，泄水时具有较大的流量系数。

（2）使水流平顺地通过坝体，不允许产生不利的负压和振动，避免发生空蚀现象。

（3）保证下游河床不产生危及坝体安全的冲坑和冲刷。

（4）溢流坝段在枢纽中的位置，应使下游流态平顺，不产生折冲水流，不影响枢纽中其他建筑物的正常运行。

（5）有灵活控制水流下泄的设备，如闸门、启闭机等。

### 5．溢流坝的泄水方式

溢流坝的泄水方式有堰顶开敞溢流式和孔口溢流式两种，如图 2-28 所示。

#### 1）坝顶开敞溢流式

根据运用要求，堰顶可以设闸门，也可以不设闸门。

不设闸门时，堰顶高程等于水库的正常蓄水位，泄水时，靠壅高库内水位增加下泄量，这种情况增加了库内的淹没损失、非溢流坝的坝顶高程和坝体工程量。坝顶溢流不仅可以用于排泄洪水，还可以用于排泄其他漂浮物。它结构简单，可自动泄洪，管理方便，适用于洪水流量较小，淹没损失不大的中、小型水库。

设有闸门时，闸门顶高程虽高于水库正常蓄水位，但堰顶高程较低，可利用闸门不同开启度调节库内水位和下泄流量，减少上游淹没损失和非溢流坝的高度及坝体的工程量。与深孔闸门比较，堰顶闸门承受的水头较小，其孔口尺寸较大，由于闸门安装在堰顶，操作、检修均比深孔闸门方便。当闸门全开时，下泄流量与堰上水头 $H_0$ 的 3/2 次方成正比。随着库水位的升高，下泄流量增加较快，具有较大的超泄能力，在大、中型水库工程中得到广泛的应用。

#### 2）孔口溢流式

在闸墩上部设置有胸墙，胸墙分为固定胸墙和活动胸墙两种。胸墙既可用来挡水，又可减

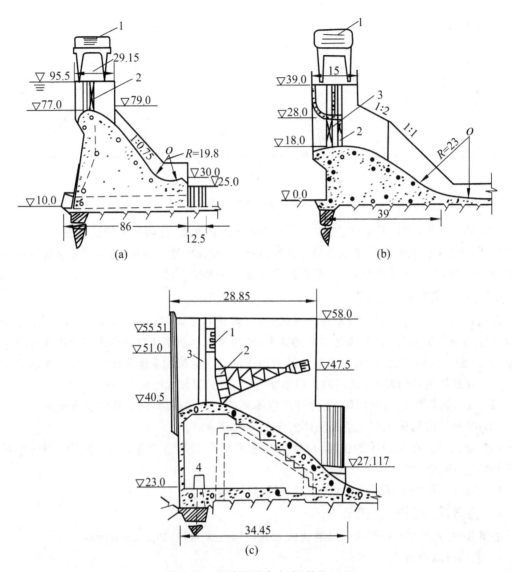

图 2-28　溢流坝泄水方式（单位：m）

（a）坝顶溢流式　1—门机；2—工作闸门

（b）大孔口溢流式　1—门机；2—定轮闸门；3—检修门

（c）具有活动胸墙的大孔口　1—活动胸墙；2—弧形闸门；3—检修门槽；4—预制混凝土块安装区

少闸门的高度和降低堰顶高程。它可以根据洪水预报提前放水，腾出较大的防洪库容，提高水库的调洪能力。当库水位低于胸墙下缘时，下泄水流流态与堰顶开敞溢流式的相同；当库水位高于孔口一定高度时，呈大孔口出流。胸墙多为钢筋混凝土结构，常固接在闸墩上，也有做成活动式的。遇特大洪水时可将胸墙吊起，以加大泄洪能力，利于排放漂浮物。

### 6. 溢流坝的剖面设计

溢流坝的基本剖面也呈三角形。上游坝面可以做成铅直面，也可以做成折坡面。

溢流面由顶部曲线段、中间直线段和底部反弧段三部分组成，如图 2-29 所示。

溢流坝剖面的设计要求是：① 有较高的流量系数，泄流能力强；② 水流平顺，不产生不利的负压和空蚀破坏;③ 形体简单、造价低、便于施工等。

**1)溢流坝的堰面曲线**

(1)顶部曲线段。

溢流坝的堰面曲线常采用非真空剖面曲线。采用较广泛的非真空剖面曲线有克-奥曲线和幂曲线(或称 WES曲线)两种。克-奥曲线与幂曲线在堰顶以下 $(2/5\sim1/2)H_s$($H_s$ 为定型设计水头)范围内基本重合,在此范围以外,克-奥曲线定出的剖面较肥大,常超出稳定性和强度的需要。故近年来堰面曲线多采用幂曲线,如图 2-30 所示。

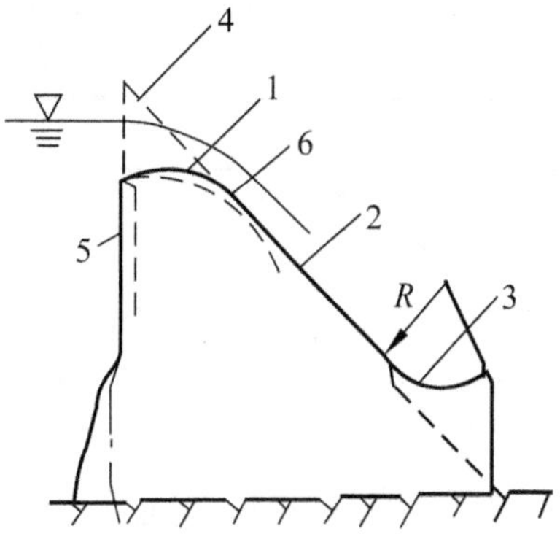

图 2-29　溢流坝剖面
1—顶部溢流段;2—直线段;3—反弧段;
4—基本剖面;5—薄壁堰;6—薄壁堰溢流水舌

开敞式溢流堰面曲线的曲线方程为

$$x^n = kH_d^{n-1}y \qquad (2-5)$$

式中:$H_d$——定型设计水头,按堰顶最大作用水头的 75%～95%计算。

$x,y$——以溢流堰顶点为坐标原点的坐标,$x$ 以向下游为正,$y$ 以向下为正。

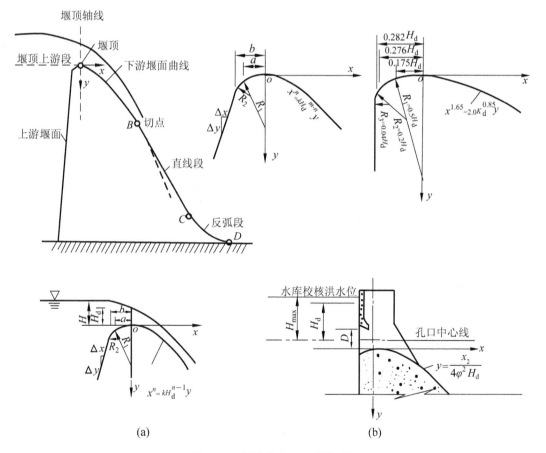

图 2-30　幂曲线(WES 曲线)堰
(a)开敞式溢流堰面曲线;(b)设有胸墙的堰面曲线

$k,n$——参数,可查表 2-1 得到。

表 2-1 幂曲线方程参数 $k$、$n$ 值表

| 上游面坡度 | $k$ | $n$ |
|---|---|---|
| 3∶0(铅直) | 2.000 | 1.850 |
| 3∶1 | 1.936 | 1.836 |
| 3∶2 | 1.939 | 1.810 |
| 3∶3 | 1.873 | 1.776 |

(2)设有胸墙的堰面曲线。

设有胸墙,采用大孔口泄流,当校核洪水位情况下最大作用水头 $H_{max}$(孔口中心线上)与孔口高 $D$ 的比值 $H_{max}/D>1.5$ 时,或闸口全开时,仍属孔口泄流,其堰面曲线可按下式计算,即

$$y=\frac{x^2}{4\varphi^2 H_d} \tag{2-6}$$

式中:$H_d$——定型设计水头,一般取空口中心线至水库校核洪水位水头的 $75\%\sim95\%$;

$\varphi$——孔口收缩断面上的流速系数,一般取 0.96,若孔前没有检修闸门,取 0.95;

$x,y$——曲线坐标,其原点设在堰顶最高点,如图 2-30(b)所示。

上述两种堰面曲线是根据定型设计水头确定的。当宣泄校核洪水时,堰面出现负压值应不超过 $3\sim6$ m 水柱高。

(3)中间直线段。

中间直线段的上端与堰顶曲线相切,下端与反弧段相切,坡度与非溢流坝段下游坡度相同。

(4)底部反弧段。

溢流坝面反弧段是使沿溢流面下泄水流平顺转向的工程设施,通常采用圆弧曲线,$R=(4\sim10)h$,$h$ 为校核洪水闸门全开时反弧最低点的水深。反弧最低点的流速越大,要求反弧半径越大。当流速小于 16 m/s 时,取下限;流速大时,宜采用较大值。当采用底流消能,反弧段与护坦相连时,宜采用上限值。

挑流圆弧曲线结构简单,施工方便,但工程实践表明,这种结构容易发生空蚀破坏,为此,许多人开展了新型反弧曲线的研究,如球面、变宽度曲面、差动曲面等。

**2)溢流坝剖面设计**

溢流坝的实用剖面是在三角形基本剖面基础上并结合堰面曲线修改而成的。上游坝面一般设计成铅直或上部铅直,下部倾向上游,如图 2-31 所示。

当溢流坝断面小于基本三角形时,可适当调整堰顶曲线,使其与三角形的斜边相切;对有鼻坎的溢流坝,鼻坎超过基本三角形以外,当 $L/H>0.5$,经核算 B—B′ 截面的拉应力较大时,可设缝将鼻坎与坎体分开,如图 2-31(a)所示。当溢流断面大于基本三角形时,如地基较好,为节省工程量,使下游与基本三角形一致,而将堰顶部伸向上游,将堰顶做成具有凸出的悬臂。悬臂高度 $h_1$ 应大于 $0.5H_{max}$($H_{max}$ 为堰上最大水头),如图 2-31(b)所示。若溢流坝较低,则其坝面顶部曲线可直接与反弧段连接,如图 2-31(c)所示。

溢流坝和非溢流坝的上游坝面要求应尽量一致,并且对齐,以免产生坝段之间的侧向水压

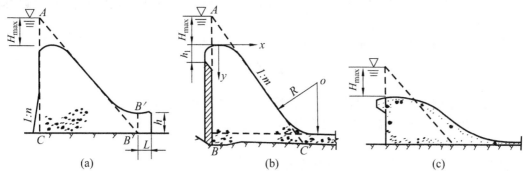

图 2-31    溢流坝剖面

力,否则将使坝段的稳定、强度计算复杂化。溢流坝的下游坝面,不强求与非溢流坝面完全一致对齐,只要两者各自保持一致对齐即可。

### 7. 溢流坝的孔口布置

溢流坝的孔口尺寸布置,主要根据要下泄的洪水标准、溢流坝上不包括闸墩在内的总净宽和不包括边墩在内的总宽度拟定需设几个闸孔,以及每孔多宽。这些拟定好的孔口尺寸是否能通过相应的流量还要进行校核。

#### 1) 单宽流量的确定

单宽流量的大小是溢流重力坝设计中一个很重要的控制性指标。单宽流量一经选定,就可以初步确定溢流坝段的净宽和堰顶高程。单宽流量越大,下泄水流的动能越集中,消能问题就越突出,下游局部冲刷会越严重,但溢流前缘短,对枢纽布置有利。因此,一个经济而又安全的单宽流量,必须综合地质条件、下游河道水深、枢纽布置和消能工设计多种因素,通过技术经济比较后选定。工程实践证明,对于软弱岩石常取 $q = 20 \sim 50 \text{ m}^3/(\text{s} \cdot \text{m})$;对于中等坚硬的岩石常取 $q = 50 \sim 100 \text{ m}^3/(\text{s} \cdot \text{m})$;对于特别坚硬的岩石常取 $q = 100 \sim 150 \text{ m}^3/(\text{s} \cdot \text{m})$;地质条件好、堰面铺铸石防冲、下游尾水较深和消能效果好的工程,可以选取更大的单宽流量。近年来,随着消能技术的进步,选用的单宽流量也不断增大。在我国已建成的大坝中,龚嘴水电站的单宽流量达 $254.2 \text{ m}^3/(\text{s} \cdot \text{m})$,目前正在建设中的安康水电站的单宽流量达 $282.7 \text{ m}^3/(\text{s} \cdot \text{m})$。而委内瑞拉的古里坝的单宽流量已突破了 $300 \text{ m}^3/(\text{s} \cdot \text{m})$ 的界限。

#### 2) 孔口尺寸的确定

溢流坝的孔口设计涉及很多因素,如洪水设计标准、下游防洪要求、库水位壅高的限制、泄水方式、堰面曲线,以及枢纽所在地段的地形、地质条件等。设计时,先选定泄水方式,拟定若干个泄水布置方案(除堰面溢流外,还可配合坝身泄水孔或泄洪隧洞泄流),初步确定孔口尺寸,按规定的洪水设计标准进行调洪演算,求出各方案的防洪库容、设计和校核洪水位及相应的下泄流量,然后估算淹没损失和枢纽造价,进行综合比较,选出最优方案。

溢流孔口尺寸主要取决于通过溢流孔口的下泄洪水流量 $Q_溢$,根据设计和校核情况下的洪水来量,经调洪演算确定下泄洪水流量 $Q_总$,再减去电站、船闸等其他建筑物下泄流量之和 $Q_0$,即得 $Q_溢$ 为

$$Q_溢 = Q_总 - \alpha Q_0 \tag{2-7}$$

式中:$Q_0$——经由电站、船闸及其他泄水孔下泄的流量;

$\alpha$——系数,考虑电站部分运行,或由于闸门障碍等因素对下泄流量的影响,正常运用时取 $0.75\sim0.90$;校核情况下取 $1.0$。

单宽流量 $q$ 确定以后,溢流孔净宽 $B$(不包括闸墩厚度)为

$$B=\frac{Q_溢}{q} \tag{2-8}$$

装有闸门的溢流坝,用闸墩将溢流段分隔为若干个等宽的孔。设孔口总数为 $n$,孔口宽度 $b=B/n$,$d$ 为闸墩厚度,则溢流前缘总宽度 $B_1$ 为

$$B_1=nb+(n-1)d \tag{2-9}$$

当采用开敞式溢流坝泄流时,下泄流量 $Q_溢$ 为

$$Q_溢=m_z\varepsilon\sigma_m B\sqrt{2g}H_z^{3/2} \tag{2-10}$$

式中:$B$——溢流孔净宽,m;

$\quad m_z$——流量系数,可从有关水力计算手册中查得;

$\quad \varepsilon$——侧收缩系数,根据闸墩厚度及闸墩头部形状而定,初设时可取为 $0.90\sim0.95$;

$\quad \sigma_m$——淹没系数,视淹没程度而定;

$\quad g$——重力加速度,取 $9.81\ m/s^2$。

用设计洪水位减去堰顶水头 $H_z$(此时堰顶水头应扣除流速水头)即得堰顶高程。

当采用孔口泄流时,下泄流量 $Q_溢$ 为

$$Q_溢=\mu A_k\sqrt{2gH_z} \tag{2-11}$$

式中:$A_k$——出口处的面积,$m^2$;

$\quad H_z$——自由出流时为孔口中心处的作用水头,淹没出流时为上下游水位差,m;

$\quad \mu$——孔口或管道的流量系数,初设时对有胸墙的堰顶孔口,当 $H_z/D=2.0\sim2.4$($D$ 为孔口高,m)时,取 $\mu=0.74\sim0.82$;对深孔取 $\mu=0.83\sim0.93$;当为有压流时,$\mu$ 值必须通过计算沿程及局部水头损失来确定。

确定孔口尺寸时应考虑泄洪要求、闸门和启闭机械。

### 8. 溢流坝的消能防冲

溢流坝下泄的水流具有很大的动能,常高达几百万甚至几千万千瓦,潘家口和丹江口坝的最大泄洪功率均接近 3000 万千瓦,如此巨大的能量,若不妥善处理,势必导致下游河床被严重冲刷,甚至造成岸坡坍塌和大坝失事。

通过溢流坝下泄水流的能量主要消耗在三个方面:一是水流内部的互相撞击和摩擦;二是下泄水体与空气之间的掺气摩阻;三是下泄水流与固体边界(如坝面、护坦、岸坡、河床)之间的摩擦和撞击。

能量转换途径:水流内部的紊动、掺混、剪切及旋滚;水股的扩散及水股之间的碰撞;水流与固体边界的剧烈摩擦和撞击;水流与周围空气的摩擦和掺混等消能形式的选择,要根据枢纽布置、地形、地质、水文、施工和运用等条件确定。

**1) 消能防冲的设计原则**

(1) 尽量使下泄水流的大部分动能消耗在水流内部的紊动中,以及水流与空气的摩擦上。

(2) 不产生危及坝体安全的河床或岸坡的局部冲刷。

(3) 下泄水流平稳,不影响枢纽中其他建筑物的正常运行。

(4) 结构简单,工作可靠。

（5）工程量小，造价低。

**2）消能的形式**

消能形式的选择应根据水头及单宽流量的大小、下游水深及其变幅、坝基地质地形条件及枢纽布置情况等，经技术经济比较后选定。溢流重力坝常用的消能方式有挑流式、底流式、面流式和戽流式等，其中挑流消能应用最广，底流消能次之，而面流式消能和戽流式消能一般应用较少。这里重点介绍挑流消能。

（1）挑流消能。

挑流消能原理：利用溢流坝下游反弧段的鼻坎，将下泄的高速水流挑射抛向空中，抛射水流在掺入大量空气时消耗部分能量，而后落到距坝较远的下游河床水垫中产生强烈的旋滚，并冲刷河床形成冲坑，随着冲坑的逐渐加深，大量能量消耗在水流旋滚的摩擦之中，冲坑也逐渐趋于稳定。鼻坎挑流消能一般适用于基岩比较坚固的中、高溢流重力坝，如图 2-32 所示。

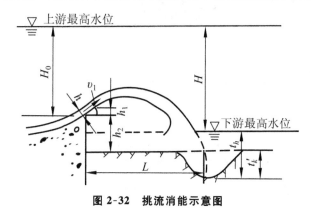

**图 2-32　挑流消能示意图**

鼻坎挑流消能设计包括：选择合适的鼻坎形式、鼻坎高程，挑射角度、反弧半径、鼻坎构造和尺寸，计算挑射距离和最大冲坑深度。挑流形成的冲坑应保证不影响坝体及其他建筑物的安全。

常用的挑流鼻坎形式有连续式和差动式，如图 2-33 所示。在我国的工程实践中，连续式鼻坎应用较为广泛。

① 连续式挑流鼻坎。

连续式挑流鼻坎构造简单、易于施工，射程较远，鼻坎上水流平顺，不易产生空蚀，水流雾化较轻，但掺气作用较差。

鼻坎挑射角度：一般情况下多采用 $\theta = 20° \sim 25°$。虽然加大挑射角，可以增加挑射距离，但由于水舌入水角（水舌与下游水面的交角）加大，使冲坑加深。

鼻坎反弧半径：鼻坎反弧半径 $R$ 一般采用$(8 \sim 10)h$，$h$ 为反弧最低点处的水深。$R$ 太小时，鼻坎水流转向不顺畅；$R$ 过大时，将迫使鼻坎向下延伸太长，增加了鼻坎工程量。鼻坎反弧也可以采用抛物线，曲率半径由大到小，这样，既可以获得较大的挑射角 $\theta$，又不至于增加鼻坎工程量，但鼻坎施工复杂，在实际运用中受到限制。

鼻坎高程：鼻坎最低高程，一般应高于下游最高水位 $1 \sim 2$ m。

挑射距离：连续式挑流鼻坎的水舌挑射距离，可按式(2-12)估算，即

$$L' = L + \Delta L \tag{2-12}$$

其中

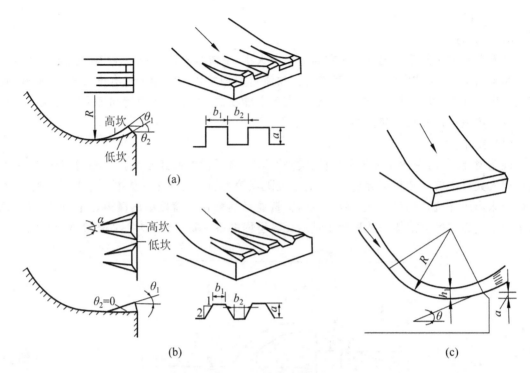

**图 2-33　挑流鼻坎示意图**

(a) 矩形差动式；(b) 梯形差动式；(c) 连续式

$$L=\frac{1}{g}\left[v_1^2\sin\theta\cos\theta+v_1\cos\theta\ \sqrt{v_1^2\sin^2\theta+2g(h_1+h_2)}\right] \tag{2-13}$$

$$\Delta L=T\cot\beta \tag{2-14}$$

式中：$L'$——冲坑最深点到坝下游垂直面的水平距离，m；

　　　$L$——坝下游垂直面到挑流水舌外缘进入下游水面后与河床面交点的水平距离，m；

　　　$\Delta L$——水舌外缘与河床面交点到冲坑最深点的水平距离，m；

　　　$v_1$——坎顶水面流速，m/s，按鼻坎处平均流速 $v$ 的 1.1 倍计，即 $v_1=1.1v$，$v=\varphi\ \sqrt{2gH_0}$
　　　　　（$H_0$ 为水库水位至坎顶的落差，m）；

　　　$\theta$——鼻坎的挑角，(°)；

　　　$h_1$——坎顶垂直方向水深，m；

　　　$h_2$——坎顶至河床面高差，m，如冲坑已经形成，可算至坑底；

　　　$\varphi$——堰面流速系数；

　　　$T$——最大冲坑深度，由河床面至坑底，m；

　　　$\beta$——水舌外缘与下游水面的夹角。

　　最大冲坑水垫厚度：工程中常用最大冲坑水垫厚度估算公式进行推算，即

$$t_k=kq^{0.5}H^{0.25} \tag{2-15}$$

式中：$t_k$——下水垫厚度，自水面算至坑底，m；

　　　$q$——单宽流量，m³/(s·m)；

　　　$H$——上下游水位差，m；

　　　$k$——冲刷系数，其数值如表 2-2 所示。

为了确保挑流消能的安全挑距,并不影响坝趾基岩稳定,要求冲坑最低点距坝趾的距离应大于 2.5 倍的坑深。

**表 2-2　冲刷系数 $k$ 值**

| 可冲性类别 | | 难　　　冲 | 可　　　冲 | 较　易　冲 | 易　　　冲 |
|---|---|---|---|---|---|
| 节理裂缝 | 间距/cm | >150 | 50～150 | 20～50 | <20 |
| | 发育程度 | 不发育,节理(裂隙)1～2 组,规则 | 较发育,节理(裂隙)2～3 组,X 形,较规则 | 发育,节理(裂隙)3 组以上,不规则,呈 X 形或米字形 | 很发育,节理(裂隙)3 组以上,杂乱,岩性被切割呈碎石状 |
| 基岩构造特征 | 完整程度 | 巨块状 | 大块状 | 块(石)碎(石)状 | 碎石状 |
| | 结构类型 | 整体结构 | 砌体结构 | 镶嵌结构 | 碎裂结构 |
| | 裂隙性质 | 多为原生型或构造型,多密闭,延展不长 | 以构造型为主,多密闭,部分微张,少有充填,胶结好 | 以构造或风化型为主,大部分微张,部分为黏土充填,胶结较差 | 以风化或构造型为主,裂隙微张或张开,部分为黏土充填,胶结很差 |
| $k$ | 范围 | 0.6～0.9 | 0.9～1.2 | 1.2～1.6 | 1.6～2.0 |
| | 平均 | 0.8 | 1.1 | 1.4 | 1.8 |

注:适用范围为 30°<$\beta$<70°。

② 差动式挑流鼻坎。

与连续式挑流鼻坎不同之处在于,差动式挑流鼻坎末端设有齿坎,挑流时射流分别经齿台和凹槽挑出,形成两股具有不同挑射角的水流,两股水流除在垂直面上有较大扩散外,在侧向也有一定的扩散,加上高低水流在空中相互撞击,使掺气现象加剧,增加了空中的消能效果,同时也增加了水舌的入水范围,减小了河床的冲刷深度。据试验和原型观测,设计良好的差动式挑流鼻坎下游的冲刷深度比在连续式挑流情况下的要减小 35%～50%,如图 2-34 所示。

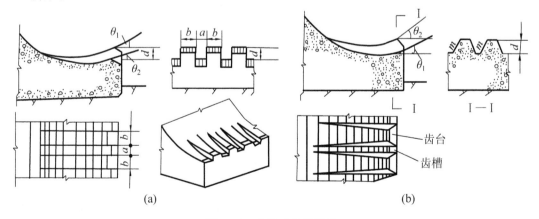

**图 2-34　差动式挑流鼻坎**

(a) 矩形差动式鼻坎;(b) 梯形差动式鼻坎

（2）底流消能。

底流消能是在坝下设置消力池、消力坎或综合式消力池和其他辅助消能设施促使下泄水流在限定的范围内产生水跃。主要通过水流内部的旋滚、摩擦、掺气和撞击达到消能的目的，以减轻对下游河床的冲刷。底流消能工作可靠，但工程量较大，多用于低水头、大流量的溢流重力坝，如图 2-35 所示。

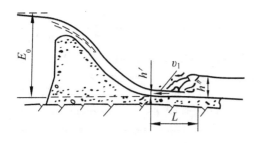
图 2-35　底流消能示意图

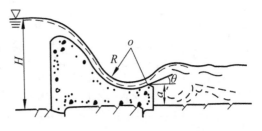
图 2-36　面流消能示意图

（3）面流消能。

面流消能利用鼻坎将高速水流挑至尾水表面，在主流表面与河床之间形成反向旋滚，使高速水流与河床隔开，避免了对临近坝趾处河床的冲刷。由于表面主流沿水面逐渐扩散以及反向旋滚的作用，产生消能效果，如图 2-36 所示。

面流消能适用于下游尾水较深（大于跃后水深），水位变幅不大，下泄流量变化范围不大，以及河床和两岸有较高的抗冲能力的情况。它的缺点是，对下游水位和下泄流量变幅有严格的限制，下游水流波动较大，在较长距离内不够平稳，影响发电和航运。

（4）消力戽消能。

消力戽的构造类似于挑流消能设施，但其鼻坎潜没在水下，下泄水流在被鼻坎挑到水面（形成涌浪）的同时，还在消力戽内、消力戽下游的水流底部以及消力戽下游的水流表面形成三个旋滚，即所谓"一浪三滚"。消力戽的作用主要在于使戽内的旋滚消耗大量能量，并将高速水流挑至水面，以减轻对河床的冲刷。消力戽下游的两个旋滚也有一定的消能作用。由于高速主流在水流表面，故不需做护坦，如图 2-37 所示。

消力戽设计既要避免因下游水位过低出现自由挑流，造成严重冲刷，也需避免因下游水位

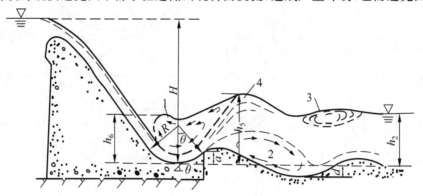
图 2-37　消力戽
1—戽内旋滚；2—戽后底部旋滚；3—下游表面旋滚；4—戽后涌浪

过高,淹没太大,急流潜入河底淘刷坝脚。设计时可参考有关文献,针对不同流量进行水力计算,以确定反弧半径、鼻坎高度和挑射角度。

### 9. 溢流坝的布置

**1) 溢流坝的上部结构**

溢流坝的上部结构主要包括闸墩、闸门、启闭设备、工作桥和交通桥等,如图 2-38 所示。

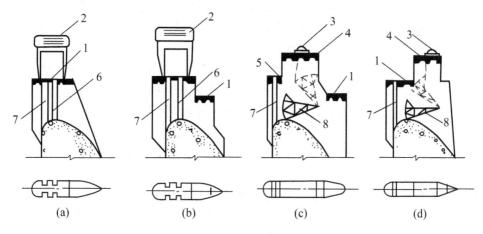

**图 2-38  溢流坝顶布置图**

1—公路桥;2—门机;3—启闭机;4—工作桥;5—便桥;6—工作闸门槽;7—检修闸门槽;8—弧形闸门

(1) 闸墩的平面形状应使水流平顺,减少孔口的侧收缩。上游端常采用半圆形或椭圆形;下游端一般采用流线型,有时也采用半圆形或宽尾墩。

(2) 闸墩上游墩头可与坝体上游面齐平,也可外悬于坝顶,以满足上部结构布置的要求。

(3) 闸墩厚度与闸门形式有关。采用平面闸门时需要设门槽,工作闸门槽深 0.5~2.0 m,宽 1~4 m,门槽处的闸墩厚度不得小于 1~1.5 m,以保证有足够的强度。弧形闸门闸墩的最小厚度为 1.5~2.0 m。如果是缝墩,闸墩厚度要增加 0.5~1.0 m。由于闸墩较薄,需要配置受力钢筋和温度钢筋。

(4) 闸墩的长度和高度应满足布置闸门、工作桥、交通桥和启闭机械的要求。平面闸门多用活动式启闭机,轨距一般在 10 m 左右。当交通要求不高时,工作桥可兼做交通用,否则需另设交通桥。门机高度应能将闸门吊出门槽。在正常运用中,闸门提起后可用锁定装置挂在闸墩上。弧形闸门一般采用固定式启闭机,要求闸门吊至溢流水面以上,工作桥应有相应的高度。交通桥则要求与非溢流坝坝顶齐平。为了改善水流条件,闸墩需向上游伸出一定长度,并将这部分做到溢流坝顶以下约一半堰顶水深处。

(5) 溢流坝两侧设边墩,一方面起闸墩的作用,同时也起分隔溢流坝与非溢流坝的作用。边墩从坝顶延伸到坝趾,边墩高度由溢流水深决定,导墙应考虑溢流水面上由水流冲击波和掺气所引起的水深增高,一般高出水面 1~1.5 m。当采用底流消能时,导墙需延长到消力池末端。当溢流坝与水电站并列时,导墙长度要延伸到厂房后一定的范围,以减少尾水对电站运行的影响。为防止温度裂缝,在导墙上每隔 15 m 左右做一道伸缩缝。导墙顶厚 0.5~2.0 m,下部厚度由结构计算确定。

(6) 闸门分为工作闸门、检修闸门和事故闸门。工作闸门用来调节下泄流量,需要在动水中启闭,要求有较大的启门力;检修闸门用于短期挡水,以便对工作闸门、建筑物及机械设备进行检修,可在静水中启闭,启门力较小;事故闸门在建筑物或设备出现事故时紧急应用,要求能在动水中关闭孔口。工作闸门一般设在溢流堰顶,有时为了使溢流面更陡一些,可将闸门设在靠近堰顶不远的下游处。检修闸门和工作闸门之间应留有 1～3 m 的净距,以便进行检修。全部溢流孔常备有 1～2 个检修闸门,交替使用。

常用的工作闸门有平面闸门和弧形闸门。平面闸门的主要优点是,结构简单,闸墩受力条件好,各孔口可以共用一个活动式启闭机;其缺点是,启门力较大,闸墩较厚。弧形闸门的主要优点是,启门力较小,闸墩较薄,无门槽,水流平顺;其缺点是,闸墩较长,且受力条件较差。

检修闸门可以采用平面闸门、浮箱闸门、叠梁。

启闭机有活动式的和固定式的。活动式启闭机多用于平面闸门,可以兼用于起吊工作闸门和检修闸门。固定式启闭机固定在工作桥上,多用于弧形闸门。

闸墩的作用是承受闸门传来的水压力,支撑工作桥和交通桥等,闸墩的长度和高度应满足上部结构布置的要求。门机高度应能将闸门吊出门槽。在正常运用中,闸门提起后可用交通桥并要求与非溢流坝坝顶齐平(有关闸门和启闭机的内容详见水闸部分内容)。

**2）边墩和导墙**

如图 2-39 所示,边墩从坝顶延伸到坝趾,边墩高度由溢流水深决定,导墙应考虑溢流面上由水流冲击波和掺气所引起的水深增高。当溢流坝与水电站并列时,导墙长度要延伸到厂房后一定的范围,以减少尾水对电站运行的影响。

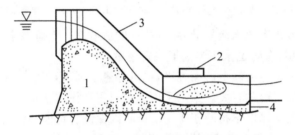

**图 2-39　边墩和导墙**

1—溢流坝;2—水电站;3—边墩;4—护坦

**3）溢流坝段的横缝**

(1)缝设在闸墩中间,如图 2-40(a)所示,当各坝段间产生不均匀沉降时,不致影响闸门启闭,工作可靠,其缺点是闸墩厚度较大。

(2)缝设在溢流孔跨中,如图 2-40(b)所示,闸墩厚度较薄,但易受地基不均匀沉降的影响,且高速水流在横缝上通过,易造成局部冲刷,气蚀和水流不畅。

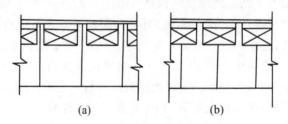

(a)　　　　　　　　　　　(b)

**图 2-40　溢流坝段横缝的布置**

## 模块 2 混凝土拱坝的主体工程剖面设计

**1. 水平拱圈参数的选择**

**1）拱中心角 $2\varphi_A$**

采用"圆筒公式"如下：

$$\begin{cases} T = \dfrac{PR_U}{\sigma} \\ R_U = R + \dfrac{T}{2} = \dfrac{l}{\sin\varphi_A} + \dfrac{T}{2} \end{cases} \tag{2-16}$$

或

$$T = \dfrac{2lp}{(2\sigma - p)\sin\varphi_A}$$

式中：$T$——拱圈厚度；

$\quad\quad\sigma$——拱圈截面的平均应力；

$\quad\quad l$——拱圈平均半径处半弦长；

$\quad\quad R_U$、$R$——外弧半径和平均半径。

**2）分析结论**

（1）如图 2-41 所示，当应力条件相同时，拱中心角 $2\varphi_A$ 越大（即 $R$ 越小），拱圈厚度 $T$ 越小，就越经济。但中心角增大也会引起拱圈弧长增加，抵消了一部分由减小拱厚所节省的工程量。经过计算，可以得出拱圈体积最小时的中心角 $2\varphi_A = 133°34'$。

（2）当拱厚 $T$ 一定时，拱中心角越大，拱端应力条件就越好。采用较大中心角比较有利，但选用很大的中心角将很难满足坝肩稳定的要求。

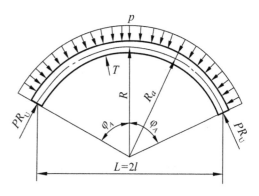

**图 2-41 圆弧拱圈**

（3）从有利于拱座稳定考虑，要求拱端内弧面切线与可利用岩面等高线的夹角不得小于 30°。过大的中心角将使拱端内弧面切线与岩面等高线的夹角减小，对拱座稳定不利。因此，拱圈中心角在任何情况下都不得大于 120°。

（4）一般情况下，可使顶拱中心角采用实际可行的最大值，往下拱圈的中心角逐渐减小。坝体顶拱最大中心角应根据不同的水平拱圈形式，采用 90°～110°。底拱中心角在 50°至 80°之间选取。

**3）水平拱圈的形态**

合理的水平拱圈应当是压力线接近拱轴线，使拱截面内的压应力分布趋于均匀。

（1）三心圆拱是由三段圆弧构成的，通常两侧弧段的半径比中间的大，从而可以减小中间弧段的弯矩，使压应力分布均匀，改善拱端与两岸岩体的连接条件，更有利于坝肩的岩体稳定。美国、葡萄牙等国较多采用三心圆拱坝，我国的白山拱坝、紧水滩拱坝和正在施工的李家峡都是采用三心圆拱坝。

（2）变曲率拱包括椭圆拱、抛物线拱等，拱圈中段的曲率较大，向两侧逐渐减小，使拱圈中的压力线接近中心线,拱端推力方向与岸坡等高线的夹角增大,有利于坝肩岩体的抗滑稳定。我国在建的二滩水电站、东风水电站采用的就是抛物线拱坝。

## 2. 拱坝平面布置形式

### 1) 定圆心等半径拱坝

定圆心等外半径拱坝如图 2-42 所示。

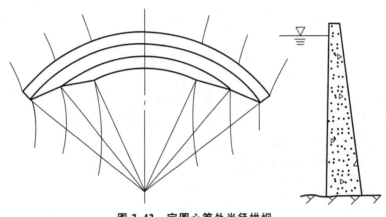

图 2-42　定圆心等外半径拱坝

### 2) 等中心角拱坝

这种坝型为了维持圆心角为常数,拱坝的上、下游均形成扭曲面,并且出现倒悬,在靠近两岸部分均倒向上游,如图 2-43 所示。

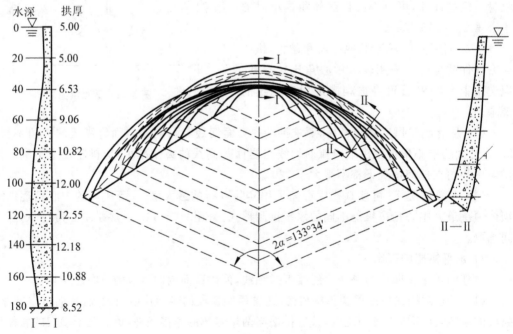

图 2-43　等中心角拱坝

### 3) 变半径、变中心角拱坝

变半径、变中心角拱坝改善了应力状态,是一种较好的坝型,如图 2-44 所示。

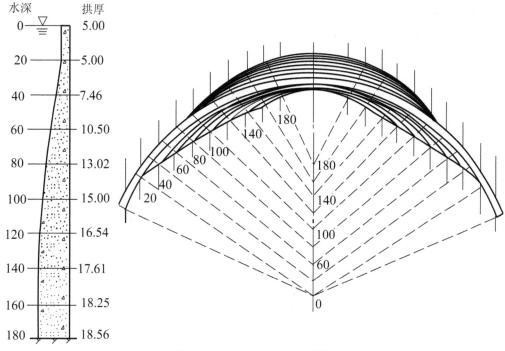

**图 2-44　变半径、变中心角拱坝**

### 4）双曲拱坝

梁系呈弯曲的形状，兼有垂直拱的作用，垂直拱在水平拱的支撑下，将更多的水荷载传至坝肩；垂直拱在水荷载作用下上游面受压，下游面受拉，而在自重作用下则与此相反，因而应力状态可得到改善，材料强度能得到更充分的发挥，如图 2-45 所示。

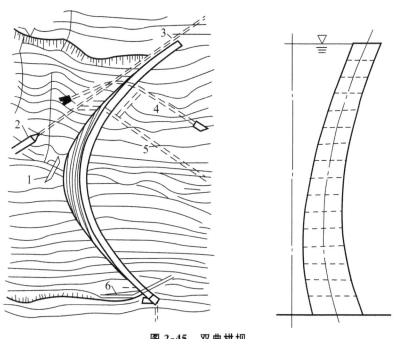

**图 2-45　双曲拱坝**

### 3. 拱冠梁的形式和尺寸

拱冠梁的尺寸如图 2-46 所示。

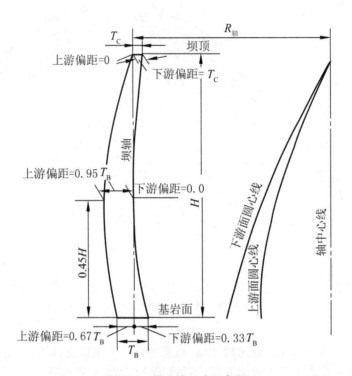

**图 2-46　拱冠梁尺寸示意图**

坝顶厚度 $T_C$ 一般按工程规模、运行和交通要求确定,如无交通要求,一般采用 3～5 m。

坝底厚度 $T_B$ 是表征拱坝厚薄的一项控制数据。

初拟拱冠梁厚度可采用《水工设计手册》建议的公式,即

$$T_C = 2\varphi_C R_{轴} \left(3R_f / 2E\right)^{\frac{1}{2}} / \pi \tag{2-17}$$

$$T_B = 0.7LH / [\sigma] \tag{2-18}$$

$$T_{0.45H} = 0.385HL_{0.45H} / [\sigma] \tag{2-19}$$

式中: $T_C$、$T_B$、$T_{0.45H}$——拱冠顶厚、底厚和 $0.45H$ 高度处的厚度,m;

　　　　$\varphi_C$——顶拱的中心角,rad;

　　　　$R_{轴}$——顶拱中心线的半径,m;

　　　　$R_f$——混凝土的极限抗压强度,kPa;

　　　　$E$——混凝土的弹性模量,kPa;

　　　　$L$——两岸可利用基岩面间河谷宽度沿坝高的均值,m;

　　　　$H$——拱冠梁的高度,m;

　　　　$[\sigma]$——坝体混凝土的允许压应力,kPa;

　　　　$L_{0.45H}$——拱冠梁 $0.45H$ 高度处两岸可利用基岩面间的河谷宽度,m。

# 任务 5　混凝土坝的构造设计

## 模块 1　混凝土重力坝的构造设计

### 1. 混凝土重力坝的材料

#### 1）混凝土的强度等级

普通混凝土强度等级是按标准方法制作养护的立方体试件，在 28 d 龄期用标准试验方法测得的具有 95% 保证率的抗压强度标准值确定的，混凝土强度随着龄期延长而增长。坝体常态混凝土强度标准值的龄期一般用 90 d，碾压混凝土可采用 180 d 龄期，因此在规定混凝土强度设计值时，应统一规定设计龄期。

大坝常用混凝土强度等级有 C7.5、C10、C15、C20、C25、C30。高于 C30 的混凝土用于重要构件和部位。大坝混凝土的强度标准值可采用 90 d 龄期强度，保证率为 80%。

#### 2）混凝土的耐久性

（1）抗渗性。

对于大坝的上游面，基础层和下游水位以下的坝面均为防渗部位，其混凝土应具有抵抗水压力渗透的能力。抗渗性能通常用抗渗等级 W 表示。

大坝混凝土抗渗等级应根据所在部位和水力坡降按表 2-3 采用。

表 2-3　大坝混凝土抗渗等级的最小允许值表

| 项　　次 | 部　　位 | 水力坡降 | 抗渗等级 |
|:---:|:---:|:---:|:---:|
| 1 | 坝体内部 | | W2 |
| 2 | 坝体其他部位按水力坡降考虑时 | $i<10$ | W4 |
| | | $10\leqslant i<30$ | W6 |
| | | $30\leqslant i<50$ | W8 |
| | | $i\geqslant 50$ | W10 |

（2）抗冻性。

混凝土的抗冻性能是指混凝土在饱和状态下，经多次冻融循环而不破坏，不严重降低强度的性能。抗冻性能通常用抗冻等级 F 来表示。

抗冻等级一般应视气候分区、冻融循环次数、表面局部小气候条件、水分饱和程度、结构构件重要性和检修的难易程度，由表 2-4 查取。

表 2-4　大坝抗冻等级

| 气候分区 | 严寒 | | 寒冷 | | 温和 |
|:---|:---:|:---:|:---:|:---:|:---:|
| 年冻融循环次数 | ≥100 | ≥100 | ≥100 | <100 | — |
| （1）受冻严重且难以检修部位：流速大于 25 m/s、过冰、多沙或多推移质过坝的溢流坝、深孔或其他输水的过水面及二期混凝土 | F300 | F300 | F300 | F200 | F100 |
| （2）受冻严重但有检修条件部位：混凝土重力坝上游面冬季水位变化区；流速小于 25 m/s 的溢流坝、泄水孔的过水面 | F300 | F200 | F200 | F150 | F50 |

| 气候分区 | | 严寒 | | 寒冷 | 温和 |
|---|---|---|---|---|---|
| 年冻融循环次数 | ≥100 | ≥100 | ≥100 | <100 | — |
| （3）受冻较重部位：混凝土重力坝外露阴面 | F200 | F200 | F150 | F150 | F50 |
| （4）受冻较轻部位：混凝土重力坝外露阳面 | F200 | F150 | F100 | F100 | F50 |
| （5）重力坝下部或内部混凝土 | F50 | F50 | F50 | F50 | F50 |

（3）抗磨性。

混凝土的抗磨性是指抵抗高速水流或挟沙水流的冲刷、磨损的能力。目前，尚未制定出定量的技术标准，一般而言，对于有抗磨要求的混凝土，应采用高强度混凝土或高强硅粉混凝土，其抗压强度等级不应低于 C20，要求高的则不应低于 C30。

（4）抗侵蚀性。

混凝土的抗侵蚀性是指抵抗环境水的侵蚀性能。当环境水具有侵蚀性时，应选用适宜的水泥和尽量提高混凝土的密实性，且外部水位变动区及水下混凝土的水灰比可参照表 2-5 减少 0.05。

表 2-5　最大水灰比

| 气候分区 | 大坝分区 | | | | | |
|---|---|---|---|---|---|---|
| | Ⅰ | Ⅱ | Ⅲ | Ⅳ | Ⅴ | Ⅵ |
| 严寒和寒冷地区 | 0.55 | 0.45 | 0.50 | 0.50 | 0.65 | 0.45 |
| 温和地区 | 0.65 | 0.50 | 0.55 | 0.55 | 0.65 | 0.45 |

（5）抗裂性。

混凝土的抗裂性是指抵抗环境水的侵蚀性能。当环境水具有侵蚀性时，应选用适宜的水泥和尽量提高混凝土的密实性。

## 2. 混凝土重力坝的材料分区

由于坝体各部分的工作条件不同，因而对混凝土强度等级、抗掺、抗冻、抗冲刷、抗裂等性能要求也不同，为了节省和合理使用水泥，通常将坝体不同部位按不同工作条件分区，采用不同等级的混凝土。坝体分区示意图如图 2-47 所示。

大坝分区特性如表 2-6 所示。

表 2-6　大坝分区特性

| 分区 | 强度 | 抗渗 | 抗冻 | 抗冲刷 | 抗侵蚀 | 低热 | 最大水灰比 | 选择各分区的主要因素 |
|---|---|---|---|---|---|---|---|---|
| Ⅰ | + | — | ++ | — | — | + | + | 抗冻 |
| Ⅱ | + | + | ++ | — | + | + | + | 抗冻、抗裂 |
| Ⅲ | ++ | ++ | + | — | + | + | + | 抗渗、抗裂 |
| Ⅳ | ++ | + | + | — | + | ++ | + | 抗裂 |
| Ⅴ | ++ | + | + | — | — | ++ | + | |
| Ⅵ | ++ | — | ++ | ++ | ++ | + | + | 抗冲耐磨 |

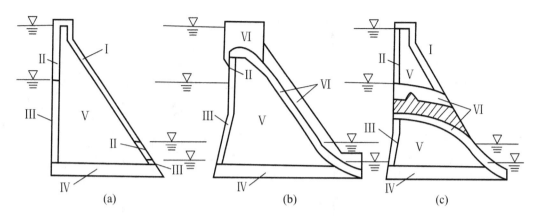

**图 2-47　坝体分区示意图**

（a）非溢流坝；（b）溢流坝；（c）坝身泄水孔

Ⅰ区为上、下游以上坝体外部表面混凝土；

Ⅱ区为上、下游变动区的坝体外部表面混凝土；

Ⅲ区为上、下游以下坝体外部表面混凝土；

Ⅳ区为坝体基础；

Ⅴ区为坝体内部；

Ⅵ区为抗冲刷部位，如溢洪道溢流面、泄水孔、导墙和闸墩等。

坝体为常态混凝土的强度等级不应低于 C7.5，碾压混凝土强度等级不应低于 C5。同一浇筑块中混凝土强度等级种类不宜超过两种，分区厚度尺寸最小为 2 m。

### 3. 重力坝坝体的防渗与排水设施

**1）坝体防渗**

在混凝土重力坝坝体上游面和下游面最高水位以下部分，多采用一层具有防渗、抗冻、抗侵蚀的混凝土作为坝体防渗设施，防渗指标根据水头和防渗要求而定，防渗厚度一般为 1/20～1/10 水头，但不小于 2 m，如图 2-48 所示。

**2）坝体排水设施**

靠近上游坝面设置排水管幕，以减小坝体渗透压力。排水管幕距上游坝面的距离一般为作用水头的 1/25～1/15，且不小于 2.0 m。排水管间距为 2～3 m，管径为 15～20 cm。排水管幕沿坝轴线一字排列，管孔铅直，与纵向排水、检查廊道相通，上下端与坝顶和廊道直通，便于清洗、检查和排水。

排水管一般用无砂混凝土管，可预制成圆筒形和空心多棱柱形，在浇筑坝体混凝土时，应保护好排水管，防止水泥浆漏入排水管内，阻塞排水管道。

### 4. 重力坝的分缝与止水

为了满足运用和施工的要求，防止温度变化和地基不均匀沉降导致坝体开裂，需要合理分缝。常见的分缝有横缝、纵缝和施工缝。

**1）重力坝的分缝**

（1）横缝。

垂直于坝轴线，将坝体分成若干个坝段的缝称为横缝。沿坝轴线 15～20 m 设一道横缝，

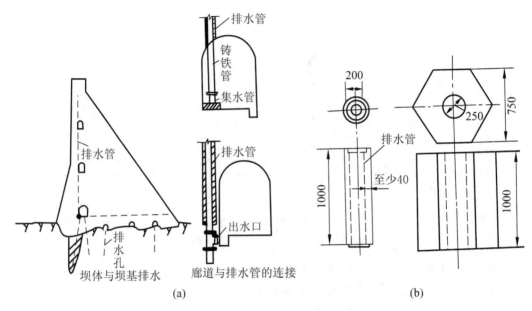

**图 2-48　重力坝内部排水构造(单位:mm)**
(a) 坝内排水;(b) 排水管

缝宽的大小主要取决于河谷地形、地基特性、结构布置、温度变化、浇筑能力等,缝宽一般为1~2 cm。横缝分为永久性横缝和临时性横缝两种。

① 永久性横缝。

永久性横缝是指从坝底至坝顶的贯通缝。将坝体分为若干独立的坝段,若缝面为平面,不设缝槽,不进行灌浆,但要设置止水。横缝间距(坝段长度)一般可为 12~20 m,有时可达到24 m(温度缝)。若作沉降缝,间距可达 50~60 m。当坝内设有泄水孔或电站引水管道时,还应考虑泄水孔和电站机组间距;对于溢流坝,可将缝设在闸墩中;地基若为坚硬的基岩时,可将缝设在闸孔中央。

② 临时性横缝。

临时性横缝在缝面设置键槽,埋设灌浆系统,施工后灌浆连接成整体。临时横缝主要用于以下几种情况:对横缝的防渗要求很高时;陡坡上的重力坝段,即岸坡较陡,将各坝段连成整体,改善岸坡坝段的稳定性;不良坝基上的重力坝,即软弱破碎带上的各坝段,横缝灌浆后连成了整体,增加坝体刚度;强地震区(设计烈度在 8 度以上)的坝体,即强地震区将坝段连成整体,可提高坝体的抗震性。当岸坡坝基开挖成台阶状时,坡度陡于 1:1 时,应按临时性横缝处理。

(2) 纵缝。

平行于坝轴线的缝称为纵缝。设置纵缝的目的在于,适应混凝土的浇筑能力和减小施工期的温度应力,待温度正常之后进行接缝灌浆。

部位:平行于坝轴线方向设的缝;待其温度接近稳定温度后,再进行接缝灌浆。

作用:纵缝是临时缝;将一个坝段分成几个坝块,待坝体降到稳定温度后,进行接缝灌浆。

纵缝按结构布置形式,可分为铅直纵缝、斜缝和错缝,如图 2-49 所示。

① 铅直纵缝。

纵缝方向是铅直的为铅直纵缝,是最常用的一种形式。缝的间距根据混凝土的浇筑能力

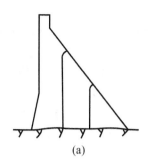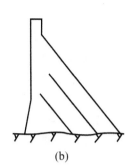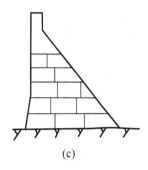

(a)　　　　　　　　　　　(b)　　　　　　　　　　(c)

图 2-49　纵缝形式

(a) 铅直纵缝；(b) 斜缝；(c) 错缝

和温度控制要求确定,缝距一般为 15～30 m,纵缝不宜过多。

为了很好地传递压力和剪力,纵缝面上设呈三角形的键槽,槽面与主应力方向垂直,在缝面上布置灌浆系统。

为保证坝面的整体性,铅缝面布设灌浆系统;待坝体温度稳定,缝张开到 0.5 mm 以上时进行灌浆。灌浆沿高度每 10～15 m 进行分区,缝体四周设置止浆片,止浆片用镀锌铁片或塑料片(厚 1～1.5 cm,宽 24 cm)。严格控制灌浆压力,一般为 0.35～0.45 MPa,回浆压力为 0.2～0.25 MPa,压力太高会在坝块底部造成过大拉应力而破坏坝面,压力太低不能保证质量。

纵缝两侧坝块的浇筑应均衡上升,一般高差控制在 5～10 m,以防止温度变化、干缩变形造成缝面挤压剪切,键槽出现剪切裂缝。

② 斜缝。

斜缝大致按满库时的最大主应力方向布置,因缝面剪应力小,不需要灌浆。中国的安砂坝成功地采用了这种方法,斜缝在距上游坝面一定距离处终止,并采取并缝措施,如布置垂直缝面的钢筋、并缝廊道等。斜缝的缺点是施工干扰大,相邻坝块的浇筑间歇时间及温度控制均有较严格的限制,故目前中高坝中较少采用。

③ 错缝。

浇筑块之间像砌砖一样把缝错开,每块厚 3～4 m(基岩面附近减至 1.5～2 m),错缝间距为 10～15 m,缝位错距为浇筑块厚度的 1/3～1/2。错缝不需要灌浆,施工简便,整体性差,可用于中小型重力坝中。

近年来世界坝工由于温度控制和施工水平的不断提高,发展趋势是不设纵缝,通仓浇筑,施工进度快,坝体整体性好。但根据规范要求,高坝利用通仓浇筑必须要专门论证。

(3) 水平施工缝。

坝体上、下层浇筑块之间的结合面称为水平施工缝。一般浇筑块厚度为 1.5～4.0 m,靠近基岩面用 0.75～1.0 m 的薄层浇筑,利于散热,减少温升,防止开裂。纵缝两侧相邻坝块水平施工缝不宜设在同一高程,以增强水平截面的抗剪强度。上、下层浇筑间歇 3～7 d,上层混凝土浇筑前,必须对下层混凝土凿毛,冲洗干净,铺 2～3 cm 强度较高的水泥砂浆后浇筑。水平施工缝的处理应高度重视,施工质量关系到大坝的强度、整体性和防渗性,否则将成为坝体的薄弱层面。

**2) 止水**

重力坝横缝的上游面、溢流面、下游面最高尾水位以下及坝内廊道和孔洞穿过分缝处的四周等部位应设置止水设施。

止水片有金属的、橡胶的、塑料的、沥青的及钢筋的。金属止水片有铜片、铝片和镀锌片，止水片厚度一般为 1.0～1.6 mm，两端插入的深度不小于 20～25 cm。橡胶止水片和塑料止水片适应变形能力较强，在气候温和地区可用塑料止水片，在寒冷地区则可采用橡胶止水片，并且应根据工作水头、气候条件、所在部位等选用标准型号。沥青止水片置于沥青井内，井内设有蒸汽或电热设备，加热可使沥青玛碲脂熔化，使其与混凝土有良好的接触。钢筋止水是把做成的钢筋塞设置在缝的上游面，塞与坝体间设有沥青油毛毡层，当受水压时，塞压紧沥青油毛毡层而起止水作用。

对于高坝的横缝止水常采用两道金属止水片和一道防渗沥青井，如图 2-50 所示。当有特殊要求时，可考虑在横缝的第二道止水片与沥青井之间进行灌浆作为止水的辅助设施。

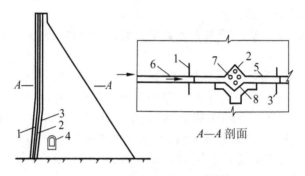

**图 2-50　横缝止水构造示意图**

1—第一道止水铜片；2—沥青井；3—第二道止水片；4—廊道止水；
5—横缝；6—沥青麻片；7—电加热器；8—预制混凝土块

对于中、低坝的横缝止水可适当简化。如中坝第二道止水片可采用橡胶片或塑料片等。低坝经论证后也可采用一道止水片，一般止水片距上游坝面 0.5～2.0 m，以后各道止水设施之间的距离为 0.5～1.0 m。

在坝底，横缝止水必须与坝基岩石妥善连接。通常在基岩上挖一个深 30～50 cm 方槽，将止水片嵌入，然后用混凝土填实。

### 5. 重力坝的坝内廊道系统

为了满足灌浆、排水、观测、检查和交通等要求，重力坝的坝体内部设置了不同用途的廊道，这些廊道相互连通，构成重力坝坝体内部廊道系统（见图 2-51）。

**1）基础灌浆廊道**

在坝内靠近上游坝踵部位设基础（帷幕）灌浆廊道。为了保证灌浆质量，提高灌浆压力，要求距上游面应有作用水头的 0.05～0.1，且不小于 4～5 m；距基岩面不小于 1.5 倍廊道宽度，一般取 5 m 以上。廊道断面为城门洞形，宽度为 2.5～3 m，高度为 3～3.5 m，以便满足灌浆作业的要求。廊道上游侧设排水沟，下游侧设排水孔及扬压力观测孔，在廊道最低处设集水井，以便自流或抽排坝体渗水。

灌浆廊道随坝基面由河床向两岸逐渐升高，坡度不宜陡于 45°，以便钻孔、灌浆及其设备的搬运。当两岸坡度陡于 45°时，基础灌浆廊道可分层布置，并用竖井连接。当岸坡较长时，每隔适当的距离设一段平洞，为了灌浆施工方便，每隔 50～100 m 宜设置横向灌浆机室。

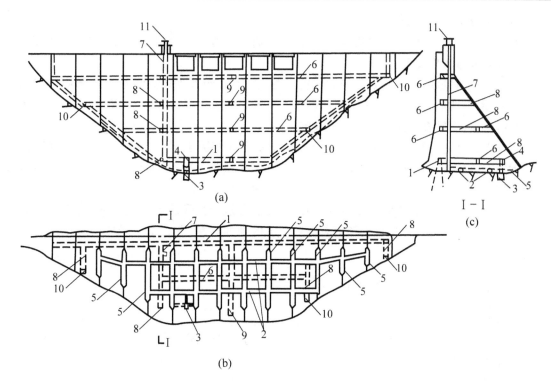

**图 2-51  坝内廊道系统图**

(a) 立面图;(b) 水平剖面图;(c) 横剖面图

1—坝基灌浆排水廊道;2—基面排水廊道;3—集水井;4—水泵室;5—横向排水廊道;
6—检查廊道;7—电梯井;8—交通廊道;9—观测廊道;10—进出口;11—电梯塔

**2）坝体排水廊道**

为检查、观测和坝体排水的方便,需要沿坝高每隔 30 m 设置排水廊道一层。断面形式采用城门洞形,最小宽度为 1.2 m,最小高度为 2.2 m,廊道上游壁至上游坝面的距离应满足防渗要求且不小于 3 m。对设引张线的廊道宜在同一高程上呈直线布置。廊道与泄水孔、导流底孔净距水宜小于 3～5 m。廊道内的上游侧设排水沟。

为了检查、观测的方便,坝内廊道要相互连通,各层廊道左右岸各有一个出口,要求与竖井、电梯井连通。

对于坝体断面尺寸较大的高坝,为了检查、观测和交通的方便,还需另设纵向和横向的廊道。此外,还可根据需要设专门性廊道。

交通廊道和竖井用于通行和器材设备的运输,并将有关的廊道连通起来。

坝基的排水廊道由坝基排水孔收集基岩排出的水,经过设在廊道底角的排水沟流入集水井,并排至下游。若排水廊道低于下游水位,则应用水泵将水送至下游。收集坝身渗水的排水廊道沿坝高每隔 15～20 m 布置一道。渗水由坝身排水管进入廊道排水沟,再沿岸坡排水沟流至最低排水廊道的集水井。

坝内廊道的布置应力求一道多用、综合布置,以减少廊道的数目,一般廊道离上游的坝面不应小于 2 m。廊道的断面形式一般采用城门洞型,这种断面应力条件较好,也可采用矩形断面(国外采用较多)。

**3）廊道的应力和配筋**

因廊道的存在，破坏了坝体的连续性，改变了周边应力分布，其中廊道的形状、尺寸大小和位置对应力分布影响较大。

目前，对于廊道周边的应力分析方法有两种：① 对于距离坝体边界较远的圆形、椭圆形、矩形孔道，用弹性理论方法，作为平面问题按无限域中的小孔口计算应力；② 对于靠近边界的城门洞形廊道，主要靠试验或有限元法求解。

廊道周边是否配筋，有以下两种处理方法：过去假定混凝土不承担拉应力配受力筋和构造筋。近年来西欧各国和美国对于坝内受压区的孔洞一般都不配筋，而位于受拉区、外形复杂、有较大拉应力的孔洞才配钢筋。

工程实践证明，施工期的温度应力是廊道、孔洞周边产生裂缝的主要原因，施工中采取适当的温控措施十分重要。为防止产生裂缝后向上游坝面贯穿，靠近上游坝面的廊道应进行限裂配筋。

# 模块2　混凝土拱坝的构造设计

## 1. 拱坝坝身泄水方式

常用的拱坝泄水方式有坝顶泄流（自由跌落式、鼻坎挑流式）、坝身孔口泄流、坝面泄流、坝肩滑雪道泄流、坝后厂顶溢流（厂前挑流）等。

### 1）自由跌落式

溢流坝段布置在中间的河床部分，水流从坝顶自由跌落。对于比较薄的双曲拱坝或小型拱坝，常采用坝顶自由跌落的方式，如图 2-52 所示。由于下落水舌距坝脚较近，坝下必须设有防护设施，堰顶是否设闸门，视水库淹没损失和运用条件而定。

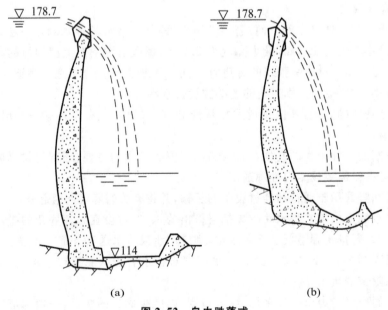

图 2-52　自由跌落式

泄流时，水流经坝顶自由跌入下游河床。自由跌落式适用于基岩良好、单宽泄洪量较小的小型拱坝。

**2）鼻坎挑流式**

为了使泄水跌落点远离坝脚,常在溢流堰顶曲线末端以反弧段连接成为挑流鼻坎,堰顶至鼻坎之间的高差一般不大于 8 m,大致为设计水头的 1.5 倍,反弧半径约等于堰上设计水头,鼻坎挑射角一般为 15°～25°,如图 2-53 所示。由于落水点距坝趾较远,可适用于泄流量较大的轻薄拱坝。

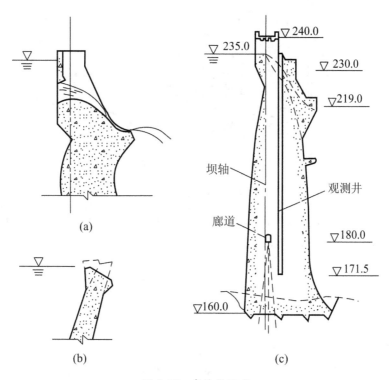

**图 2-53  鼻坎挑流式**

**3）滑雪道式**

滑雪道式泄洪是拱坝特有的一种泄洪方式,其溢流面曲线由溢流坝顶和紧接其后的泄槽组成,泄槽与坝体彼此独立。水流流经泄槽,由槽末端的挑流鼻坎挑出,使水流在空中扩散,下落到距坝较远的地点,如图 2-54 所示。

挑流坎一般都比堰顶低很多,落差较大,因而挑距较远,这是其优点。但滑雪道各部分的形状、尺寸必须适应水流条件,否则容易产生空蚀破坏。所以,滑雪道溢流面的曲线形状、反弧半径和鼻坎尺寸等都需经过试验研究来确定。滑雪道的底板可设置于水电站厂房的顶部或专门的支承结构上,前者的溢流段和水电站厂房等主要建筑物集中布置,对于溢洪量大而河谷狭窄的枢纽是比较有利的。滑雪道也可设在岸边,一般多采用两岸对称布置,也有只布置在一岸的。滑雪道式适用于泄洪量大、较薄的拱坝。

**4）坝身泄水孔式**

在水面以下一定深度处,拱坝坝身可开设孔口。位于拱坝 1/2 坝高处或坝体上半部的泄水孔称为中孔;位于坝体下半部的称为底孔。拱坝泄流孔口在平面上多居中或对称于河床中线布置,孔口泄流一般是压力流,比堰顶溢流流速大,挑射距离远。

泄水中孔一般设置在河床中部的坝段,以便于消能与防冲。也有的工程将泄水中孔分设

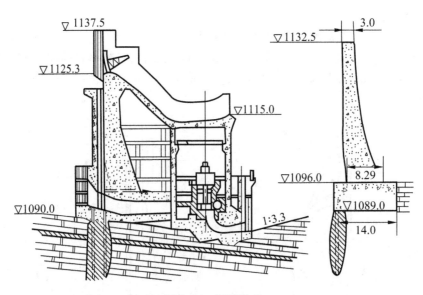

图 2-54　滑雪道式

在两岸坝段,在河床中部布置电站厂房。泄水中孔孔身一般可做成水平或近乎水平、上翘和下弯三种形式。设置在河床中部的泄水中孔通常多布置成水平型的。

拱坝的坝身泄水还可将各种形式结合使用,如坝顶溢流可以同时设置坝身泄水孔。当泄洪流量大,坝身泄水不能满足要求时,还可布置泄洪隧洞或岸边溢洪道。

### 2. 拱坝的消能和防冲

#### 1) 特点

水流过坝后具有向心集中现象,造成集中冲刷。

拱坝河谷一般比较狭窄,当泄流量集中在河床中部时,两侧形成强力回流,淘刷岸坡。

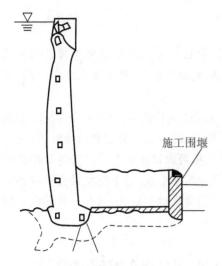

图 2-55　乌格朗拱坝消力池

#### 2) 拱坝消能形式

(1) 水垫消能。

水流从坝顶表孔直接跌落到下游河床,利用下游水垫消能。跌流消能最为简单,但由于水舌入水点距坝趾较近,需要采取相应的防冲措施,如法国的乌格朗拱坝,利用下游施工围堰做成二道坝,抬高下游水位(见图 2-55);美国的卡尔德伍德拱坝,在跌流的落水处建戽斗,并在其下游设置了二道坝,运用情况良好(见图 2-56)。

(2) 挑流消能。

鼻坎挑流式、滑雪道式和坝身泄水孔式大都采用各种不同形式的鼻坎,使水流扩散、冲撞或改变方向,在空中消减部分能量后再跌入水中,以减轻对下游河床的冲刷。

泄流过坝后向心集中是拱坝泄水的一个特点。对于中、高拱坝,可利用这个特点,在拱冠两侧各布置一组溢流表孔或泄水孔,使两侧挑射水流在空中对冲,并沿河槽纵向扩散,从而消

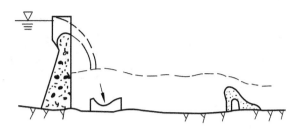

**图 2-56　卡尔德伍德拱坝消力池**

耗大量的能量,减轻对下游河床的冲刷。但应注意,必须使两侧闸门同步开启,否则射流将直冲对岸,危害更甚。

（3）底流消能。

对重力拱坝,有的也可采用底流消能,如萨扬舒申斯克重力拱坝,高 242 m,采用下弯型中孔,泄流沿下游坝面流入设有二道坝的收缩式消力池,池的上游端宽 123 m,下游端宽 97 m,长约 130 m,二道坝下游护坦长 235 m,末端设有齿墙,单宽流量为 139 $m^3/(s \cdot m)$,运用情况良好。

### 3. 拱坝对材料的要求

**1）材料**

拱坝所用的材料主要是混凝土,中小型工程常就地取材,使用浆砌块石。

**2）强度等级**

对于混凝土拱坝,坝体混凝土的极限抗压强度一般以 90 d 或 180 d 龄期强度为准,极限抗拉强度一般取极限抗压强度的 1/15～1/10。控制表层混凝土 7 d 龄期的强度等级不低于C10。高坝近地基部分混凝土的 90 d 龄期强度等级不得低于 C25,内部混凝土 90 d 龄期不低于 C20。

浆砌石拱坝对砌体强度和整体性的要求也比浆砌石重力坝的高,因而,胶结材料强度等级一般采用 M10 左右。

**3）其他性能要求**

除上以外,拱坝还有对抗渗性、抗冻性和低热等方面的要求。

### 4. 拱坝的构造

**1）坝体分缝、接缝处理**

拱坝是整体结构,不设置永久性横缝。为便于施工期间混凝土散热和降低收缩应力,需要分段浇筑,各段之间设有收缩缝,在坝体混凝土冷却到年平均气温左右,混凝土充分收缩后再用水泥浆封堵,以保证坝的整体性。

收缩缝有横缝和纵缝两类,如图 2-57 所示。

拱坝横缝用于适应拱圈的切向收缩,防止径向裂缝。沿半径向（指上游坝面的弧长）设置,一般为 15～20 m。在变半径的拱坝中,为了使横缝与半径向一致,必然会形成一个扭曲面。有时为了简化施工,对不太高的拱坝也可以中间高程处的径向为准,仍用铅直平面来分缝。横缝底部缝面与地基面的夹角不得小于 60°,并应尽可能接近正交。缝内设铅直向的梯形键槽,以提高坝体的抗剪强度。横缝上游侧应设置止水片。止水片可与上游止水片结合。止水的材料和做法与重力坝的相同。

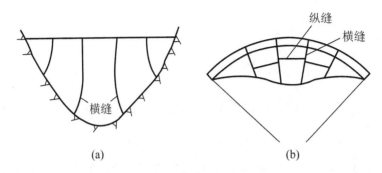

图 2-57  横缝、纵缝示意图

拱坝厚度较薄，一般可不设纵缝，对厚度大于 40 m 的拱坝，经分析论证，可考虑设置纵缝。相邻坝块间的纵缝应错开，纵缝的间距为 20～40 m。为方便施工，一般采用铅直纵缝，到缝顶附近应缓转，直至与下游坝面正交，避免浇筑块出现尖角。

收缩缝是两个相邻坝段收缩后自然形成的冷缝，缝的表面做成键槽，预埋灌浆管和出浆盒，在坝体冷却后进行压力灌浆。收缩缝的灌浆工艺与重力坝的相同。

收缩缝按封拱时填灌方式，可分为窄缝和宽缝两种。窄缝是两个相邻的坝段相互紧靠着浇筑，因混凝土收缩而自然形成的缝，缝中预埋灌浆系统，坝体冷却后进行接缝灌浆，混凝土拱坝一般都采用这种窄缝。

当坝址河谷断面很不规则时，可在基岩与坝体之间设置垫座，使坝体变为有规则的形状，同时使坝体与垫座的接触面成为一条永久缝，称为周边缝。周边缝（铰接拱）能够改善坝体边界弯曲应力，能使坝断面减薄。设置周边缝后，坝体即使有裂缝，延伸到缝边就会停止发展，若垫座有开裂，也不致影响到坝体。

宽缝又称为回填缝，是在坝段之间留 0.7～1.2 m 的宽度，缝面设键槽，上游面设钢筋混凝土塞，然后用密实的混凝土填塞。宽缝散热条件好，坝体冷却快，但回填混凝土冷却后又会产生新的收缩缝。

**2）坝顶**

坝顶宽度应根据交通要求确定。当无交通要求时，非溢流坝的顶宽一般不小于 3 m。溢流坝段坝顶布置应满足泄洪、闸门启闭、设备安装、交通、检修等的要求。

**3）坝体防渗和排水**

拱坝上游面应采用抗渗混凝土，其厚度为 $(1/15～1/10)H$，$H$ 为坝面该处在水面以下的深度。

坝身内一般应设置竖向排水管，排水管与上游坝面的距离为 $(1/15～1/10)H$，一般不小于 3 m。排水管应与纵向廊道分层连接。排水管间距一般为 2.5～3.5 m，内径一般为 15～20 cm，多用无砂混凝土管。

**4）廊道**

为满足检查、观测、灌浆、排水和坝内交通等的要求，需要在坝体内设置廊道和竖井。廊道的断面尺寸、布置和配筋基本上与重力坝的相同。

**5）坝体管道及孔口**

坝体管道及孔口用于引水发电、供水、灌溉、排沙及泄水。管道及孔口的尺寸、数目、位置、形状应根据其运用要求和坝体应力情况确定。

**6) 垫座与周边缝**

对于地形不规则的河谷或局部有深槽时,可在基岩与坝体之间设置垫座,在垫座与坝体间设置永久性的周边缝。

**7) 重力墩**

重力墩是拱坝坝端的人工支座。对形状复杂的河谷断面,通过设重力墩可改善支承坝体的河谷断面形状。

# 任务 6　混凝土坝的荷载与稳定及应力分析

## 模块 1　混凝土重力坝的荷载(作用)及其组合

### 1. 重力坝的荷载(作用)

重力坝的荷载主要有自重、静水压力、动水压力、淤沙压力、浪压力、扬压力、冰压力、地震荷载、土压力和其他荷载。

重力坝的荷载一般取单位坝长(1 m)计算。

**1) 自重**

坝体自重(包括永久设备自重)$W(\text{kN/m})$的标准值计算公式为

$$W = \gamma_c A \tag{2-20}$$

式中:$A$——坝体横剖面的面积,$\text{m}^2$;

　　$\gamma_c$——坝体混凝土的重度,$\text{kN/m}^3$,根据选定的配合比通过实验确定,一般采用 $23.5 \sim 24.0 \text{ kN/m}^3$。

计算自重时,坝上永久性的固定设备,如闸门、固定式启闭机的重量也应计算在内,坝内较大的孔的重量则应该扣除。

**2) 静水压力**

静水压力是作用在上下游坝面的主要荷载,如图 2-58(a)所示,分解为水平水压力($P_\text{H}$)和垂直水压力($P_\text{V}$)。

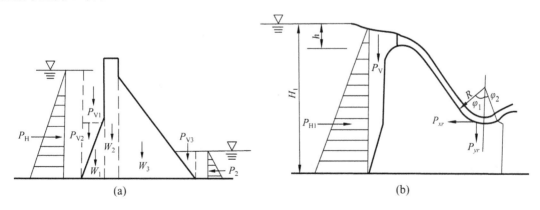

(a)　　　　　　　　　　　　　　　　　　　(b)

**图 2-58　坝体自重和坝面水压力计算图**

溢流堰前水平水压力用 $P_{H1}$ 表示,即

$$P_{V}=A_{w}\gamma_{w} \tag{2-21}$$

$$P_{H}=\frac{1}{2}\gamma_{w}H^{2} \tag{2-22}$$

$$P_{H1}=\frac{1}{2}\gamma_{w}(H^{2}-h^{2}) \tag{2-23}$$

式中:$A_{w}$——坝踵处所做的垂线与上游面和上游坝面所围成图形的面积,$m^{2}$;

　　　$H$——计算点处的作用水头,m;

　　　$h$——堰顶溢流水深,m;

　　　$\gamma_{w}$——水的重度,$kN/m^{3}$。

静水压力合力作用点在压力图剖面形心处。

**3)动水压力**

溢流坝下游反弧段在高速水流作用下的时均压力和脉动压力称为动水压力。如图 2-58(b)所示,动水压力的水平分力代表值 $P_{xr}$ 和垂直分力代表值 $P_{yr}$ 分别为

$$P_{xr}=q\rho_{w}v(\cos\varphi_{2}-\cos\varphi_{1}) \tag{2-24}$$

$$P_{yr}=q\rho_{w}v(\sin\varphi_{2}+\sin\varphi_{1}) \tag{2-25}$$

式中:$q$——相应设计状况下反弧段上的单宽流量,$m^{3}/(s \cdot m)$;

　　　$\rho_{w}$——水的密度,$kg/m^{3}$;

　　　$v$——反弧段最低点处的断面平均流速,m/s;

　　　$\varphi_{1}$、$\varphi_{2}$——反弧段圆心竖线左、右的中心角,取其绝对值。

$P_{xr}$ 和 $P_{yr}$ 的作用点可近似地认为在反弧段长度的中点。因溢流坝顶和坝面上的脉动压力对坝体稳定和坝内应力影响很小,可以不计;当引起结构振动和影响结构安全时应计入。

**4)淤沙压力**

入库水流挟带的泥沙在水库中淤积,淤积在坝前的泥沙对坝面产生的压力称为淤沙压力(见图 2-59)。

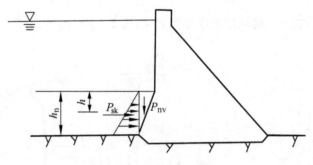

**图 2-59　淤沙压力计算图**

淤积的规律是从库首至坝前,随水深的增加而流速减小,沉积的粒径由粗到细,坝前淤积的是极细的泥沙,淤积泥沙的深度和内摩擦角随时间的变化而变化,一般计算年限取 50～100 年。单位坝长上的水平淤沙压力标准值 $P_{sk}$ 为

$$P_{sk}=\frac{1}{2}\gamma_{sb}h_{s}^{2}\tan^{2}\left(45°-\frac{\varphi_{s}}{2}\right) \tag{2-26}$$

$$\gamma_{sb} = \gamma_{sd} - (1-n)\gamma_w \tag{2-27}$$

式中：$\gamma_{sb}$——淤沙的浮重度，$kN/m^3$；

　　　$\gamma_{sd}$——淤沙的干重度，$kN/m^3$；

　　　$\gamma_w$——水的重度，$kN/m^3$；

　　　$n$——淤沙的孔隙率；

　　　$h_s$——坝前估算的泥沙淤积厚度，m；

　　　$\varphi_s$——淤沙的内摩擦角，°。

当上游坝面倾斜时，应计入竖向淤沙压力，按淤沙的浮重度计算。

**5）浪压力**

浪压力（见图 2-60）为水库表面波浪对建筑物产生的拍击力。影响浪压力的因素较多，呈动态变化，可取不利情况计算。

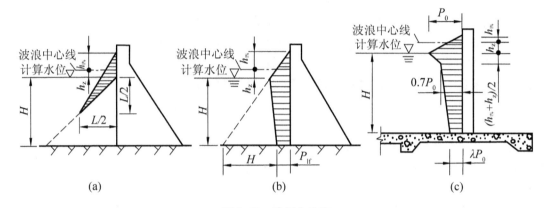

**图 2-60　浪压力分布**

（a）深水波；（b）浅水波；（c）破碎波

临界水深 $H_{cr}$ 的计算公式为

$$H_{cr} = \frac{L}{4\pi} \ln\left(\frac{L+2\pi h_{1\%}}{L-2\pi h_{1\%}}\right) \tag{2-28}$$

三种波态情况的浪压力分布不同，浪压力计算公式如下。

（1）深水波：当坝前水深大于半波长，即 $H \geqslant H_{cr}$ 和 $H \geqslant L/2$ 时，波浪运动不受库底的约束。

$$P_L = \frac{\gamma L}{4}(h_{1\%} + h_z) \tag{2-29}$$

（2）浅水波：水深小于半波长而大于临界水深 $H_{cr}$，即 $L/2 > H > H_{cr}$ 时，波浪运动受到库底的影响。

$$P_L = \frac{1}{2}\left[(h_{1\%} + h_z)(\gamma_w H + P_{lf}) + H P_{lf}\right] \tag{2-30}$$

$$P_{lf} = \gamma_w h_{1\%} \operatorname{sech} \frac{2\pi H}{L} \tag{2-31}$$

式中：$P_{lf}$——水下底面处浪压力的剩余强度，$kN/m^2$。

（3）破碎波：水深小于临界水深，即 $H < H_{cr}$ 时，波浪发生破碎，有

$$P_{\text{L}}=\frac{P_0}{2}\left[(1.5-0.5\lambda)h_{1\%}+(0.7+\lambda)H\right] \tag{2-32}$$

$$P_0=K_0\gamma_{\text{w}}h_{1\%} \tag{2-33}$$

式中：$\lambda$——水下底面处浪压力强度的折减系数，当 $H\leqslant1.7h_{1\%}$ 时，采用 0.6，当 $H>1.7h_{1\%}$ 时，采用 0.5；

$P_0$——计算水位处的浪压力强度，$\text{kN/m}^2$；

$K_0$——建筑物前底坡影响系数，与坝前一定距离库底纵坡平均值 $i$ 有关，如表 2-7 所示。

表 2-7 河底坡 $i$ 对应的 $K_0$ 值

| 底坡 $i$ | 1/10 | 1/20 | 1/30 | 1/40 | 1/50 | 1/60 | 1/80 | <1/100 |
|---|---|---|---|---|---|---|---|---|
| $K_0$ 值 | 1.89 | 1.61 | 1.48 | 1.41 | 1.36 | 1.33 | 1.29 | 1.25 |

### 6）扬压力

扬压力包括渗透压力和浮托力。渗透压力是指由上下游水位差产生的渗流而在坝内或坝基面上形成的向上的压力。浮托力是指由下游水深淹没坝体计算截面而产生向上的压力。

扬压力的分布与坝体结构、上下游水位、防渗排水设施等因素有关。不同计算情况有不同的扬压力，扬压力代表值是根据扬压力分布图形面积计算的。

坝底面扬压力分布如图 2-61 所示。

岩基上坝底扬压力按下列三种情况确定。

（1）当坝基设有防渗和排水幕时，坝底面上游（坝踵）处的扬压力作用水头为 $H_1$，排水孔中心线处的扬压力作用水头为 $H_2+\alpha(H_1-H_2)$，下游（坝趾）处为 $H_2$，三者之间用直线连接。

（2）当坝基设有防渗帷幕、上游主排水孔幕、下游副排水孔及抽排系统时，坝底面上游处的扬压力作用水头为 $H_1$，下游坝趾处为 $H_2$，主、副排水孔中心线处分别为 $\alpha_1H_1$、$\alpha_2H_2$，其间各段用直线连接。

（3）当坝基无防渗、排水幕时，坝底面上游处的扬压力作用水头为 $H_1$，下游处为 $H_2$，其间用直线连接。

上述（1）、（2）中的渗透压力系数 $\alpha$、扬压力强度系数 $\alpha_1$ 及残余扬压力强度系数 $\alpha_2$，可参照下列情况选择采用。

对于宽缝重力坝、大头坝，河床段 $\alpha$ 取 0.2，岸坡段 $\alpha$ 取 0.3；对于实体重力坝拱坝等，河床段 $\alpha$ 取 0.25，岸坡段 $\alpha$ 取 0.35，扬压力强度系数 $\alpha_1$ 取 0.15～0.2；残余扬压力系数 $\alpha_2$ 与排水强度有关，一般情况下取 0.5。

### 7）坝体内部扬压力

由于坝体混凝土是透水的，在水头差的作用下，产生坝体渗流，引起坝内扬压力。其计算截面处扬压力分布如图 2-62 所示。其中，排水管线处的坝体内部，渗透压力强度系数 $\alpha_3$ 按下列情况采用：实体重力坝、拱坝及空腹重力坝的实体部位采用 $\alpha_3=0.2$；宽缝重力坝、大头支墩坝的宽缝部采用 $\alpha_3=0.15$。

### 8）冰压力

冰压力是指寒冷地区冰对建筑物的作用力，包括静冰压力和动冰压力。静冰压力是指水库表面结冰后，体积约增加 9%，在气温回升时，冰盖加速膨胀，受到坝面和库岸的约束，在坝

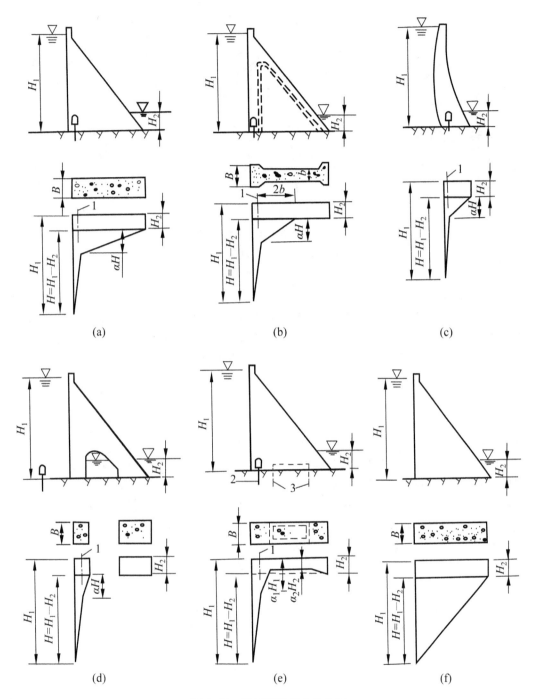

**图 2-61　坝底面扬压力分布图**

（a）实体重力坝；（b）宽缝重力坝及大头支墩坝；（c）拱坝；

（d）空腹重力坝；（e）坝基设有抽排系统；（f）未设帷幕及排水孔

1—排水孔中心线；2—主排水孔；3—副排水孔

面上产生的压力。动冰压力是指冰盖解冻，冰块顺风、顺水漂流撞击在坝面、闸门或闸墩上的撞击力。

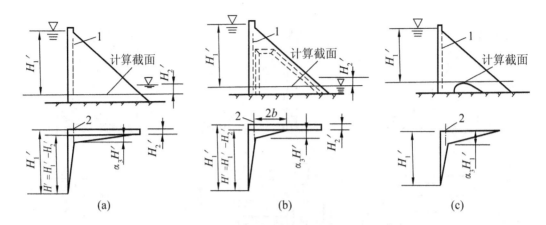

**图 2-62　坝体计算截面上扬压力分布**

(a) 实体重力坝；(b) 宽缝重力坝；(c) 空腹重力坝

1—坝内排水管；2—排水管中心线

**9）地震作用**

在地震区建坝，必须考虑地震的影响。地震时，地震力施加于结构上的动态作用称为地震作用。重力坝抗震计算应考虑的地震作用有地震惯性力、地震动水压力和地震动土压力。一般情况下，进行抗震计算时的上游水位可采用正常蓄水位。地震对建筑物的影响程度，常用地震烈度表示。地震烈度分为 12 度，烈度越大，对建筑物的破坏越大，抗震设计要求越高。

水工建筑物所在地区一定时期内（约 100 年）可能遇到的地震最大烈度称为基本烈度；抗震设计时实际采用的地震烈度称为设计烈度。

一般情况下，采用基本烈度作为设计烈度；对于 I 级挡水建筑物，应根据其重要性和遭受震害后的危险性，可在基本烈度的基础上提高 1 度。对于设计烈度为 6 度及其以下的地区不考虑地震荷载；设计烈度在 7～9 度（含 7 度和 9 度）时，应考虑地震荷载；设计烈度在 9 度以上时，应进行专门研究。对设计烈度为 6 度以上超过 200 m 的高坝和设计烈度为 7 度以上超过 150 m 的大型工程，其抗震设防依据应根据专门的地震危险性分析成果评定。校核烈度应比设计烈度高 1/2 或 1 度，也可以用该地区最大可能烈度进行校核，此时允许局部破坏但不危及整体安全。

地震惯性力可按拟静力法计算，该方法是在静力法（地震力等于建筑物的质量与设计加速度的乘积，加速度沿建筑物高度不变）的基础上，考虑到建筑物因地震产生的变形，加速度沿其高度分布是不均匀的，参照动力计算的结果，将加速度沿建筑物高度的分布用某种简化的图形（梯形或折线形）来代替。但对于 1、2 级水工建筑物及高度超过 150 m 的坝宜用动力法来确定地震作用效应。

重力坝沿轴线方向刚度很大，地震作用力沿该方向将传到两岸，故重力坝一般只计算顺河流方向的水平向地震作用，两岸陡坡上的重力坝段还应计入垂直河流方向的水平向地震作用，而对于设计烈度为 8、9 度时，1、2 级重力坝等挡水建筑物则应同时计入水平向和竖向地震作用，但对竖向地震惯性力还需乘以 0.5 的遇合系数。

根据《水工建筑物抗震设计规范》（SL203—1997），一般情况下水工建筑物地震惯性力和地震动水压力的计算，只考虑水平向地震作用。

采用"拟静力法"计算,沿建筑物高度作用于质点 $i$ 的水平向地震惯性力代表值,可统一表示为

$$F_i = \frac{a_h \xi G_{Ei} a_i}{g} \tag{2-34}$$

式中:$F_i$——作用在质点 $i$ 的水平向地震惯性力代表值;

$a_h$——水平向设计地震加速度代表值,如表 2-8 所示;

$\xi$——地震作用的效应折减系数,一般取 0.25;

$g$——重力加速度,取 9.8 m/s²;

$G_{Ei}$——集中在质点 $i$ 的重力作用标准值;

$\alpha_i$——质点 $i$ 的动态分布系数。

表 2-8  水平设计地震加速度代表值

| 设 计 烈 度 | 7 | 8 | 9 |
|---|---|---|---|
| $a_h$ | $0.1g$ | $0.2g$ | $0.4g$ |

对于重力坝,$\alpha_i$ 按式(2-35)确定,即

$$\alpha_i = 1.4 \times \frac{1 + 4(h_i/H)^4}{1 + 4\sum_{j=1}^{n} \frac{G_{Ej}}{G_E}(h_j/H)^4} \tag{2-35}$$

式中:$n$——坝体计算质点总数;

$H$——坝高,m,溢流坝的 $H$ 应算至闸墩顶;

$G_E$——产生地震惯性力的建筑物总重力作用的标准值。

地震时,坝前、坝后的水随着振动,形成作用在坝面上的激荡力称为地震动水压力。采用拟静力法计算重力坝地震作用效应时,水深处的地震动水压强代表值为

$$P_w(h) = a_h \xi \Psi(h) \rho_w H_1 \tag{2-36}$$

式中:$P_w(h)$——作用在直立迎水坝面水深 $h$ 处的地震动水压强代表值;

$\Psi(h)$——水深 $h$ 处的地震动水压力分布系数,由表 2-9 查取;

$\rho_w$——水体质量密度标准值。

表 2-9  地震动水压力分布系数

| $h/H_1$ | $\Psi(h)$ | $h/H_1$ | $\Psi(h)$ | $h/H_1$ | $\Psi(h)$ |
|---|---|---|---|---|---|
| 0.0 | 0.00 | 0.4 | 0.74 | 0.8 | 0.71 |
| 0.1 | 0.43 | 0.5 | 0.76 | 0.9 | 0.68 |
| 0.2 | 0.58 | 0.6 | 0.76 | 1.0 | 0.67 |
| 0.3 | 0.68 | 0.7 | 0.75 | | |

单位宽度坝面总地震动水压力作用点位于水面以下 $0.54H_1$ 处,其代表值 $F_0$ 为

$$F_0 = 0.65 a_h \xi \rho H_1^2 \tag{2-37}$$

当迎水坝面倾斜,且与水平面夹角为 $\theta$ 时,上述动水压强代表值应乘以折减系数 $\eta$,有

$$\eta = \frac{\theta}{90°} \tag{2-38}$$

重力坝的地震动水压力算法也适用于除拱坝外其他坝及水闸拟静力法的抗震计算,还可以用于面板堆石坝。

**10）其他荷载**

常见的其他荷载有土压力、温度荷载、灌浆压力、风荷载、雪荷载、坝顶车辆荷载和永久设备荷载等。

灌浆压力应在施工时要严格控制,防止因压力太大破坏建筑物。

风荷载、雪荷载、车辆荷载、人群荷载和永久设备荷载等,在重力坝全部荷载中所占比重很小,一般忽略不计。但这些荷载对某些局部结构是非常重要的,如溢流坝坝顶桥梁、启闭机房、启闭机架等,在结构分析计算时,必须计入这些荷载。

### 2. 重力坝的荷载（作用）分类

重力坝的荷载,除坝体自重外,其大小和出现的几率都有一定的变化。重力坝的主要荷载,按随时间变异可分三类:永久荷载、可变荷载和偶然荷载。

**1）永久荷载**

永久荷载包括坝体自重和永久性设备自重、淤沙压力（有排沙设施时可列为可变作用）和土压力。

**2）可变荷载**

可变荷载包括静水压力、扬压力（包括渗透压力和浮托力）、动水压力、浪压力、冰压力（包括静冰压力和动冰压力）、风雪荷载和机动荷载等。

**3）偶然荷载**

偶然荷载包括地震作用和校核洪水位时的静水压力。

### 3. 荷载的组合

在设计混凝土重力坝坝体剖面时,荷载组合分为基本组合和特殊组合。基本组合属永久荷载与可变荷载的效应组合,即设计情况和正常情况;特殊组合,除一些永久荷载与可变荷载外,还包括可能同时出现的一种或几种偶然荷载,属校核情况和非常情况。

**1）荷载（作用）的基本组合**

（1）坝体及永久性设备的自重。

（2）以发电为主的水库,上游用正常蓄水位,下游按照运用要求泄放最小流量时的水位,且防渗及排水设施正常工作时的水作用:大坝上、下游面的静水压力和扬压力。

（3）大坝上游淤沙压力。

（4）大坝上、下游侧向土压力。

（5）以防洪为主的水库,上游用防洪高水位,下游用其相应的水位,且防渗及排水设施正常工作时的水作用:大坝上、下游面的静水压力,扬压力和相应泄洪时的动水压力。

（6）浪压力:① 50 年一遇风速引起的浪压力（相当于多年平均最大风速的 1.5～2 倍引起的浪压力）;② 多年平均最大风速引起的浪压力。

（7）冰压力:取正常蓄水位时的冰作用。

（8）其他出现机会较多的作用。

**2）荷载（作用）的特殊组合**

除计入一些永久作用和可变荷载外,还应计入下列的偶然荷载:

（9）当水库泄放校核洪水（偶然状况）流量时，上、下游水位的作用，且防渗排水正常工作时的水作用：坝上下游面的静水压力、扬压力和相应泄洪时的动水压力。

（10）地震力。一般取正常蓄水情况时相应的上、下游水深。

（11）其他出现机会很少的作用，见表 2-10。

表 2-10  荷载（作用）组合

| 设计状况 | 作用组合 | 主要考虑情况 | 作用类别 | | | | | | | | | 备 注 |
|---|---|---|---|---|---|---|---|---|---|---|---|---|
| | | | 自重 | 静水压力 | 扬压力 | 淤沙压力 | 浪压力 | 冰压力 | 动水压力 | 土压力 | 地震作用 | |
| 持久状况 | 基本组合 | 正常蓄水位情况 | (1) | (2) | (2) | (3) | (6) | — | — | (4) | — | 以发电为主的水库土压力根据坝体外是否有填土而定（下同） |
| | | 防洪高水位情况 | (1) | (5) | (5) | (3) | (6) | — | (5) | (4) | — | 以防洪为主的水库，正常蓄水位较低 |
| | | 冰冻情况 | (1) | (2) | (2) | (3) | — | (7) | — | (4) | — | 静水压力及扬压力按相应冬季库水位计算 |
| 短暂状况 | 基本组合 | 施工期临时挡水情况 | (1) | (2) | (2) | (3) | | | | (4) | | |
| 偶然状况 | 偶然组合 | 校核洪水情况 | (1) | (9) | (9) | (3) | (6) | — | (9) | (4) | — | |
| | | 地震情况 | (1) | (2) | (2) | (3) | (6) | — | — | (4) | (10) | 静水压力、扬压力和浪压力按正常水位计算，有论证时可另作规定 |

注：（1）根据各种作用和同时发生的概率，选择计算中最不利的组合；

（2）根据地质和其他条件，如考虑运用时排水设备由于堵塞需经常维修时，应考虑排水失效的情况，作为偶然组合。

### 4. 重力坝的稳定分析

重力坝主要依靠自身重力维持稳定。稳定分析的主要目的是检验重力坝在各种可能荷载组合情况下的稳定性。在稳定破坏分析时，一般情况考虑沿坝轴线方向设横缝，假定相互之间不传力，所以取单位宽度按照平面问题进行稳定分析。

重力坝在各种荷载组合情况下其可能出现的破坏形式有两种：一种是重力坝沿坝体抗剪能力不足的软弱结构薄弱层面产生滑动，既可能沿坝基平面滑动，也可能沿地基中缓倾角断层或软弱夹层滑动，从而产生滑动稳定破坏；另一种是由于荷载作用，上游坝踵出现过大拉应力，或者下游坝趾压应力过大，超过混凝土允许强度而压碎，从而产生倾覆破坏。

当重力坝满足抗滑稳定和应力要求时，通常不必校核抗倾覆的安全性。

**1）重力坝的抗滑稳定分析**

抗滑稳定分析是重力坝设计中的一项重要内容，主要计算坝体沿坝基或沿地基深层软弱结构面抗滑稳定的安全性能。

（1）抗滑稳定计算截面的选取。

重力坝的稳定应根据坝基的地质条件和坝体剖面形式，选择受力大、抗剪强度较低、最容易产生滑动的截面作为计算截面。重力坝抗滑稳定计算主要是核算坝基面及混凝土层面上的滑动稳定性。另外当坝基内有软弱夹层、缓倾角结构面时，也应核算其深层滑动稳定性。

（2）重力坝的沿坝基面抗滑稳定分析。

以一个坝段或取单宽作为计算单元。假定坝体与坝基的连接有"触接""胶接""咬接"三种物理模式，通过抗剪强度分析验算重力坝是否能够满足抗滑稳定安全要求。

计算公式有抗剪强度公式和抗剪断公式。

① 抗剪强度公式。

将坝体与基岩间看成是一个接触面，而不是胶结面。当接触面呈水平时（见图 2-63(a)），其抗滑稳定安全系数 $K$ 为

$$K = \frac{\text{阻滑力}}{\text{滑动力}} = \frac{f(\sum W - U)}{\sum P} \tag{2-39}$$

式中：$\sum P$——坝基面上全部水平力之和（向下游为正）；

$\sum W$——坝基面上全部竖直力之和（向下为正），包含扬压力 $U$ 在内；

$f$——坝基面抗剪摩擦系数。

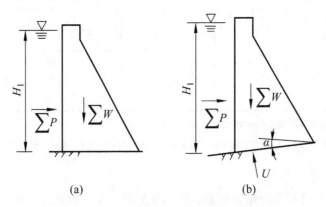

**图 2-63  重力坝多种沿坝基面的抗滑稳定计算**

当接触面倾向上游时（见图 2-63(b)），其抗滑稳定安全系数 $K$ 为

$$K = \frac{f(\sum W \cos\beta - U + \sum P \sin\beta)}{\sum P \cos\beta - \sum W \sin\beta} \tag{2-40}$$

式中：$\beta$——接触面与水平面的夹角。

由上式可以看出，滑动面倾向上游，对坝体稳定有利；滑动面倾向下游，滑动力增大，抗滑力减小，对坝的稳定不利。

由于抗剪强度公式未考虑坝体混凝土与基岩间的凝聚力，而将其作为安全储备，因此相应的安全系数 $K$ 值就不应再定得过高。用抗剪强度公式设计时，各种荷载组合情况下的安全系数不小于表 2-11 中的规定。

表 2-11　抗滑稳定安全系数 $K$

| 荷载组合 | | 坝的级别 | | |
|---|---|---|---|---|
| | | 1 | 2 | 3 |
| 基本组合 | | 1.10 | 1.05 | 1.05 |
| 特殊 | (1) | 1.05 | 1.00 | 1.00 |
| 组合 | (2) | 1.00 | 1.00 | 1.00 |

② 抗剪断公式。

利用抗剪断公式时,认为坝体混凝土与基岩接触良好,直接采用接触面上的抗剪断参数 $f'$ 和 $c'$ 计算抗滑稳定安全系数。此处 $f'$ 为抗剪断摩擦系数, $c'$ 为抗剪断凝聚力。

$$K' = \frac{f'(\sum W - U) + c'\lambda}{\sum P} \tag{2-41}$$

对于大、中型工程,在设计阶段,强度参数 $f'$ 和 $c'$ 应有野外及室内试验成果;在规划阶段和可行性研究阶段可参照规范给定的数值选用。我国设计规范用统计的方法给出了不同级别岩石的抗剪断参数的计算参考值,规范规定: $K$ 值不分坝的级别,基本组合时抗滑稳定安全系数取为 2.0,特殊组合(1)时取为 2.5,特殊组合(2)时取为 2.3。

上述抗剪强度公式形式简单,对 $f$ 的选择,多年来积累了丰富的经验,在国内外应用广泛。但该式忽略了坝体与基岩间的胶结作用,不能完全反映坝的实际工作性态。抗剪断公式直接采用接触面上的抗剪强度参数,物理概念明确,比较符合坝的实际工作情况,已日益为各国所采用。

(3) 深层抗滑稳定分析。

当坝基岩体内存在着不利的软弱夹层或缓倾角断层时,坝体有可能沿着坝基软弱面产生深层滑动,其计算原理与坝基面抗滑稳定计算原理相同。

若实际中地基内存在相互切割的多条软弱夹层,构成多斜面深层滑动,计算时选择几个比较危险的滑动面进行试算,然后作出比较分析判断。

① 当深层滑动面为一简单的平面时(见图 2-64),可用前述公式进行计算。

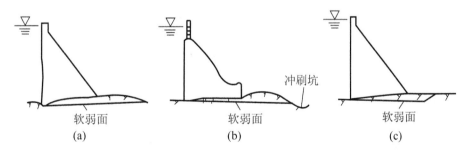

图 2-64　重力坝的深层滑动面

② 坝体抗滑稳定的工程措施。

除了增加坝体自重外,提高坝体抗滑稳定的工程措施,主要围绕着增加阻滑力、减少滑动力的原则,通过多方案进行技术经济比较,确定最佳方案组合。常采用以下工程措施。

　　a. 利用水重。

　　当坝底面与基岩间的抗剪强度参数较小时，常将上游坝面做成倾向上游的斜面，利用坝面上的水重来提高坝体的抗滑稳定性。但应注意，上游坝面的坡度不宜过缓，否则在上游坝面容易产生拉应力，对坝体强度不利。

　　b. 采用有利的开挖轮廓线，如图 2-65 所示。

　　开挖坝基时，最好利用岩面的自然坡度，使坝基面倾向上游。有时，有意将坝踵高程降低，使坝基面倾向上游，但这种做法将加大上游水压力，增加开挖量和混凝土浇筑量，故很少采用。当坝基比较坚固时，可以开挖成锯齿状，形成局部的倾向上游的斜面，这种方法已广泛采用。

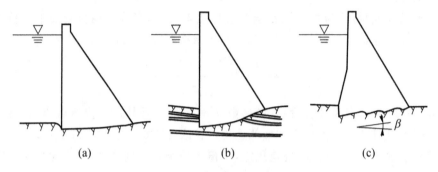

**图 2-65　坝基开挖轮廓线**

　　c. 设置齿墙。

　　当基岩内有倾向下游的软弱面时，可在坝踵部位设齿墙，切断较浅的软弱面，迫使可能的滑动面增大，这样既增大了滑动体的重量，同时也增大了抗滑体的抗力。如在坝趾部位设置齿墙，将坝趾放在较好的岩层上，则可更多地发挥抗力体的作用，在一定程度上改善了坝踵应力，同时由于坝趾的压应力较大，设在坝趾下齿墙的抗剪能力也会相应增加。

　　d. 防渗抽水措施。

　　在坝基内布置防渗排水幕，当下游水位较高，坝体承受的浮托力较大时，可考虑在坝基面上设置排水系统，保证排水畅通，定时抽水以降低扬压力，有利于稳定。如我国的龚嘴工程，下游水深达 30 m，采取抽水措施后，浮托力只按 10 m 水深计算，节省了坝体混凝土浇筑量。

　　e. 加固地基。

　　采用帷幕灌浆、固结灌浆，对断层、软弱夹层进行处理等。

　　f. 横缝灌浆。

　　将部分坝段或整个坝体的横缝进行局部或全部灌浆，以增强坝的整体性和稳定性。

　　g. 预加应力措施。

　　在靠近坝体上游面，采用深孔锚固高强度钢索，并施加预应力，既可增加坝体的抗滑稳定性，又可消除坝踵处的拉应力。

## 5. 重力坝的应力分析

### 1）应力分析方法

　　重力坝的应力分析方法可以归结为理论计算和模型试验两大类，模型试验费用大，历时长，对于中小型工程，一般可只进行理论计算。计算机的出现使理论计算中的数值解析法发展很快，对于一般的平面问题，常常可以不做试验，主要依靠理论计算解决问题。下面对目前常用的几种应力分析方法做一简要介绍。

（1）模型试验法。

目前常用的模型试验方法有光测法、脆性材料法和电测法。光测法有偏光弹性试验和激光全息试验两种方法，主要解决弹性应力分析问题。脆性材料法和电测法除能进行弹性应力分析外，还能进行破坏试验，近期发展起来的地质力学模型试验方法，可以进行复杂地基的试验。此外，利用模型试验还可以进行坝体温度场和动力分析等方面的研究。模型试验法在模拟材料特性、施加自重荷载和地基渗流等方面得到广泛应用，但目前仍存在一些问题，有待进一步研究和改进。

（2）材料力学法。

这是应用最广泛、最简便，也是重力坝设计规范中规定采用的计算方法。材料力学法不考虑地基的影响，假定水平截面上的正应力 $\sigma_y$ 按直线分布，使计算结果在地基附近约 1/3 坝高范围内。虽然这与实际情况不符，但这个方法有长期的实践经验。多年的工程实践证明，对于中等高度的坝，应用这一方法，并按规定的指标进行设计，是可以保证工程安全的。对于较高的坝，特别是在地基条件比较复杂的情况下，还应该同时采用其他方法进行应力分析验证。

（3）弹性理论的有限元法。

有限元法在力学模型上是近似的，在数学解法上是严格的，可以处理复杂的边界，包括几何形状、材料特性和静力条件。随着计算机附属设备和软件工程的发展，一些国内外通用的计算软件也渐趋成熟，从而可使设计人员从过去烦琐的计算中解脱出来，实现设计工作的自动化。

**2）材料力学法计算坝体应力**

材料力学法计算坝体应力，首先要在坝的横剖面上截取若干个控制性水平截面进行应力计算。一般情况下，应在坝基面、折坡处、坝体削弱部位（如廊道、泄水管道、坝内有孔洞的部位），以及认为需要计算坝体应力的部位截取计算截面。

对于实体重力坝，常在坝体最高处沿坝轴线取单位坝长（1 m）作为计算对象，选定荷载组合，确定计算截面，进行应力计算。

（1）基本假定。

① 坝体混凝土为均质、连续、各向同性的弹性材料。

② 在坝基上的悬臂梁不考虑地基变形对坝体应力的影响，并认为各坝段独立工作，横缝不传力。

③ 坝体水平截面上的正应力 $\sigma_y$ 按直线分布，不考虑廊道等对坝体应力的影响。

（2）边缘应力的计算（不计入扬压力）。

一般情况下，坝体的最大和最小应力都出现在坝面，所以《混凝土重力坝设计规范》（SL 319—2005）规定，首先应校核坝体边缘应力（见图 2-66）是否满足强度要求。

① 水平截面上的正应力。

因为假定 $\sigma_y$ 按直线分布，所以可按偏心受压公式计算上、下游边缘应力 $\sigma_{yu}$ 和 $\sigma_{yd}$。

$$\sigma_{yu} = \frac{\sum W}{B} + \frac{6\sum M}{B^2} \tag{2-42}$$

$$\sigma_{yd} = \frac{\sum W}{B} - \frac{6\sum M}{B^2} \tag{2-43}$$

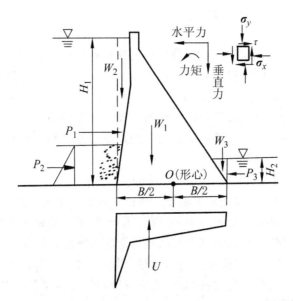

**图 2-66　坝体应力计算图(右上角应力和力的箭头方向为正)**

式中：$\sum W$——作用于计算截面以上全部荷载的铅直分力的总和，kN；

$\sum M$——作用于计算截面以上全部荷载对截面垂直水流流向形心轴的力矩总
和，kN·m；

$B$——计算截面的长度，m。

② 剪应力。

取上游坝面的微分体，如图 2-67 所示，根据平衡条件 $\sum F_y = 0$，则

$$p_u \mathrm{d}x - \sigma_{yu} \mathrm{d}x - \tau_u \mathrm{d}x - \tau_u \mathrm{d}y = 0, \quad \frac{\mathrm{d}x}{\mathrm{d}y} = n$$

得 $\qquad\qquad\qquad\qquad \tau_u = (p_u - \sigma_{yu})n \qquad\qquad\qquad\qquad\qquad (2\text{-}44)$

式中：$p_u$——上游面水压力强度，kPa；

$n$——上游坝坡坡率，$n = \tan \varphi_u$。

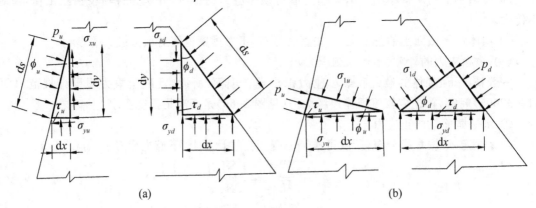

（a）　　　　　　　　　　　　　　　　　　　（b）

**图 2-67　边缘应力计算图**

同样,取下游坝面的微分体,根据平衡条件 $\sum F_y = 0$,可以解出

$$\tau_d = (\sigma_{yu} - p_d)m \tag{2-45}$$

式中:$p_d$——下游面水压力强度,kPa;

　　　　$m$——下游坝坡坡率,$m = \tan\varphi_d$。

③ 铅直截面上的正应力。

已知 $\tau_u$ 和 $\tau_d$ 后,可以根据平衡条件,求得上下游边缘的水平正应力 $\sigma_{xu}$ 和 $\sigma_{xd}$,即

$$\sigma_{xu} = p_u - \tau_u n$$

$$\sigma_{xd} = p_d + \tau_d m$$

④ 主应力。

由上游坝面微分体,如图 2-68 所示,根据平衡条件 $\sum F_y = 0$,则

$$p_u \sin^2\varphi_u \mathrm{d}x + \sigma_{1u} \cos^2\varphi_u \mathrm{d}x - \sigma_{yu} \mathrm{d}x = 0$$

$$\sigma_{1u} = \sigma_{yu} \frac{\mathrm{d}x}{\cos^2\varphi_u \mathrm{d}x} - p_u \frac{\sin^2\varphi_u \mathrm{d}x}{\cos^2\varphi_u \mathrm{d}x} = \sigma_{yu}\sec^2\varphi_u - p_u \tan\varphi_u$$

$$= (1 + \tan^2\varphi_u)\sigma_{yu} - p_u \tan^2\varphi_u$$

得　　　　　　$$\sigma_{1u} = (1 + n_2)\sigma_{yu} - p_u n_2 \tag{2-46}$$

同样,由下游坝面微分体可以解出

$$\sigma_{1d} = (1 + m_2)\sigma_{yd} - p_d m_2 \tag{2-47}$$

坝面水压力强度也是主应力,即

$$\sigma_{2u} = p_u \tag{2-48}$$

$$\sigma_{2u} = p_d \tag{2-49}$$

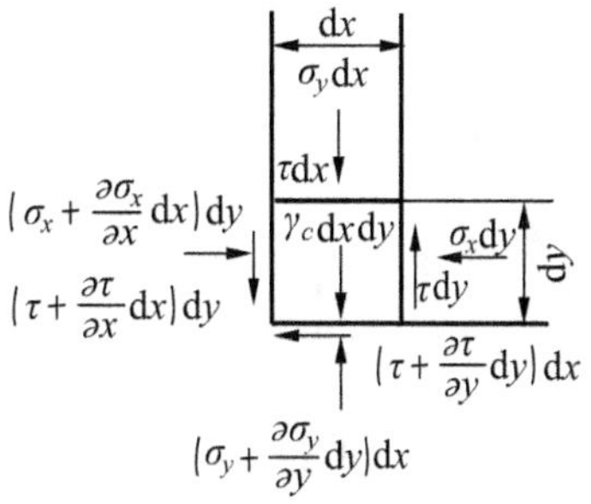

**图 2-68　坝内应力计算微分体**

当上游坝面倾向上游(坡率 $n > 0$)时,即使 $\sigma_{yu} \geqslant 0$,只要 $\sigma_{yu} < p_u \sin^2\varphi_u$,则 $\sigma_{1u} < 0$,即 $\sigma_{1u}$ 为拉应力。$\varphi_u$ 越大,主拉应力也越大。因此,重力坝上游坡角 $\varphi_u$ 不宜太大,岩基上的重力坝常把上游面做成铅直的($n = 0$)或小坡率($n < 0.2$)的折坡坝面。

(3)内部应力计算(不计入扬压力)。

应用偏心受压公式求出坝体水平截面上的 $\sigma_y$ 以后,便可利用平衡条件求出截面上内部各点的应力分量 $\tau$ 和 $\sigma_x$。

① 坝内水平截面上的正应力。根据 $\sigma_y$ 在水平截面上呈直线分布的假定,可得距下游坝面 $x$ 处的 $\sigma_y$ 为

$$\sigma_y = a + bx \tag{2-50}$$

式中:$a$、$b$——可由边界条件和偏心受压公式确定。采用的坐标 $x$、$y$ 如图 2-69(a)所示。

当 $x = 0$ 时,$a = \sigma''_y = \dfrac{\sum W}{T} - 6\dfrac{\sum M}{T^2}$;

当 $x = T$ 时,$b = \dfrac{\sigma'_y - \sigma''_y}{T} = \dfrac{12\sum M}{T^3}$。

② 坝内剪应力 $\tau$。由于 $\sigma_y$ 呈线性分布,由平衡条件可得出水平截面上剪应力 $\tau_x$ 呈二次抛物线分布,如图 2-69(b)所示,即

$$\tau_x = a_1 + b_1 x + c_1 x^2 \tag{2-51}$$

式中:$a_1$、$b_1$、$c_1$——分别为三个待定常数。

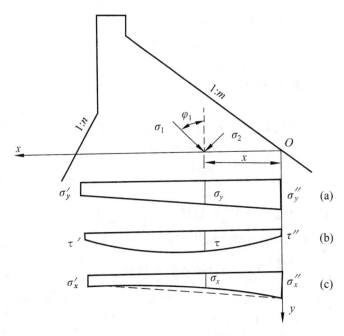

**图 2-69　坝内应力分布示意图**

$a_1$、$b_1$、$c_1$ 可由下面三个条件确定。

当 $x=0$ 时，$\tau=\tau''$，即 $c_1=\tau''$；

当 $x=T$ 时，$\tau=\tau'$，即 $a_1+b_1 T+c_1 T^2=\tau'$；

整个水平截面上剪应力总和应与截面以上水平荷载总和 $\sum P$ 相平衡，即

$$\int_0^t (a_1+b_1+c_1 x^2)\mathrm{d}x = -\sum P$$

得

$$a_1 T+\frac{b_1}{2}T^3+\frac{c_1}{3}T^3 = -\sum P$$

将以上三个方程式联立求解，可以得出

$$\left.\begin{array}{l} a_1 = \tau'' \\[2mm] b_1 = -\dfrac{1}{T}\left[\dfrac{6\sum P}{T}+2\tau'+4\tau''\right] \\[4mm] c_1 = \dfrac{1}{T^2}\left[\dfrac{6\sum P}{T}+3\tau'+3\tau''\right] \end{array}\right\} \tag{2-52}$$

③ 坝内水平正应力 $\sigma_x$。由于 $\tau_x$ 在水平截面呈二次抛物线分布，根据平衡条件可得水平正应力 $\sigma_x$ 呈三次抛物线分布，如图 2-69(c)所示，即

$$\sigma_x=a_2+b_2 x+c_2 x^2+d_2 x^3 \tag{2-53}$$

对于特定的水平截面，$a_2$、$b_2$、$c_2$、$d_2$ 均为常数，可由边界条件和平衡条件求得，但计算较为复杂。实际上，$\sigma_x$ 的三次曲线分布与直线相当接近。因此，对中小型工程而言，可近似地认为呈直线分布，而计算误差一般不超过 $5\%$，即取式(2-50)的前两项计算，即

$$\sigma_x=a_3+b_3 x \tag{2-54}$$

$$a_3=\sigma''_x$$

$$b_3 = \frac{\sigma'_x - \sigma''_x}{T}$$

④ 坝内主应力 $\sigma_1$、$\sigma_2$。当求得坝内各点的三个应力分量 $\sigma_y$、$\tau$ 和 $\sigma_x$ 后,则可利用材料力学公式求该点的主应力 $\sigma_1$、$\sigma_2$ 和第一主应力的方向 $\varphi_1$,即

$$\frac{\sigma_1}{\sigma_2} = \frac{\sigma_x + \sigma_y}{2} \pm \sqrt{\left(\frac{\sigma_y - \sigma_x}{2}\right)^2 + \tau^2} \tag{2-55}$$

$$\varphi_1 = \frac{1}{2}\arctan\left(-\frac{2\tau}{\sigma_y - \sigma_x}\right) \tag{2-56}$$

式中:$\varphi_1$——以顺时针方向为正,当 $\sigma_y > \sigma_x$ 时,自铅直线量取,当 $\sigma_y < \sigma_x$ 时,自水平线量取。

求出坝内各点的主应力后,即可在计算点上绘出以矢量表示其大小和作用方向的主应力图,将主应力数值相等的点连成曲线构成主应力等值线。图 2-70(a)、(b)所示的为坝体在满库及空库情况下的两组主应力等值线。若将这两种情况的主应力等值线合为一图,就可看出某一范围内坝体的主应力值,如图 2-70(c)所示的阴影部分,即主应力在 1.0~1.5 MPa 的范围内。按主应力方向可绘出两组互相垂直的主应力轨迹线,主应力等值线和轨迹线表示坝内应力大小和方向的变化规律,为坝体标号分区和结构布置提供依据。

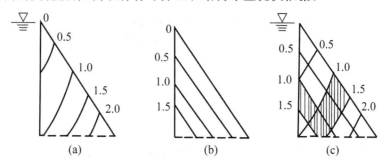

**图 2-70　坝内主应力等值线示意**(单位:MPa)

(4)考虑扬压力时的应力计算。

当需要考虑扬压力时,可将计算截面上的扬压力作为外荷载对待。根据边缘微分体的平衡条件,求得应力公式。

① 求边缘主应力。

上游边缘应力为

$$\tau_u = -\sigma_{yu}n$$
$$\sigma_{xu} = \sigma_{yu}n^2 \tag{2-57}$$

下游边缘应力为

$$\tau_d = \sigma_{xd}m$$
$$\sigma_{xd} = \sigma_{yd}m^2 \tag{2-58}$$

上游边缘主应力为

$$\sigma_{1u} = (1+n^2)\sigma_{yu}$$
$$\sigma_{2u} = 0 \tag{2-59}$$

下游边缘主应力为

$$\sigma_{1d} = (1+m^2)\sigma_{yd}$$
$$\sigma_{2d} = 0 \tag{2-60}$$

② 求坝内应力。可先不计入扬压力,按上述有关计算公式计算各点,然后再计算叠加扬压力引起的应力。

### 6. 坝体和坝基的应力控制

**1) 重力坝坝基面坝踵、坝趾的垂直应力控制**

(1) 运用期。

① 在各种荷载组合下(地震荷载除外),坝踵垂直应力不应出现拉应力,坝趾垂直应力应小于坝基允许压应力。

② 在地震荷载作用下,坝踵、坝趾的垂直应力应符合《水工建筑物抗震设计规范》(SL 203—1997)。

(2) 施工期。

坝趾垂直应力允许有小于 0.1 MPa 的拉应力。

**2) 重力坝坝体应力控制**

(1) 运用期。

① 坝体上游面的垂直应力不出现正应力(即扬压力)。

② 坝体最大主压应力不应大于混凝土的允许压应力值。

③ 在地震情况下,坝体上游面的应力控制标准应符合《水工建筑物抗震设计规范》(SL 203—1997)的要求。

(2) 施工期。

① 坝体任何截面上的主压应力不应大于混凝土的允许压应力。

② 在坝体的下游面,允许有不大于 0.25 MPa 的主拉应力。

混凝土的允许应力应按混凝土的极限强度除以相应的安全系数确定。坝体混凝土抗压安全系数,基本组合不应小于 4.0,特殊组合(不含地震情况)不应小于 3.5。当局部混凝土有抗拉要求时,抗拉安全系数不应小于 4.0。

## 模块 2　混凝土拱坝的强度与稳定分析

### 1. 拱坝的设计荷载

**1) 水平径向荷载**

水平径向荷载有静水压力、泥沙压力、浪压力及冰压力。

静水压力是坝体上的最主要荷载,应由拱、梁系统共同承担,可通过拱梁分载法来确定拱系和梁系上的荷载分配。水平径向静水压力的计算公式为

$$p = \gamma h \tag{2-61}$$

式中:$p$——作用于坝面的静水压力强度;

　　　$\gamma$——水的重度;

　　　$h$——计算点处的水深。

将 $p$ 转化为拱轴线上的压力强度 $p'$ 时,则

$$p' = \frac{pR_u}{R} \tag{2-62}$$

式中:$R_u$、$R$——分别为拱圈外弧半径和平均半径。

**2）自重**

荷载的分配：全部自重应由悬臂梁承担。

混凝土拱坝在施工时常采用分段浇筑，最后进行灌浆封拱形成整体。灌浆前的自重作用应由梁系单独承担，灌浆后浇筑的混凝土自重参加拱梁分载法中的变位调整。

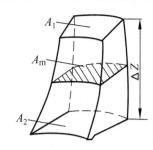

**图 2-71 坝块自重计算图**

由于拱坝各坝块的水平截面都呈扇形，如图 2-71 所示，截面 $A_1$ 与 $A_2$ 间的坝块自重 $G$ 可按辛普森公式计算，即

$$G = \frac{1}{6} \gamma_c \Delta Z (A_1 + 4A_m + A_2) \qquad (2\text{-}63)$$

式中：$\gamma_c$——混凝土容重，$kN/m^3$；

$\Delta Z$——计算坝块的高度，m；

$A_1$、$A_2$、$A_m$——分别为上、下两端和中间截面的面积，$m^2$。

或简单地按式（2-64）计算，即

$$G = \frac{1}{2} \gamma_c \Delta Z (A_1 + A_2) \qquad (2\text{-}64)$$

**3）动水压力**

当拱坝采用坝顶或坝面泄流时，应计算溢流坝面上的动水压力，按重力坝所述公式计算。对溢流坝面的脉动力和负压的影响可忽略不计。

**4）水重**

水重对于拱、梁应力均有影响。但在拱梁分载法计算中，一般近似假定由梁承担，通过梁的变位来考虑其对拱的影响。

**5）扬压力**

扬压力的特点：拱坝坝体一般较薄，坝体内部扬压力对应力影响不大，对薄拱坝通常可忽略不计。

**6）温度荷载**

拱坝为一超静定结构，在上下游水温、气温周期性变化的影响下，坝体温度将随之变化，并引起坝体的伸缩变形，在坝体内将产生较大的温度应力。温度荷载是拱坝设计的主要荷载。

拱坝系分块浇筑，经充分冷却，当坝体温度逐渐降至相对稳定值时，进行封拱灌浆，形成整体。拱坝封拱一般选在气温为年平均气温或略低于年平均气温时进行。封拱时温度越低，建成后越有利于降低坝体拉应力。在封拱时的坝体温度称为封拱温度。

温度荷载是指拱坝形成整体后，坝体温度相对于封拱温度的变化值。

坝体温度受外界温度及其变幅、周期，封拱温度，坝体厚度及材料的热学特性等因素制约，同一高程沿坝厚呈曲线分布。可将其与封拱温度的差值，即温差视为三部分的叠加，如图 2-72 所示。

（1）均匀温度变化 $t_m$，即温差的均值，这是温度荷载的主要部分，它对拱圈轴向力和力矩、悬臂梁力矩等都有很大影响。

（2）等效线性温差 $t_d$。等效线性化后，上、下游坝面的温度差值，用以表示水库蓄水后，由于水温变幅小于下游气温变幅沿坝厚的温度梯度 $t_d/T$，它对拱圈力矩的影响较大，而对拱圈轴向力和悬臂梁力矩的影响很小。

（3）非线性温差变化 $t_n$。它是从坝体温度变化曲线 $t(y)$ 扣去以上两部分后剩余的部分，

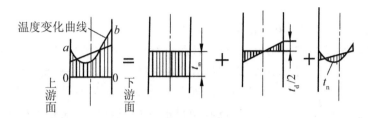

**图 2-72 拱坝温差分解示意图**

是局部性的,只产生局部应力,不影响整体变形,在拱坝设计中一般可略去不计。

温度变化对拱坝的影响:封拱温度作为坝体温升和温降的计算基准,当坝体温度低于封拱温度时,称为温降,拱圈将缩短并向下游变位,如图 2-73(a)所示,由此产生的弯矩、剪力及位移的方向都与库水压力作用下所产生的弯矩、剪力及位移的方向相同,但轴力方向相反;当坝体温度高于封拱温度时,称为温升,拱圈将伸长并向上游变位,如图 2-73(b)所示,由此产生的弯矩、剪力和位移的方向与库水压力所产生的方向相反,但轴力方向则相同。因此,在一般情况下,温降对坝体应力不利;温升将使拱端推力加大,对坝肩稳定不利。

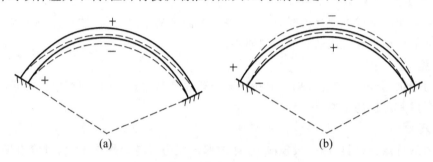

**图 2-73 坝体由温度变化的变形示意图**

### 7)地震荷载

地震荷载包括地震惯性力和地震动水压力,其计算可参照《水工建筑物抗震设计规范》(SL 203—1997)的规定执行。

### 2. 拱坝的荷载组合

重力坝的基本荷载和特殊荷载划分也适用于拱坝,只是在基本荷载中还应列入温度荷载。拱坝的荷载组合应根据荷载同时作用的可能性,选择最不利情况,作为分析坝体应力和拱座抗滑稳定的依据。荷载的组合如表 2-12 所示。

### 3. 拱坝的应力分析

#### 1)拱坝应力分析的常用方法

(1)纯拱法。

纯拱法假定坝体由若干层独立的水平拱圈叠合而成,每层拱圈可作为弹性固端拱进行计算。除了弹性拱的一般假定外,拱圈的轴向力、剪力及拱端基岩变形都不能忽略。

由于纯拱法没有反映拱圈之间的相互作用,假定荷载全部由水平拱承担,不符合拱坝的实际受力状况,因而求出的应力一般偏大,尤其对重力拱坝,误差更大。但对于狭窄河谷中的薄拱坝,仍不失为一个简单实用的计算方法;另外,按拱梁分载法计算时,纯拱法也是其中的一个重要组成部分。

表 2-12　荷载组合

| 荷载组合 | 主要考虑情况 | 自重 | 静水压力 | 温度荷载 设计正常温降 | 温度荷载 设计正常温升 | 扬压力 | 泥沙压力 | 浪压力 | 冰压力 | 动水压力 | 地震荷载 |
|---|---|---|---|---|---|---|---|---|---|---|---|
| 基本组合 | 1. 正常蓄水位情况 | √ | √ | √ | | √ | √ | √ | √ | | |
| | 2. 正常蓄水位情况 | √ | √ | | √ | √ | √ | √ | | | |
| | 3. 设计洪水位情况 | √ | √ | | √ | √ | √ | √ | | | |
| | 4. 死水位(或运行最低水位)情况 | √ | √ | | √ | √ | √ | | | | |
| | 5. 其他常遇的不利荷载组合 | | | | | | | | | | |
| 特殊组合 | 1. 校核洪水位情况 | √ | √ | | √ | √ | √ | √ | | √ | |
| | 2. 地震情况 (1) 基本组合 1＋地震荷载 | √ | √ | √ | | √ | √ | √ | √ | | √ |
| | 　　　　　 (2) 基本组合 2＋地震荷载 | √ | √ | | √ | √ | √ | √ | | | √ |
| | 　　　　　 (3) 常遇低水位情况＋地震荷载 | √ | √ | | √ | √ | √ | √ | | | √ |
| | 3. 施工期情况 (1) 未灌浆 | √ | | | | | | | | | |
| | 　　　　　 (2) 未灌浆遭遇施工洪水 | √ | √ | | | | | | | | |
| | 　　　　　 (3) 灌浆 | √ | | √ | | | | | | | |
| | 　　　　　 (4) 灌浆遭遇施工洪水 | √ | √ | | √ | | | | | | |
| | 4. 其他稀遇的不利荷载组合 | | | | | | | | | | |

注：(1) 上述荷载组合中，可根据工程的实际情况选择控制性的荷载组合进行计划；

(2) 地震较频繁地区，当施工期较长时，应采取措施及时封拱，必要时对施工期的荷载组合增加一项"上述情况加地震荷载"，其地震烈度可按设计烈度降低 1 度考虑；

(3) 表中"特殊组合 3.施工期情况(3)灌浆"状况下的荷载组合，也可为自重和设计正常温升的温度荷载组合。

（2）拱梁分载法。

拱梁分载法是将拱坝视为由若干水平拱圈和竖直悬臂梁组成的空间结构，坝体承受的荷载一部分由拱系承担，一部分由梁系承担，拱和梁的荷载分配由拱系和梁系在各交点处变位一致的条件来确定。荷载分配以后，梁是静定结构；拱的应力可按纯拱法计算。荷载分配可采用试载法。先将总的荷载试分配由拱系和梁系承担，然后分别计算拱、梁变位。第一次试分配的荷载不会恰好使拱和梁共轭点的变位一致，必须再调整荷载分配，继续试算，直到变位接近一致为止。近代由于电子计算机的出现，可以通过求解节点变位一致的代数方程组来求得拱系和梁系的荷载分配，避免了烦琐的计算。拱梁分载法是目前国内外广泛采用的一种拱坝应力分析方法，它把复杂的弹性壳体问题简化为结构力学的杆件计算，概念清晰，易于掌握。

（3）拱冠梁法。

拱冠梁法是一种简化了的拱梁分载法。它是以拱冠处的一根悬臂梁为代表与若干水平拱圈作为计算单元进行荷载分配，然后计算拱冠梁及各个拱圈的应力，计算时只取拱冠处的一根悬臂梁为代表与若干层水平拱圈组成计算简图，并仅按径向位移（它是拱坝最主要的位移）一致条件，对拱梁进行荷载分配。拱冠梁法的计算工作量比多拱梁分载法的节省很多。拱冠梁法的主要步骤如下。

① 选定若干拱圈，分别计算各拱圈拱顶以及拱冠梁与各拱圈交点在单位径向荷载作用下的变位，这些变位称为"单位变位"。

② 根据各共轭点拱、梁径向变位协调的关系，以及各点荷载之和应等于总荷载强度的要求建立变位协调方程组。

③ 将上述方程组联立求解，得出各点的荷载分配。

④ 根据求解的荷载分配值，分别计算拱冠梁和各拱圈的内力和应力。

（4）有限元法。

将拱坝视为空间壳体或三维连续体，根据坝体体型选用不同的单元模型。有限单元法适用性强，可用于解算体形复杂、坝内有较大的中孔或底孔、设有垫座或重力墩，以及坝基内有断层、裂隙、软弱夹层的拱坝在各种荷载作用下的应力和变形，是拱坝应力分析的一种有效方法。

（5）壳体理论计算方法。

利用薄壳理论计算拱坝应力的近似方法，由于拱坝体形和边界条件十分复杂，使得这种计算方法在工程中应用受到了很大的限制。近年来由于电子计算机的发展，壳体理论计算方法也取得了新的进展，网格法就是应用有限差分解算壳体方程的一种计算方法，适用于薄拱坝。

（6）结构模型试验。

结构模型试验也是研究解决拱坝应力问题的有效方法，它不仅能研究坝体、坝基在正常运行情况下的应力和变形，而且还可以进行破坏试验。当前在模型试验中需要研究解决的问题有：寻求新的模型材料，施加自重、渗透压力及温度荷载的实验技术等。

**2）地基变形计算**

拱坝是超静定结构，地基变形对坝体的变形和应力影响很大，设计时必须加以考虑。

拱坝的建基面（坝体与地基的接触面）既是梁的基础，又是拱的基础。地基在梁底力系、拱端力系和库水压力的作用下将产生位移，由于拱坝系超静定结构，地基位移对坝体的变形和应力的影响很大，设计时应予以充分考虑。

目前国内外广泛采用的是 1925 年由挪威的 F.伏格特提出的近似计算方法。伏格特用弹性理论首先推导了地基变形计算的基本公式，然后通过一些假定条件将这些基本公式应用于拱坝坝基（参见有关专著）。但是这些假定与实际情况均有出入，所得结果只是近似的，且计算很复杂。

**3）拱坝的应力控制指标**

根据《混凝土拱坝设计规范》（SL 282—2003）的要求，用拱梁分载法计算时，坝体的主压应力和主拉应力应符合下列应力控制规定。

允许压应力：混凝土拱坝采用了与混凝土重力坝相同的抗压强度安全系数。据统计，国内混凝土拱坝的允许压应力一般采用 4～7 MPa。

允许拉应力：混凝土拱坝的抗拉安全系数一般均小于 2.0，比混凝土重力坝的取值小。据统计,国内混凝土拱坝的允许拉应力一般采用 1.0~1.5 MPa。当考虑地震荷载作用时,混凝土的允许压应力可比静荷载情况下适当提高,但不超过 30%。

### 4. 拱座稳定分析

**1）概述**

坝肩岩体失稳的最常见形式是坝肩岩体受荷载后发生滑动破坏。这种情况一般发生在岩体中存在着明显的滑裂面,如断层、节理、裂隙、软弱夹层等,如图 2-74 所示。另一种情况是,当坝的下游岩体中存在着较大的软弱带或断层时,即使坝肩岩体抗滑稳定性能够满足要求,但过大的变形仍会在坝体内产生不利的应力,同样也会给工程带来危害。

**2）可能滑裂面的形式**

原因:一是岩体内存在着软弱结构面;二是荷载作用。

形式:可能存在软弱面和不利的结构面,如图 2-75 所示。

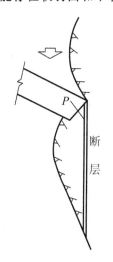
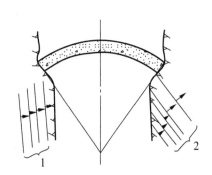

图 2-74　坝肩岩体失稳情况　　　　　　　图 2-75　不利结构面对坝肩稳定的影响

**3）渗透水压力对拱座稳定的影响**

在拱坝拱座稳定计算中,应当考虑下列荷载:坝体传来的作用力、岩体的自重、渗透水压力和地震荷载,其中,渗透水压力是控制拱座稳定的重要因素之一,如法国马尔巴塞拱坝,如图 2-76 所示。

**4）稳定分析方法**

目前拱坝坝肩稳定分析常采用刚体极限平衡法,其基本假定是:

（1）将滑移体视为刚体,不考虑其中各部分间的相对位移;

（2）只考虑滑移体上力的平衡,不考虑力矩的平衡,认为后者可由力的分布自行调整满足,因此,在拱端作用的力系中不考虑弯矩的影响;

（3）忽略拱坝的内力重分布作用,认为作用在岩体上的力系为定值;

（4）达到极限平衡状态时,滑裂面上的剪力方向将与滑移的方向平行,指向相反,数值达到极限值。

刚体极限平衡法是半经验性的计算方法,具有长期的工程实践经验,采用的抗剪强度指标和安全系数是配套的,方法简便易行,概念清楚,在国内外得到广泛采用。

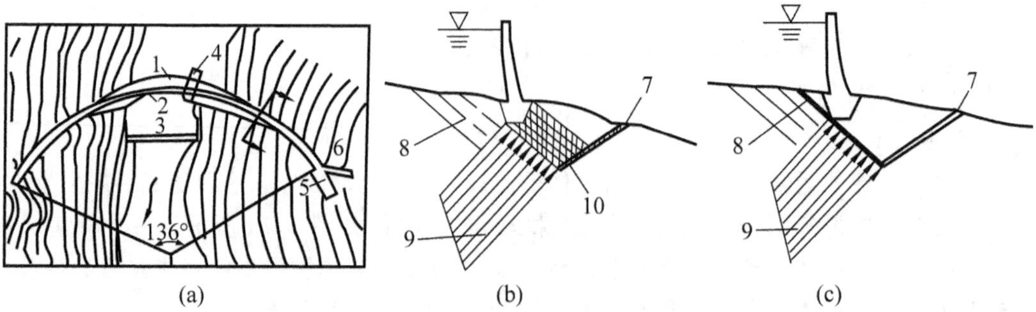


**图 2-76　马尔巴塞拱坝平面布置及事故分析示意图**

(a) 平面布置;(b) Bellier 和 Londe 分析剖面图;(c) Wittke 分析剖面图

1—坝;2—溢流段;3—护坦;4—泄水底孔;5—拴力墩;6—翼墙;

7—断层;8—层面;9—渗透水压力;10—带状片麻岩

**5）拱座稳定的控制指标**

拱座抗滑稳定计算,以刚体极限平衡法为主。对 1、2 级拱坝及高拱坝采用抗剪断公式计算;其他则可采用抗剪断或抗剪强度公式计算。

$$K_1=\frac{\sum(f_1N+c_1A)}{\sum Q} \tag{2-65}$$

$$K_2=\frac{\sum f_2N}{\sum Q} \tag{2-66}$$

采用式(2-65)和式(2-66)计算时,相应安全系数应满足表 2-13 中规定的要求。

**表 2-13　拱座抗滑稳定安全系数**

| 荷载组合 | | 建筑物级别 | | |
|---|---|---|---|---|
| | | 1 | 2 | 3 |
| 按式(2-61) | 基本 | 3.50 | 3.25 | 3.0 |
| | 特殊(非地震) | 3.00 | 2.75 | 2.5 |
| 按式(2-62) | 基本 | — | — | 1.30 |
| | 特殊(非地震) | — | — | 1.10 |

**6）改善坝肩稳定性的工程措施**

(1) 通过挖除某些不利的软弱部位和加强固结灌浆等坝基处理措施来提高基岩的抗剪强度。

(2) 深开挖。将拱端嵌入坝肩深处,可避开不利的结构面及增大下游抗滑体的重量。

(3) 加强坝肩帷幕灌浆及排水措施,减小岩体内的渗透压力。

(4) 调整水平拱圈形态,采用三心圆拱或抛物线等扁平的变曲率拱圈,使拱推力偏向坝肩岩体内部。

(5) 若坝基承载力较差,则可采用局部扩大拱端厚度、推力墩或人工扩大基础等措施。

# 项目3 土石坝构造与设计

## 任务1 资料收集

### 模块1 灌区自然概况

**1. 灌区概况**

灌区资料包括灌区位置、范围,隶属省、地、县,地形、地貌(山区、丘陵、平原和高地、坡地、洼地)情况,地面坡降,以及灌区的地质概况等。

**2. 水文气象**

水文气象资料包括年、月平均气温,最高、最低气温(发生年月);多年、月平均降雨量,季节降雨特征;年、月平均蒸发量,最大、最小月蒸发量;无霜期及始终日期、冰冻期及土层冻结最大深度;历年旱期及持续干旱天数;主风向和风速等。

**3. 土壤**

土壤资料包括土壤类型及分布、土壤质地和层次、土壤理化性质、耕作层厚度及养分状况等。在已进行土壤普查的地区,提供土壤图、土壤盐渍化分布图、土地利用现状及规划图;在未进行土壤普查的地区,通过调查实测取得必要的资料。

**4. 水源及利用状况**

收集全年及各种作物在生长季节的降雨量和作物生长期可利用水量,以及地面径流及利用情况。

**5. 灌区自然灾害**

灌区自然灾害资料包括历年受旱、涝、碱、虫等灾害的情况,受灾面积、减产情况,以及对群众生产的影响等。

### 模块2 选址资料

**1. 选址意向书**

它是建设单位选择建设工程项目用地的初步方案,是依据城市规划,并满足建设项目本身的经济、技术要求而拟定的,是向城市规划管理部门申报用地规划的必备文件。

**2. 选址意见书**

它是建设单位将选址意向书报城市规划管理部门备案和征求意见,规划管理部门依据城市规划和现状提出的选址意见。

**3. 外协意向性协议**

在项目建议书被批准后,建设单位应与土地、原材料、燃料、供水、供电、通信、交通、运输、配套措施等内容有关的单位和部门协商办理的外协意向性协议。这是建设工程建设过程中和建成投入使用时必须要解决的具体问题。

## 模块 3　地质勘察资料

地质勘察是工程设计的先行官,勘察成果是工程设计的基本依据之一,一般是委托给勘察单位来完成的。建设工程勘察工作主要有工程地质勘察、水文地质勘察、地震调查、自然条件调查等内容。

### 1. 工程地质勘察报告

工程地质勘察报告是对建设工程项目建设地域内工程地质条件,进行综合性工程地质勘察获得的成果而编写的报告。通过工程地质勘察对建设地域内工程地质情况和存在问题作出评价,为建设工程项目的设计、施工提供必备的依据。

工程地质勘察报告由实施工程地质勘察的勘察单位编写,其内容分为文字和图表两部分。文字部分为基本情况(地形、地貌、地层结构、含水层构造、不良地质现象、地震烈度、土的最大冻结深度等)、预测环境对工程地质变化的不良影响、工程地质建议等。图表部分为工程地质分区图、平面图、剖面图;勘探点平面布置图、钻孔柱状图、不良地质现象的平面图、剖面图、物探剖面图;地层的物理力学性质、试验成果资料等。

### 2. 水文地质勘察报告

水文地质勘察报告是地质勘察部门为查明一个地区水文地质条件所进行的水文地质勘察获得的成果而编写的报告。报告的主要内容包括水文地质勘察、水文地质试验、水文地质测绘,以及地下水动态长期观测数据、水文地质参数计算、地下水资源评价和地下水资源保护等。

### 3. 地震调查

地震调查是由勘察设计单位来完成的。地震调查报告的主要内容为:建设工程项目所在地区长期和近期地震情况统计;对本地区地质、地貌、地形、水文地质等条件的调查研究分析;对本地区地震情况作出评价。对于大型建设工程和地质复杂地区,为了确保工程安全,在国家地震分区基础上再作出建设地域的地震安全评价。

### 4. 自然条件调查

自然条件调查工作是由勘察设计单位来完成的,主要是对气候、污染、生态等方面的调查。对当地的自然气象、环境现状、生态条件进行调查,分析自然条件对建设工程项目的影响,并作出评价。根据调查结果,实事求是地编写自然条件调查报告。

## 模块 4　工程测量资料

工程测量是工程建设中各种测绘工作的总称。工程设计阶段的工程测量工作主要有地形测量和拨地测量,由测绘部门实施,并根据测量成果编写工程测量报告。

### 1. 地形测量

地形测量是工程测绘单位在建设工程项目建设用地范围内用实地测量的方法直接绘制地形图,主要反映地貌、水文、植被、建筑物、市政设施、居民点等。

绘制地形图是根据建设工程项目建设用地范围内的位置、高程和地面形态,以及建筑物、构筑物等实测结果绘制,其地形图的比例尺一般采用 1∶10000 到 1∶1000000。

**2. 拨地测量**

对征用(划拨)的建设用地,要进行位置测量、形状测量和确定四周,称为拨地测量。根据规划管理部门出具的建设用地钉桩通知书和钉桩放线通知书规定的条件,测绘单位用解析实钉法测量,并将测量成果编写成建设用地范围内的工程测量成果报告,由规划管理部门核定后生效。测量成果是征用土地的依据性文件,也是工程设计的基础资料。

工程测量成果报告主要内容为:根据拨地条件,用选定的测量控制点,进行拨地导线测量、距离测量,以及测量成果计算、工作说明、条件坐标、略图、内外作业计算记录手簿等资料,并将拨地测量资料和定线成果展绘在 1∶1000 或 1∶500 的地形图上。

建设用地钉桩通知书是城市规划管理部门根据建设用地规划许可证批准的用地范围出具的钉桩依据。

钉桩放线通知书是城市规划管理部门根据建设工程项目设计单位提供的设计图纸下达的钉桩放线通知。

## 模块 5　规划方面的资料

规划方面的资料包括对全面发展本地区工、农业生产和综合利用水土资源的要求,而提供的与本地区有关的农业区划、流域规划和水利规划等文件,以及邻近地区的专业灌溉试验站和群众的灌溉试验成果及资料。

# 任务 2　土石坝的特点及枢纽布置

## 模块 1　土石坝的特点

土石坝是土坝、土石混合坝和堆石坝的统称,是人类最早建造的坝型。土石坝的历史悠久,发展迅速,在国内外被广泛采用并得到不断发展,这与其自身的优越性是密不可分的。与混凝土坝相比,土石坝主要具有以下特点。

(1) 可以就地取材,节约大量水泥、木材和钢材,减少工地的外线运输量。随着土石坝设计和施工技术的发展,放宽了对筑坝材料的要求,几乎任何土石料均可筑坝。

(2) 能适应各种不同的地形、地质,对地基的要求较其他坝型的低。

(3) 土石坝的结构简单,工作可靠,使用年限也较长。

(4) 土石坝的施工方法比较简单,既可以人力施工,又可采用高度机械化的设备进行施工,运用、管理及维修、加高均较方便。

(5) 对于交通不便,而当地又有足够的土石料的山区,土石坝是一种比较经济的坝型。

(6) 一般情况下,土石坝的坝顶不允许过水,因此,必须另外修建溢洪道来宣泄洪水。

(7) 土石坝的坝坡缓,体积大,工程量大。

(8) 土料的填筑受气候的影响比较大等。

## 模块 2　土石坝的工作条件

土石坝是由散粒体(松散的固体颗粒集合体)结构的土石料经过填筑而成的挡水建筑物,因此,土石坝与其他坝型相比,在稳定、渗流、冲刷、沉陷等方面具有不同的工作条件。

## 1. 稳定方面

土石坝的基本剖面形状为梯形或复式梯形。由于填筑坝体的土石料为散粒体,抗剪强度低,上下游坝坡平缓,坝体体积和重量都较大,因此不会产生水平整体滑动。

土石坝失稳的形式,主要是坝坡的滑动或坝坡连同部分坝基一起滑动。坝坡滑动会影响土石坝的正常工作,严重的将导致工程失事。为了保证土石坝在各种工作条件下能保持稳定,应选取合理的坝坡和防渗排水设备,施工中还要认真做好地基处理并严格控制施工质量。

## 2. 渗流方面

由于土石料是散粒体,土体内有相互连通的孔隙。当有水位差作用时,水会从水位高的一侧流向水位低的一侧。在水位差作用下,水穿过土中相互连通的孔隙发生流动的现象称为渗流。土石坝挡水后,上下游存在水位差,在坝体内形成由上游向下游的渗流。

渗流在坝内的自由水面称为浸润面,浸润面与垂直于坝轴线剖面的交线称为浸润线,如图3-1所示。

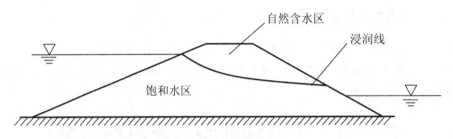

**图 3-1  浸润线**

渗流不仅使水库损失水量,还易引起管涌、流土等渗透变形。浸润线以下的土料承受着渗透动水压力,并使土的内摩擦角和黏结力减小,对坝坡稳定不利。坝体与坝基、两岸以及其他非土质建筑物的结合面,易产生集中渗流。因此,土石坝必须采取防渗措施以减少渗漏,保证坝体的渗透稳定性,并做好各种结合面的处理,避免产生集中渗流,以保证工程安全。

## 3. 抗冲刷方面

土石坝为散粒体结构,抗冲能力很低。坝体上下游水的波浪将在水位变化范围内冲刷坝坡;大风引起的波浪可能沿坝坡爬升很高甚至翻过坝顶,造成严重事故;降落在坝面的雨水沿坝坡下流,也将冲刷坝坡;靠近土石坝的泄水建筑物在泄水时激起水面波动,对土石坝坡也有淘刷作用;季节气温变化也可能使坝坡受到冻结膨胀和干裂的影响。为避免上述不良影响,应采取以下工程措施:

(1)在土石坝上下游坝坡设置护坡,坝顶及下游坝面布置排水设施,以免风浪、雨水及气温变化带来有害影响;

(2)坝顶在最高库水位以上要留一定的超高,以防止洪水漫过坝顶造成事故;

(3)布置泄水建筑物时,注意进出口与坝坡要有一定距离,以免泄水时对坝坡产生淘刷。

## 4. 沉降方面

由于土石料存在较大的孔隙,且易产生相对的移动,在自重及水压力作用下,会有较大的沉陷。坝体沉降会使坝的高度不足,不均匀沉陷还将导致土石坝产生裂缝,坝体横缝对坝的防渗极为不利。为防止坝顶低于设计高程和产生裂缝,施工时应严格控制碾压标准并预留沉降量。对于重要工程,沉陷值应通过沉陷计算确定。对于一般的中小型土石坝,如坝基没有压缩性很大的土层,可按坝高的 1%～2% 预留沉陷值。

**5. 其他方面**

严寒地区的水库水面在冬季会结冰膨胀,对坝坡产生很大的推力,导致护坡的破坏;动物筑窝会使坝体出现集中的渗流通道;地震地区地震惯性力也会增加滑坡和液化的可能性。

## 模块3  土石坝的枢纽布置

近年来,随着土石坝的大量修建,其枢纽布置也有新的发展。应根据大坝、电站、泄水建筑物与导流隧洞的相互关系,进行枢纽布置总格局研究。中小型土石坝工程的枢纽布置一般是土石坝、表面溢洪道、引水道及厂房分散布置,其特点是简单明确,互不干扰。但从有些坝址的地形、地质、施工等条件看,采用这种分散的枢纽布置方案困难较大或造价较高。例如,岸坡陡峻地形往往会给布置表面溢洪道带来开挖量大的缺点或高边坡稳定的难题,风险较大。坝址两岸基岩破碎往往给开挖大跨度隧洞造成困难。此外,当坝址有较宽阔的滩地时,就无必要采用分散布置,可将建筑物集中布置在河床,如果坝址设有几条导流隧洞,可以将它们改建为永久建筑物,达到"一洞多用"的目的。因而可以从工程的设计、施工、运行的落实、可靠和风险性,以及工程量、施工难度、施工工期和工程投资等方面进行综合考虑。经综合比较,可以从保证工程安全运行、方便施工、节省投资、尽早提前发挥效益出发,选择最优的枢纽布置格局。

图 3-2 所示的是曾文水库枢纽平面布置图。

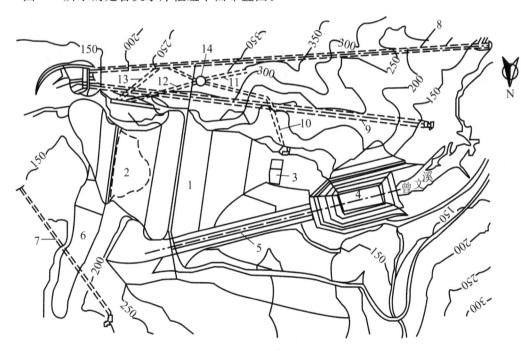

**图 3-2  曾文水库枢纽平面布置图**

1—大坝;2—上游围堰;3—开关厂;4—消力池;5—溢洪道;6—弃土场;7—倒水隧洞;
8—1号导流洞;9—2号导流洞;10—交通洞;11—发电尾水洞;12—发电引水洞;13—河道放水洞;14—地下厂房

# 任务3 主体工程剖面设计

## 模块1 土石坝设计要求

土石坝的剖面尺寸是根据设计要求、坝高和坝等级、筑坝材料、坝型、坝基情况及施工、运行等条件，参照工程经验初步拟定坝顶高程、坝顶宽度和坝坡，然后通过渗流、稳定分析，最终确定的合理的剖面形状。

为使土石坝能安全、有效地工作，在设计方面一般有如下要求。

(1) 坝身、坝顶不能泄洪。

(2) 需有适宜的坝坡维持坝坡及坝基的稳定性。

(3) 设置良好的防渗和排水措施，控制渗流及防止渗透变形。

(4) 根据现场的土料条件，选择好土料的填筑标准，防止过大的沉陷。

(5) 采取适当的构造措施，保护坝顶、坝坡免受自然现象的破坏，提高坝运行的可靠性、耐久性。

(6) 提高土石坝的机械化施工水平。

筑坝材料有黏性土、砾质土、砂、砂砾石、堆石、块石和碎石等天然材料，以及混凝土、沥青混凝土、土工合成材料等人工制备的料物。由于材料主要来自坝区，所以也称为当地材料坝。

## 模块2 土石坝的类型

### 1. 土石坝按坝高分类

土石坝按坝高可分为低坝、中坝和高坝。根据《碾压式土石坝设计规范》(SL 274—2001) 规定：高度在 30 m 以下的为低坝；高度在 $30\sim70$ m 的为中坝；高度超过 70 m 的为高坝。土石坝的坝高应从坝体防渗体（不含混凝土防渗墙、灌浆帷幕、截水墙等坝基防渗设施）底部或坝轴线部位的建基面算至坝顶（不含防浪墙），取其大者。

### 2. 按施工方法分类

#### 1) 碾压式土石坝

碾压式土石坝是分层铺填土石料、分层压实填筑的，坝体质量良好，目前最为常用。世界上现有的高土石坝都是碾压式的。

按照坝身内的配置和防渗体所用的材料种类，碾压式土石坝可分为以下几种类型。

(1) 均质坝（见图 3-3(a)）。均质坝坝体断面不分防渗体和坝壳，坝体基本上是由均一的黏性土料（壤土、砂壤土）筑成，整个坝体用以防渗并保持自身的稳定。由于黏性土抗剪强度较低，对坝坡稳定不利，坝坡较缓，体积庞大，使用的土料多，铺土厚度薄，填筑速度慢，易受降雨和冰冻的影响，故多用于坝址处除土料外而缺乏其他材料的情况。

(2) 黏土质心墙坝（见图 3-3(b)）。用透水性较好的砂或砂砾石做坝壳，以防渗性较好的黏性土作为防渗体设在坝的剖面中心位置。其优点是，坡陡，坝剖面较均质坝小，工程量少，心墙占总方量比重不大，因此施工受季节影响相对较小；其缺点是，要求心墙与坝壳同时填筑，干扰大，一旦建成，难修补。

(3) 黏土质斜墙坝（见图 3-3(c)）。黏土防渗体置于坝剖面的上游侧。其优点是，斜墙与

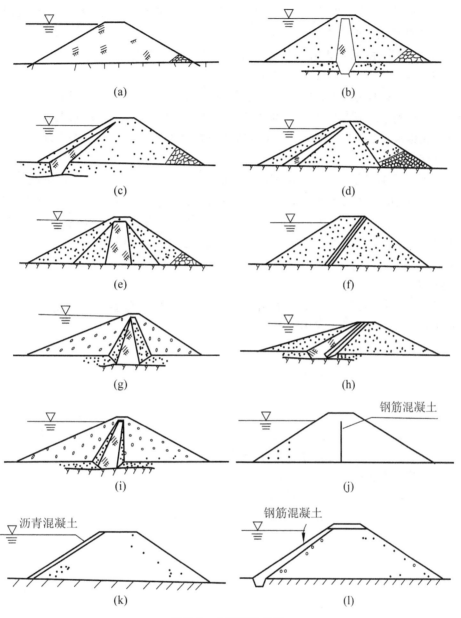

**图 3-3　土石坝的类型**

(a) 均质坝；(b) 黏土质心墙坝；(c) 黏土质斜墙坝；(d) 多种土质坝 1；(e) 多种土质坝 2；(f) 土石混合坝；

(g) 黏土心墙土石混合坝；(h) 黏土斜墙土石混合坝；(i) 黏土斜心墙坝；

(j) 沥青混凝土心墙坝；(k) 沥青混凝土斜墙坝；(l) 钢筋混凝土斜墙坝

坝壳之间的施工干扰相对较小，在调配劳动力和缩短工期方面比心墙坝有利；其缺点是，上游坡较缓，黏土量及总工程量较心墙坝的大，抗震性及对不均匀沉降的适应性不如心墙坝。

当黏土防渗体位于坝中心而略微倾向上游时称为斜心墙坝（见图 3-3(i)）。

（4）多种土质坝（见图 3-3(d)、(e)）。坝址附近有多种土料用来填筑的坝，称为多种土质坝。

（5）人工材料心墙坝（见图 3-3(j)）。坝主体由强度高的粗粒料组成，用沥青混凝土、混凝土等做成防渗心墙。

（6）人工材料面板坝（见图 3-3（k）、（l））。防渗体为钢筋混凝土、沥青混凝土、钢板、木板等人工制备的材料建成的上游坝面。

均质坝、心墙坝、斜墙坝和面板坝是土石坝的四种基本类型。

**2）水力冲填坝**

水力冲填坝是以水力为动力完成土料的开采、运输和填筑全班工序而建成的坝。其施工方法是用机械抽水到高出坝顶的土场，以水冲击土料形成泥浆，然后通过泥浆泵将泥浆送到坝址，再经过沉淀和排水固结而筑成坝体。这种坝因筑坝质量难以保证，目前在国内外很少采用。

**3）水中填土坝**

该坝是用易于崩解的土料，一层一层倒入由许多小土堤分隔围成的静水中填筑而成的坝。这种施工方法无须机械压实，而是靠土的重量进行压实和排水固结。该法施工受雨季影响小，工效较高，且不用专门碾压设备，但由于坝体填土干容重低、抗剪强度小、要求坝坡缓、工程量大等原因，仅在我国华北某些地区、广东含砾风化黏性土地区曾用此法建造过一些坝，并未得到广泛的应用。

**4）定向爆破堆石坝**

定向爆破堆石坝是按预定要求埋设炸药，使爆破出的大部分岩石落到预定的地点而形成的坝。这种坝增筑防渗部分比较困难。

上述四种坝中应用最为广泛的是碾压式土石坝。

# 模块3　土石坝基本剖面尺寸

## 1. 坝顶高程

坝顶高程等于水库静水位与坝顶超高之和，应按以下运用条件计算，取其大值：

（1）设计洪水位加正常运用条件的坝顶超高；

（2）正常蓄水位加正常运用条件的坝顶超高；

（3）校核洪水位加非常运用条件的坝顶超高；

（4）正常蓄水位加非常运用条件的坝顶超高，再加地震安全加高（地震区）。

如图 3-4 所示，有

$$y = R + e + A \tag{3-1}$$

式中：$y$——坝顶超高，m；

　　　$R$——波浪在坝坡上的最大爬高，m；

　　　$e$——最大风壅水面高度，m；

　　　$A$——安全加高，m。

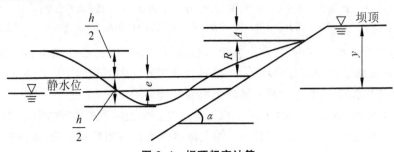

图 3-4　坝顶超高计算

波浪爬高 $R$ 是指波浪沿建筑物坡面爬升的垂直高度(由风壅水面算起)。它与坝前的波浪要素(波高和波长)、坝坡坡度、坡面糙率、坝前水深、风速等因素有关。具体方法见《碾压式土石坝设计规范》(SL 274—2001)(附录 A　波浪和护坡计算),现简介如下。

(1)平均爬高 $R_m$。当坝坡系数 $m = 1.5 \sim 5.0$ 时,有

$$R_m = \frac{K_\Delta K_W}{\sqrt{1+m^2}} \sqrt{h_m L_m} \tag{3-2}$$

当 $m \leqslant 1.25$ 时

$$R_m = K_\Delta K_W R_0 h_m \tag{3-3}$$

式中:$R_0$——无风情况下,平均波高 $h_m = 1.0$ m,$K_\Delta = 1$ 时的爬高值,可查表 3-1;

　　　$K_\Delta$——斜坡的糙率渗透性系数,根据护面的类型查表 3-2;

　　　$m$——单坡的坡度系数,若单坡坡角为 $\alpha$,则 $m = \cos\alpha$;

　　　$K_W$——经验系数,按表 3-3 确定;

　　　$h_m$、$L_m$——平均波高和波长,m,采用莆田试验站公式计算。

当 $1.25 < m < 1.5$ 时,可由 $m = 1.25$ 和 $1.5$ 的值按直线内插求得。

表 3-1　$R_0$ 值

| $m$ | 0 | 0.5 | 1.0 | 1.25 |
|---|---|---|---|---|
| $R_0$ | 1.24 | 1.45 | 2.20 | 2.50 |

表 3-2　糙率渗透性系数 $K_\Delta$

| 护面类型 | $K_\Delta$ | 护面类型 | $K_\Delta$ |
|---|---|---|---|
| 光滑不透水护面(沥青混凝土) | 1.0 | 砌石护面 | 0.75~0.80 |
| 混凝土板护面 | 0.9 | 抛填两层块石(不透水基础) | 0.60~0.65 |
| 草皮护面 | 0.85~0.9 | 抛填两层块石(透水基础) | 0.50~0.55 |

表 3-3　经验系数 $K_W$

| $\dfrac{v_0}{\sqrt{gH}}$ | $\leqslant 1$ | 1.5 | 2.0 | 2.5 | 3.0 | 3.5 | 4.0 | $>5.0$ |
|---|---|---|---|---|---|---|---|---|
| $K_W$ | 1 | 1.02 | 1.08 | 1.16 | 1.22 | 1.25 | 1.28 | 1.33 |

注:$H$ 为坝迎水面前水深。

(2)设计爬高 $R$。不同累计频率的爬高 $R_P$ 与 $R_m$ 的比,可根据爬高统计分布表(见表3-4)确定。设计爬高值按建筑物级别而定,对 1、2、3 级土石坝取累计频率 $P = 1\%$ 的爬高值 $R_{1\%}$;对 4、5 级坝取 $P = 5\%$ 的爬高值 $R_{5\%}$。

表 3-4　爬高统计分布 $(R_P/R_m)$

| $h_m/H$ | $P/(\%)$ | | | | | | | | | |
|---|---|---|---|---|---|---|---|---|---|---|
| | 0.1 | 1 | 2 | 4 | 5 | 10 | 14 | 20 | 30 | 50 |
| $<0.1$ | 2.66 | 2.23 | 2.07 | 1.90 | 1.84 | 1.64 | 1.53 | 1.39 | 1.22 | 0.96 |
| $0.1 \sim 0.3$ | 2.44 | 2.08 | 1.94 | 1.80 | 1.75 | 1.57 | 1.48 | 1.36 | 1.21 | 0.97 |
| $>0.3$ | 2.13 | 1.86 | 1.76 | 1.65 | 1.61 | 1.48 | 1.39 | 1.31 | 1.19 | 0.99 |

当风向与坝轴线的法线成夹角 $\beta$ 时,波浪爬高应乘以折减系数 $k_\beta$,$k_\beta$ 值可由表 3-5 确定。

表 3-5　斜向坡折减系数 $k_\beta$

| $\beta/(°)$ | 0 | 10 | 20 | 30 | 40 | 50 | 60 |
|---|---|---|---|---|---|---|---|
| $k_\beta$ | 1 | 0.98 | 0.96 | 0.92 | 0.87 | 0.82 | 0.76 |

风壅水面高度 $e$ 可按式(3-4)计算,即

$$e = \frac{KW^2 D}{2gH_m}\cos\beta \qquad (3-4)$$

式中:$D$——风区长度,m;

$H_m$——坝前水域平均水深,m;

$K$——综合摩阻系数,一般取 $K=3.6\times10^{-6}$;

$\beta$——风向与水域中线(或坝轴线法线)的夹角,°;

$W$——计算风速,m/s,正常运用情况下的 1 级、2 级坝,采用多年平均最大风速的 1.5～2.0 倍;正常运用条件下的 3 级、4 级和 5 级坝,采用多年平均最大风速的 1.5 倍;非常运用条件下,采用多年平均最大风速。

安全加高 $A$ 可按表 3-6 确定。

表 3-6　安全加高 $A$　　　　　　　　　　　　　　　　单位:m

| 运 用 情 况 | | 坝 的 级 别 | | | |
|---|---|---|---|---|---|
| | | 1 | 2 | 3 | 4、5 |
| 设计 | | 1.50 | 1.00 | 0.70 | 0.50 |
| 校核 | 山区、丘陵区 | 0.70 | 0.50 | 0.40 | 0.30 |
| | 平原、滨海区 | 1.00 | 0.70 | 0.50 | 0.30 |

坝顶设防浪墙时,超高值 $y$ 是指静水位与墙顶的高差。要求在正常运用条件下,坝顶应高出静水位 0.5 m,在非常运用情况下,坝顶不应低于静水位。

坝顶应预留竣工后沉降超高,沉降超高值按规范中的规定确定。各坝段的预留沉降超高应根据相应坝段的坝高的变化而变化,预留沉降超高不应计入坝的计算高度。

**2. 坝顶宽度**

坝顶宽度应根据构造、施工、运行和抗震等因素确定。若无特殊要求,则高坝宽度可选用 10～15 m,中、低坝宽度可选用 5～10 m。

**3. 坝坡**

坝坡应根据坝型、坝高、坝的等级、坝体和坝基材料的性质、坝所承受的荷载以及施工和运用条件等因素,经技术经济比较确定。

均质坝、土质防渗体分区坝、沥青混凝土面板或心墙坝及土工膜心墙或斜墙坝坝坡,均可参照已建成坝的经验或近似方法初步拟定,最终应经稳定计算确定。

一般情况下,确定坝坡可参考如下规律。

(1)在满足稳定要求的前提下,尽可能采用较陡的坝坡,以减少工程量。

(2)从坝体上部到下部,坝坡逐步放缓,以满足抗渗稳定和结构稳定性的要求。

（3）均质坝的上下游坡比心墙坝的坝坡缓。

（4）心墙坝两侧坝壳采用非黏性土料，土体颗粒的内摩擦角较大，透水性大，上下游坝坡可陡些，坝体剖面较小，但施工干扰大。

（5）黏土斜墙坝的上游坡比心墙坝的坝坡缓，而下游坝坡可比心墙坝的陡些，施工干扰小，斜墙易断裂。

（6）土料相同时上游坡缓于下游坡，原因是上游坝坡经常浸在水中，土的抗剪强度低，库水位下降时易发生渗流破坏。

（7）黏性土料坝的坝坡与坝高有关，坝高越大则坝坡越缓；而砂或砂砾料坝体的坝坡与坝高关系甚微。通常用黏性土料筑的土坝做成几级，从上而下逐级变缓坝坡，相邻坡率差值为0.25～0.5。砂或砂砾料坝体可不变坡，但一般也常采用变坡形式。

（8）碾压式堆石坝的坝坡比土坝的陡。

初选土石坝坝坡，可参照工程实践经验，如表 3-7 所示。

表 3-7　坝坡经验值

| 类　　型 | | | 上 游 坝 坡 | 下 游 坝 坡 |
|---|---|---|---|---|
| 土坝（坝高）/m | <10 | | 1：2.00～1：2.50 | 1：1.50～1：2.00 |
| | 10～20 | | 1：2.25～1：2.75 | 1：2.00～1：2.50 |
| | 20～30 | | 1：2.50～1：3.00 | 1：2.25～1：2.75 |
| | >30 | | 1：3.00～1：3.50 | 1：2.50～1：3.00 |
| 分区坝 | 心墙坝 | 堆石（坝壳） | 1：1.70～1：2.70 | 1：1.50～1：2.50 |
| | | 土料（坝壳） | 1：2.50～1：3.50 | 1：2.00～1：3.00 |
| | 斜墙坝 | 石质<br>土质 | 比心墙坝缓 0.2；<br>比心墙坝缓 0.5 | 取值比心墙坝<br>可适当偏陡 |
| 人工材料面板坝 | | | 1：1.40～1：1.70 | 1：1.30～1：1.40（堆石）<br>1：1.50～1：1.60（卵石） |
| 沥青混凝土面板坝 | | | 不陡于 1：1.7 | |

上、下游坝坡马道的设置应根据坝面排水、检修、观测、道路、增加护坡和坝基稳定性等不同需要确定。土质防渗体分区坝和均质坝上游坡宜少设马道。非土质防渗体材料面板坝上游不宜设马道。根据施工交通需要，下游坝坡可设置斜马道，其坡度、宽度、转弯半径、弯道加宽和超高等，应满足施工车辆行驶要求。斜马道之间的实际坝坡可局部变陡，但平均坡度应不陡于设计坝坡。马道宽度应根据用途确定，但最小宽度不宜小于 1.50 m。

若坝基土或筑坝土石料沿坝轴线方向不相同，则应分坝段进行稳定计算，确定相应的坝坡。当各坝段采用不同坡度的断面时，每一坝段的坝坡应根据坝段中最大断面来选择。坝坡不同的相邻坝段，中间应设渐变段。

# 模块 4　土石坝的构造

土石坝的构造主要包括坝顶、护坡、防渗体和排水设施等部分。

## 1. 坝顶

坝顶宽度应根据构造、施工、运行和抗震等因素确定。若无特殊要求,则高坝的坝顶宽度可选用 10~15 m,中、低坝的坝顶宽度可选用 5~10 m。

坝顶盖面材料应根据当地材料情况及坝顶用途确定,宜采用密实的砂砾石、碎石、单层砌石或沥青混凝土等柔性材料。其不足之处在于洪水漫过防浪墙后,会冲蚀坝顶材料使防浪墙掏脚而被推倒,造成洪水漫顶失事。如坝顶使用一些耐冲的材料(如混凝土、沥青、砌石等),会对防汛有一定的好处。但厚层混凝土刚度较大,可能与坝体变形不同步,会使土与混凝土之间出现间隙,坝体裂缝也不易发现,这是不足之处。

坝顶面可向上、下游侧或下游侧放坡。坡度宜根据降雨强度,在 2%~3% 之间选择,并做好向下的排水系统。坝顶上游侧宜设防浪墙,墙顶应高于坝顶 1.00~1.20 m。防浪墙必须与防渗体紧密结合。防浪墙应坚固不透水,其结构尺寸应根据稳定、强度计算确定,并应设置伸缩缝,做好止水。

图 3-5 所示的是南湾土石坝坝顶构造图;图 3-6 所示的是临城土石坝坝顶构造图。

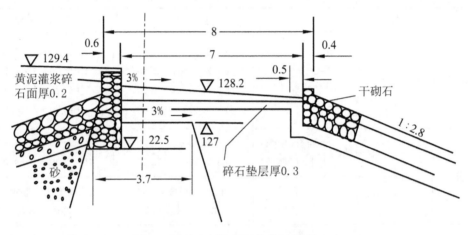

**图 3-5　南湾土石坝坝顶构造图(单位:m)**

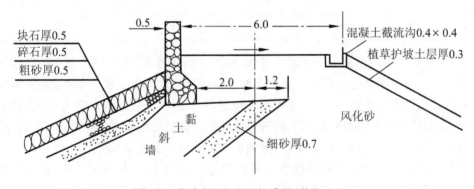

**图 3-6　临城土石坝坝顶构造图(单位:m)**

## 2. 护坡

坝表面材料为土、砂、砂砾石等材料时,应设专门护坡,堆石坝可采用堆石材料中的粗颗粒料或超径石做护坡。

护坡的形式、厚度及材料粒径应根据坝的等级、运用条件和当地材料情况，以及对以下因素进行技术经济比较确定。上游护坡应考虑：波浪掏刷；顺坝水流冲刷；漂浮物和冰层的撞击及冻冰的挤压。下游护坡应考虑：冻胀、干裂及蚁、鼠等动物的破坏；雨水、大风、水下部位的风浪、冰层和水流的作用。

**1) 上游护坡**

上游护坡的形式有堆石(抛石)、干砌石、浆砌石、预制或现浇的混凝土或钢筋混凝土板(或块)、沥青混凝土和其他形式(如水泥土)。

护坡的范围为：上部自坝顶起，如设防浪墙时应与防浪墙连接；下部至死水位以下不宜小于 2.50 m，4 级、5 级坝可减至 1.50 m，最低水位不确定时应护至坝脚。

(1)抛石(堆石)护坡是将适当级配的石块倾倒在坝面垫层上的一种护坡。其优点是，施工进度快、节省人力，但工程量比砌石护坡大。堆石厚度一般认为至少要包括 2～3 层块石，这样便于在波浪作用下自动调整，不致因垫层暴露而遭到破坏。当坝壳为黏性小的细粒土料时，往往需要两层垫层，靠近坝壳的垫层最小厚度为 15 cm。

(2)砌石护坡是用人工将块石铺砌在碎石或砾石垫层上，有干砌石和浆砌石两种。要求石料比较坚硬并耐风化。

干砌块石应力求嵌紧，石块大小及护坡厚度应根据风浪大小经过计算决定，通常厚度为 20～60 cm。有时根据需要用 2～3 层的垫层，它也起反滤作用。砌石护坡构造如图 3-7 所示。

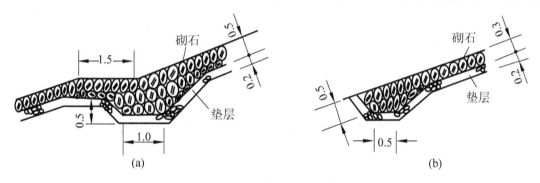

**图 3-7　砌石护坡构造(单位：m)**
(a) 马道；(b) 护坡坡角

浆砌块石护坡能承受较大的风浪，有较好的抗冰层推力的性能，但水泥用量大，造价较高。若坝体为黏性土，则要有足够厚度的非黏性土防冻垫层，同时要留有一定缝隙以便排水通畅。

(3)混凝土和钢筋混凝土板护坡，当筑坝地区缺乏石料时可考虑采用此种形式。预制板的尺寸一般采用：方形板为 1.5 m×2.5 m、2 m×2 m 或 3 m×3 m，厚为 0.15～0.20 m。预制板底部设砂砾石或碎石垫层。现场浇筑的尺寸可大些，可采用 5 m×5 m，10 m×10 m，甚至 20 m×20 m。严寒地区冰推力对护坡危害很大，因此也有用混凝土板做护坡的，但其垫层厚度要超过冻深，如图 3-8 所示。

(4)渣油混凝土护坡。在坝面上先铺一层厚 3 cm 的渣油混凝土(夯实后的厚度)，上铺 10 cm 的卵石做排水层(不夯)，第三层铺 8～10 cm 的渣油混凝土，夯实后在第三层表面倾倒温度为 130～140 ℃的渣油砂浆，并立即将 0.5 m×1.0 m×0.15 m 的混凝土板平铺其上，板缝间用渣油砂浆灌满。这种护坡成功试用于冰冻区，如图 3-9 所示。

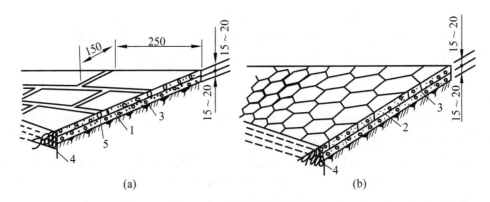

**图 3-8　混凝土板护坡(单位:cm)**

(a) 矩形板;(b) 六角形板

1—矩形混凝土板;2—六角形混凝土板;3—碎石或砾石;4—木挡柱;5—结合缝

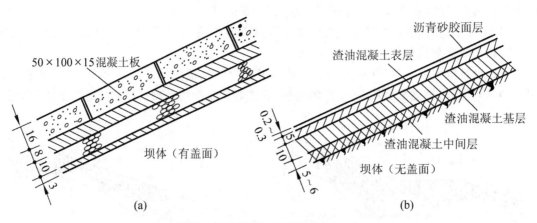

**图 3-9　渣油混凝土护坡(单位:cm)**

(5) 水泥土护坡。将粗砂、中砂、细砂掺上 7%~12% 的水泥(重量比),分层填筑于坝面作为护坡,称为水泥土护坡。它是随着土石坝逐层填筑压实的,每层压实后的厚度不超过 15 cm。这种护坡厚度为 0.6~0.8 m,相应水平宽度为 2~3 m,如图 3-10 所示。

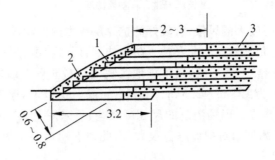

**图 3-10　水泥土护坡(单位:m)**

1—土壤水泥护坡;2—潮湿土壤保护层;3—压实的透水土料

这种护坡经过几个坝的实际应用,在最大浪高 1.8 m 并经过十数年的冻融情况下,只有少量裂缝,护坡没有破坏。寒冷地区护坡在水库冰冻范围内,水泥含量应增加一些,常用 8%~14%。

以上各种护坡的垫层按反滤层要求确定。垫层厚度一般对砂土可为 15～30 cm,对卵砾石或碎石可为 30～60 cm。

**2)下游护坡**

下游护坡形式有干砌石、堆石、卵石或碎石、草皮、钢筋混凝土框格填石和其他形式(如土工合成材料)。

护坡的范围为:应由坝顶护至排水棱体,无排水棱体时应护至坝脚。

草皮护坡是常用的形式,一般厚为 5～10 cm,只要结合做好坡面排水,护坡效果良好。碎石或卵砾石护坡,一般直接铺在坝坡上,厚为 10～15 cm。在下游坡面上需设置沟、槽等坝面排水系统,以汇集坡面流水,如图 3-11 所示。

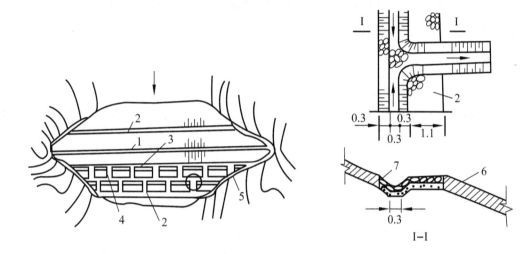

**图 3-11　排水沟布置与构造(单位:m)**
1—坝顶;2—马道;3—纵向排水沟;4—横向排水沟;5—岸坡排水沟;6—草皮护坡;7—浆砌石排水沟

### 3. 防渗体

设置防渗设施的目的是,减少通过坝体和坝基的渗流量;降低浸润线,增加下游坝坡的稳定性;降低渗透坡降,防止渗透变形。土坝的防渗措施应包括坝体防渗、坝基防渗,以及坝身与坝基、岸坡及其他连接建筑物连接处的防渗。防渗体主要是心墙、斜墙、铺盖、截水墙等,其结构尺寸应能满足防渗、构造、施工和管理方面的要求。

**1)分区坝的防渗体**

(1)塑性心墙位于坝体中央或稍微偏向上游,由黏土、重壤土等黏性土料筑成。顶部高程高于设计洪水位 0.3～0.6 m,且不低于校核洪水位。顶部的水平宽度应考虑机械化施工的需要,不应小于 3 m。底部厚度不宜小于水头的 1/4。若顶部设有防浪墙并与心墙紧密结合,则心墙顶部高程不受上述要求限制,但也不得低于设计洪水位。

为防止冰冻和干裂,顶部应设砂砾料保护层,其厚度应大于冰冻深度或干燥深度且不小于 1.0 m。心墙与坝壳间必须设置反滤层,如图 3-12 所示。心墙与地基、岸坡和其他建筑物连接时,必须有可靠的结合,以防止漏水和产生集中渗流。

(2)塑性斜墙位于坝体上游面,对土料的要求与心墙的相同。顶部水平宽度不小于 3 m。底部厚度不宜小于水头的 1/5。顶部高程高于设计洪水位 0.6～0.8 m 且不低于校核洪水位。

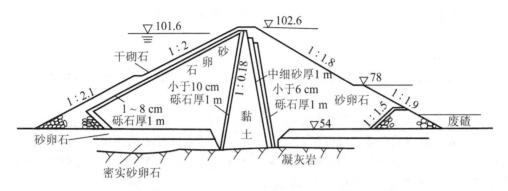

**图 3-12　某水库黏土心墙土石坝(高程以米计,其余单位均以厘米计)**

当顶部设有稳定、坚固、不透水且与斜墙紧密结合的防浪墙时,顶部高程要求与设防浪墙的心墙的相同。

斜墙上游必须设保护层以防冰冻和干裂,包括护坡垫层在内的厚度应不小于该地区的冻结深度或干燥深度。斜墙下游与坝壳之间按反滤层原则设置垫层。斜墙和保护层的坡度取决于稳定计算成果,一般内坡不陡于 1 : 2.0,外坡常在 1 : 2.5 以上,以维持斜墙填筑前的坝体稳定,如图 3-13 所示。

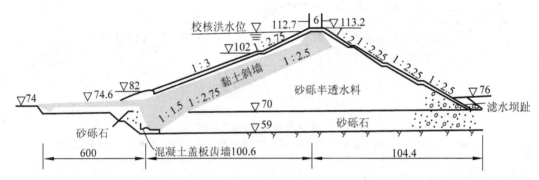

**图 3-13　汤河土坝(高程以米计,其他尺寸单位均以厘米计)**

**2)人工材料防渗体**

**(1)沥青混凝土防渗体。**

沥青具有良好的黏结性,适于做砂卵石级配材料的胶结料。沥青混凝土作为土石坝的防渗体具有较好的抗渗性、耐久性和适应变形的性能,较之普通混凝土等刚性材料具有较大的优越性。沥青混凝土是由一定级配的碎石(或卵石)、砂、石粉和沥青按比例配合,然后加热拌和成均匀的混合物,经摊铺、碾压达到一定的密实度。

沥青混凝土防渗体有两种形式:沥青混凝土心墙和沥青混凝土面板。

① 沥青混凝土心墙。由于沥青混凝土渗透系数很小($10^{-10} \sim 10^{-9}$ cm/s),故断面很薄,一般采用底部厚、顶部窄的变厚心墙。对于中、低坝其底部厚度采用坝高的 1/60～1/40,但不小于 40 cm;顶部厚度可以减小,但不得小于 30 cm。心墙的上下游面铺设过渡层,过渡层用砂砾石或碎石填筑,做成柔性的以调节坝体变形,厚度不要小于 50 cm,以免心墙中的沥青在水压力作用下被挤出。由于心墙位于坝内不受气候影响,不易受机械损伤,故其施工较沥青混凝土

面板的简单,但检查、维修的条件较斜墙的差。图 3-14 所示的是吉林白水堆石坝。

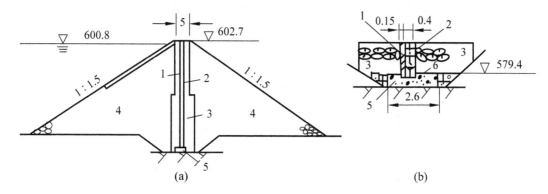

**图 3-14　吉林白水堆石坝(单位:m)**

(a)坝断面;(b)心墙与基础的连接

1—渣油沥青混凝土心墙,顶厚 10 cm;2—渣油砂浆砌块石;3—干砌石;

4—堆石;5—混凝土垫座;6—渣油砂浆

② 沥青混凝土面板。常见的有两种形式:一种是设有排水层的复式断面;另一种是无排水层的简式断面。前者由碎石垫层、整平胶结层、防渗底层、排水层、防渗面层和封闭涂层组成;后者由碎石(或干砌石)垫层、防渗层和封闭涂层组成。垫层一般由碎石或砾石铺成,厚1~3 m。有排水层的面板是在防渗层之下或两层防渗层之间,设置由粗粒级配沥青混凝土铺成的排水层,其厚约 20 cm,分层铺压的每一铺压层厚 3~6 cm。许多工程的运用实践表明,无排水层的面板几乎不渗水,因此近年来倾向不设排水层。

在防渗层的迎水面涂一层沥青胶砂保护层,以缓减沥青混凝土的老化,增强防渗效果,如图 3-15 所示。

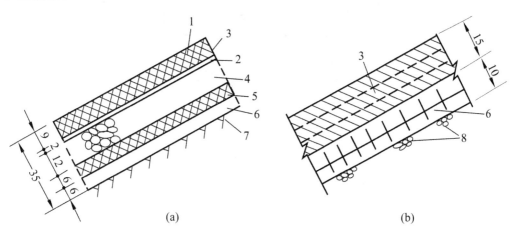

**图 3-15　沥青混凝土面板构造(单位:cm)**

(a)具有中间排水层的(正凯罗坝);(b)无中间排水层的(半城子坝)

1—沥青砂胶;2—沥青砂浆;3—沥青混凝土(分 3 层浇筑);4—排水层;

5—沥青混凝土(分 2 层浇筑);6—整平层;7—砂浆;8—碎石垫层

(2)混凝土和钢筋混凝土防渗体。

图 3-16 所示的是钢筋混凝土斜墙堆石坝剖面图,斜墙铺在碎石或砌石垫层上,垫层将斜

墙承受的水压力均匀传到堆石体上,一定程度上减少了堆石沉陷对斜墙的影响。垫层顶部厚度为 1.5～3.0 m,向下逐渐加厚。石块要求填筑密实,孔隙率不超过 0.30。

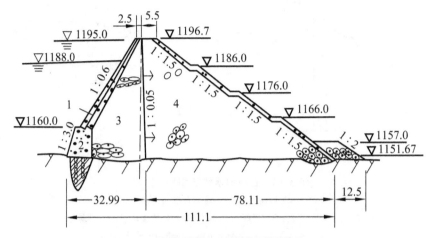

**图 3-16　钢筋混凝土斜墙堆石坝(单位:m)**
1—钢筋混凝土斜墙;2—块石混凝土垫座;3—中间干砌块石;4—下游堆石

① 整体式:钢筋混凝土斜墙直接浇在砌石层面上,只设竖向伸缩缝,不设水平向沉陷降缝,双向钢筋通过施工缝,多在坝体完成后才修建,对沉降适应性差。

② 分块式:将钢筋混凝土斜墙分成 10～20 m 的正方块或长方块,块间的钢筋不连通,缝间设止水。斜墙与岸边连接处设有双条周边缝,以防斜墙因变形而开裂。典型布置如图 3-17 所示。

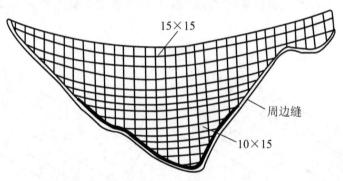

**图 3-17　钢筋混凝土斜墙分缝平面图(单位:m)**

③ 滑动式:在砌石面上浇筑一层厚几厘米的无筋混凝土垫层,在垫层上铺以沥青等涂料,然后再建钢筋混凝土斜墙,这样可使坝壳的沉降对斜墙的影响较小,滑动式斜墙的钢筋穿过接缝。

④ 多层式:由多层钢筋混凝土板组成。板间涂以沥青或夹沥青混凝土板或夹油浸沥青麻片,以减小板间摩阻力并增加斜墙的不透水性。每层板均分成 3～9 m 的正方形。相邻层间的缝应错开以免形成渗流通道,如图 3-18 所示。

⑤ 分层喷混凝土式:它与多层式不同之处是分层间喷混凝土紧密结合成整体。每喷层厚 7 cm,共 5～10 层。每层间均设有直径为 8 mm、间距为 15 cm 的钢筋网。它较钢筋混凝土斜墙更接近均质弹性体材料,因而具有较高的抗弯强度,如图 3-19 所示。

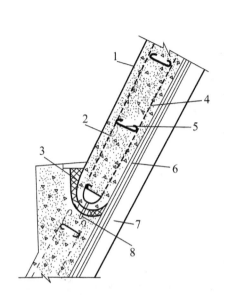

图 3-18  多层式钢筋混凝土面板构造图
1—干砌石;2—基岩;3—止水填料;4—顺坡主筋(一律焊接);
5—架立筋(按梅花形排列);6—沥青、麻片、沥青、麻片、沥青;
7—素混凝土;8—止水铜片

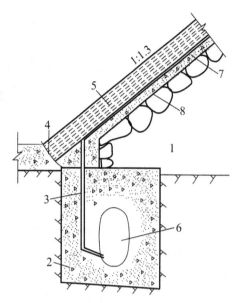

图 3-19  雷姆司坝的分层喷混凝土面板构造图
1—喷涂环氧树脂和沥青;2—水平向钢筋;3—排水管;
4—周边缝;5—底部 10 层、顶部 5 层的喷混凝土斜墙,
钢筋 $\phi 8$ mm,间距 15 cm,周边处间距 12 cm;
6—检查廊道;7—无砂透水混凝土,厚 20 cm;
8—氯丁乙烯橡胶布

钢筋混凝土斜墙厚度必须满足抗渗、抗裂要求,顶部厚度不小于 0.30 m。混凝土标号不低于 C20、S8、D150,配筋率按构造要求不低于 0.4%。为防止面板开裂,一般需设置垂直坝轴线的沉降缝和与地基连接的周边缝,缝内设有可靠的柔性止水结构。考虑到坝面的不均匀沉降,在平行坝轴线方向也需设置水平沉降缝。

### 4. 排水设施

由于在土石坝中渗流是不可避免的,故土石坝应设置坝体排水,用以降低浸润线,改变渗流方向,防止渗流逸出处产生渗透变形,保护坝坡土不产生冻胀破坏。坝体排水必须满足以下要求:能自由地向坝外排出全部渗水;应按反滤要求设计;便于观测和检修。坝体排水设备形式与下列因素有关:坝型、坝体填土和坝基土性质,以及坝基的工程地质和水文地质条件;下游水位及泥沙淤积影响;施工情况及排水设备的材料;筑坝地区的气候条件等。

常用的坝体排水有以下几种形式。

**1) 贴坡排水**

贴坡排水是紧贴下游坝坡的表面设置,它由 1~2 层堆石或砌石筑成,在石块与坝坡之间设置反滤层,可以防止坝坡土发生渗透破坏,保护坝坡免受下游波浪淘刷,如图 3-20 所示。

贴坡排水顶部应高于坝体浸润线的逸出点,并保证坝体浸润线位于冻结深度以下,对 1、2 级坝不小于 2.0 m,3 级、4 级和 5 级坝不小于 1.5 m,当下游有水时还应满足波浪爬高的要求。底部应设排水沟和排水体,其深度要满足结冰后仍有足够的排水断面,材料应满足防浪护坡的要求。贴坡排水构造简单,节省材料,对坝体施工干扰较小,便于维修,但不能降低浸润线。贴坡排水多用于浸润线很低和下游无水的情况,土质防渗体分区坝常用这种排水体。

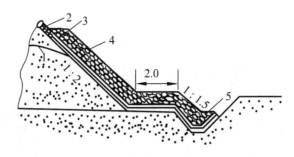

**图 3-20　贴坡排水(单位:m)**

1—浸润线;2—护坡;3—反滤层;4—排水;5—排水沟

**2)棱体排水**

在下游坝脚处用块石堆成排水棱体,顶部高程应超出下游最高水位,超出高度应大于波浪沿坡面的爬高。超过的高度,1级、2级坝应不小于1.0 m,3级、4级和5级坝应不小于0.5 m,波浪沿坡面的爬高;顶部高程应使坝体浸润线距坝面的距离大于该地区的冻结深度;顶部宽度应根据施工条件及检查观测需要确定,但不宜小于1.0 m;应避免在棱体上游坡脚处出现锐角。排水棱体内坡一般为1:1.25~1:1.5,外坡为1:1.5~1:2.0或更缓。

棱体排水可以降低坝体浸润线,防止坝坡土的渗透破坏和冻胀,在下游有水条件下可保护下游坝脚不受波浪淘刷,且有支撑坝体的作用,可以增加坝坡的稳定性,是效果较好的一种排水形式,如图3-21所示。但棱体排水石料用量较大,费用较高,对坝体施工有干扰,检修也较困难,多用于河床部分的下游坝脚处。

**3)褥垫排水**

褥垫排水是伸展到坝体内的一种排水设施,在坝基面上平铺一层厚0.4~0.5 m的排水褥垫,并用反滤层包裹。排水层的厚度应根据排水量计算确定,并应满足反滤层最小厚度的要求。当下游水位低于排水设施时,降低浸润线的效果显著,还有助于坝基排水固结。坝内水平排水伸进坝体的极限尺寸,对于黏性土均质坝为坝底宽的1/2,对于砂性土均质坝为坝底宽的1/3;对于土质防渗体分区坝,宜与防渗体下游的反滤层相连接,如图3-22所示。

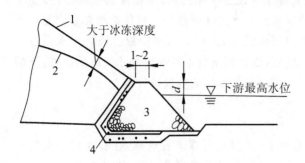

**图 3-21　棱体排水(单位:m)**

1—坝坡;2—浸润线;3—反滤层;4—堆石棱体

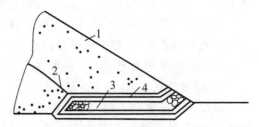

**图 3-22　褥垫排水**

1—浸润线;2—坝坡;3—褥垫排水;4—反滤层

褥垫排水可以降低坝体浸润线,防止土体的渗透破坏和坝坡土的冻胀,增加坝基的渗透稳定,造价也较低,在下游无水时是一种较好的排水设施。其缺点是,当坝基产生不均匀沉陷时,褥垫排水层易断裂,而且检修困难,施工时有干扰,不易检修。

**4）综合排水**

为发挥各种排水形式的优点，在实际工程中经常可以根据具体情况采用几种排水形式组合在一起的综合排水。例如，若下游高水位持续时间不长，为节省石料可考虑在下游正常水位以上采用贴坡排水，以下采用棱体排水。还可用褥垫排水与棱体排水组合，贴坡、棱体与褥垫排水等综合排水，如图 3-23 所示。

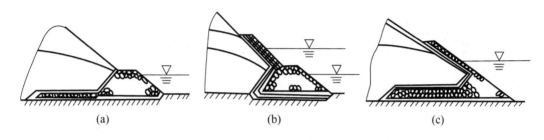

(a)　　　　　　　　　(b)　　　　　　　　　(c)

**图 3-23　综合排水**

(a)褥垫＋棱体；(b)贴坡＋棱体；(c)贴坡＋褥垫＋棱体

# 任务 4　土石坝的稳定与渗流分析

## 模块 1　土石坝的稳定分析

### 1. 滑裂面的形式

稳定分析是确定坝体设计剖面经济安全的主要依据。由于土石坝体积大、坝体重，不可能产生水平滑动，其失稳形式主要是坝坡滑动或坝坡与坝基一起滑动。

土石坝稳定计算的目的是保证土石坝在自重、孔隙压力、外荷载的作用下，具有足够的稳定性，不致发生通过坝体或坝基的整体或局部剪切破坏。

坝坡稳定计算时，应先确定滑动面的形状，土石坝滑坡的形式与坝体结构、土料和地基的性质以及坝的工作条件等密切相关。图 3-24 所示的是各种可能的滑裂面形式。

**1）圆弧滑裂面**

当滑裂面通过黏性土部位时，其形状常是近似上陡下缓的曲面，实际计算时用圆弧表示，如图 3-24(a)、(b)所示。

**2）直线或折线滑裂面**

当滑裂面通过无黏性土部位时，滑裂面的形状可能是直线或折线形。当坝坡干燥或全部浸入水中时呈直线形；当坝坡部分浸入水中时呈折线形，如图 3-24(c)所示。斜墙坝的上游坡失稳时，通常是沿着斜墙与坝体交界面滑动，如图 3-24(d)所示。

**3）复合滑裂面**

当滑裂面通过性质不同的几种土料时，滑裂面的形状可能是由直线和曲线组成的复合形状，如图 3-24(e)、(f)所示。

### 2. 稳定计算情况和安全系数的采用

**1）稳定计算情况**

（1）正常运用情况。

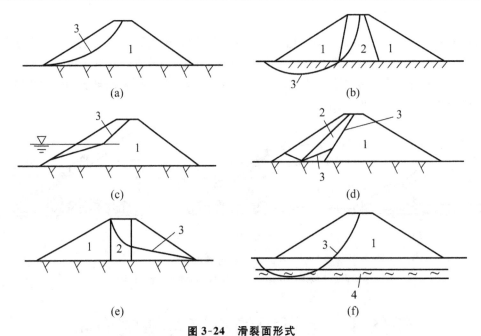

**图 3-24  滑裂面形式**

(a)、(b)圆弧滑裂面;(c)、(d)直线或折线滑裂面;(e)、(f)复合滑裂面

1—坝壳;2—防渗体;3—滑裂面;4—软弱层

上游为正常蓄水位,下游为最低水位,或上游为设计洪水位,下游为相应最高水位,坝内形成稳定渗流时,上下游坝坡稳定验算。

水库水位处于正常和设计水位之间范围内的正常性降落,上游坝坡稳定验算。

(2)非常运用情况 I。

施工期,考虑孔隙压力时的上下游坝坡稳定验算。

水库水位非常降落,如自校核洪水降落至死水位以下,以及大流量快速泄空等情况下的上游坝坡稳定验算。

校核洪水位下有可能形成稳定渗流时的下游坝坡稳定验算。

(3)非常运用情况 II。

正常运用情况遇到地震时上下游坝坡稳定验算。

**2)安全系数的采用**

当采用计入条块间作用力计算方法时,坝坡的抗滑稳定安全系数应不小于表 3-8 所规定的数值。当采用不计入条块间作用力并采用瑞典圆弧法计算坝坡稳定时,对 1 级坝,正常应用情况下最小稳定安全系数应不小于 1.30,其他情况应比表 3-8 中的规定降低 8%。

**表 3-8  容许最小抗滑稳定安全系数**

| 运 用 条 件 | 工 程 等 级 | | | |
|---|---|---|---|---|
| | 1 | 2 | 3 | 4、5 |
| 正常运用 | 1.50 | 1.35 | 1.30 | 1.25 |
| 非常运用 I | 1.30 | 1.25 | 1.20 | 1.15 |
| 非常运用 II | 1.20 | 1.15 | 1.15 | 1.10 |

## 3. 坝坡稳定分析方法

### 1) 圆弧滑动面稳定计算

（1）瑞典圆弧法，如图 3-25 所示。

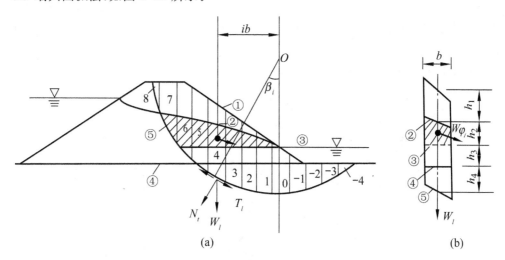

**图 3-25　瑞典圆弧法计算简图**
①—坝坡线；②—浸润线；③—下游水面；④—地基面；⑤—滑裂面

瑞典圆弧法是不计入条块间作用力的计算方法，计算简单，并已积累了丰富的经验，但理论上有缺陷，且当孔隙压力较大和地基软弱时误差较大。其基本原理是将滑动土体分为若干铅直土条，不考虑条块间的作用力，求出各土条对滑动圆心的抗滑力矩和滑动力矩，并求其总和，根据公式

$$K = \frac{\sum M_r}{\sum M_s} = \frac{抗滑力矩总和}{滑动力矩总和} \tag{3-5}$$

即求得稳定安全系数。

计算步骤如下。

① 确定圆心、半径，绘制滑弧。

② 将土体分条编号。为便于计算土条宽，取 $b = 0.1R$（圆弧半径），圆心以下的为 0 号土条：向上游依次编号为 $1,2,3,\cdots$，向下游依次编号为 $-1,-2,-3,\cdots$，如图 3-25 所示。

③ 计算土条重量。计算抗滑力时，浸润线以上部分用湿容重，浸润线以下部分用浮容重；计算滑动力时，下游水面以上部分用湿容重，下游水面以下部分用饱和容重。

④ 计算安全系数。计算公式为

$$K = \frac{\sum \{[(W_i \pm V)\cos\beta_i - ub\sec\beta_i - Q\sin\beta_i]\tan\varphi_i' + C_i'b\sec\beta_i\}}{\sum[(W_i \pm V)\sin\beta_i + M_C/R]} \tag{3-6}$$

式中：$W_i$——土条重量；

$Q$、$V$——分别为水平和垂直地震惯性力（向上为负，向下为正）；

$u$——作用于土条底面的孔隙压力；

$\beta_i$——条块重力线与通过此条块底面中点的半径之间的夹角；

$b$——土条宽度；

$C'_i$、$\varphi'_i$——土条底面的有效应力抗剪强度指标；

$M_C$——水平地震惯性力对圆心的力矩；

$R$——圆弧半径。

用总应力法分析坝体稳定时，略去公式含孔隙压力 $u$ 的项，并将 $C'_i$、$\varphi'_i$ 换成总应力强度指标。

(2) 简化的毕肖普法，如图 3-26 所示。

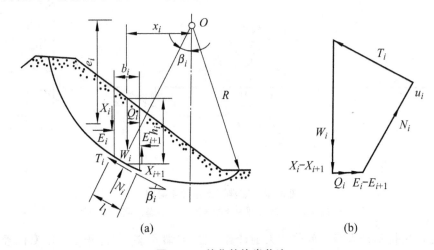

图 3-26  简化的毕肖普法

简化的毕肖普法或其他计入条块间作用力的方法，由于计入条块间作用力，故能反映土体滑动土条之间的客观状况，但计算比瑞典圆弧法复杂。计算机的广泛应用使得计入条块间作用力方法的计算变得比较简单，容易实现，并在近十几年已积累了很多经验。

计算公式为

$$K = \frac{\sum\{[(W_i \pm V)\sec\beta_i - ub\sec\beta_i]\tan\varphi'_i + C'_ib\sec\beta_i\}[1/(1 + \tan\beta_i\tan\varphi'_i/K)]}{\sum[(W_i \pm V)\sin\beta_i + M_C/R]} \quad (3\text{-}7)$$

式中符号意义同式(3-6)。

**2) 非圆弧滑动稳定计算**

非黏性土坝坡，如心墙的上、下游坡和斜墙坝的下游坝坡，以及斜墙坝的上游保护层和保护层连同斜墙一起滑动时，常形成折线滑动面。

折线法常采用两种假定：滑楔间作用力为水平时，采用与瑞典圆弧法相同的安全系数；滑楔间作用力平行滑动面，采用与毕肖普法相同的安全系数。

(1) 非黏性土坝坡部分浸水的稳定计算，如图 3-27 所示。

图 3-27 中，$ADC$ 为一滑裂面，折点 $D$ 在上游水位处；用铅直线 $DE$ 将滑动土体分为两块，其重量分别为 $W_1$、$W_2$；假设条块间的作用力为 $P_1$，方向与 $DC$ 平行；两块土体底面的抗剪强度指标分为 $\tan\varphi_1$、$\tan\varphi_2$。

土块 $BCDE$ 沿 $CD$ 滑动面的力平衡式为

$$P_1 - W_1\sin\alpha_1 + \frac{1}{K}W_1\cos\alpha_1\tan\varphi_1 = 0 \quad (3\text{-}8)$$

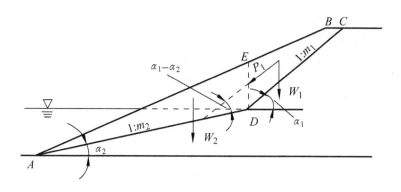

**图 3-27 非黏性土坝坡部分浸水的稳定计算**

土块 $ADE$ 沿 $AD$ 滑动面的力平衡式为

$$\frac{1}{K}[W_2\cos\alpha_2+P_1\sin(\alpha_1-\alpha_2)]\tan\varphi_2-W_2\sin\alpha_2-P_1\cos(\alpha_1-\alpha_2) \tag{3-9}$$

将以上两式联解求得安全系数 $K$。

坝坡的最危险滑动面的安全系数:先假定在 $\alpha_1$ 和上游水位不确定的情况下,一般至少假设 3 个 $\alpha_2$ 才能求出最危险的 $\alpha_2$,同理求最危险的水位和 $\alpha_1$。最危险的水位和 $\alpha_1$、$\alpha_2$ 对应的滑动面的安全系数即为最小稳定安全系数。

(2)斜墙坝坝坡的稳定计算。

斜墙上游坝坡的稳定计算,包括保护层沿斜墙和保护层连同斜墙沿坝体滑动两种情况。因为斜墙同保护层和斜墙同坝体的接触面是两种不同的土料填筑的,接触面处往往强度低,有可能斜墙和保护层共同沿斜墙底面折线滑动,如图 3-28 所示,对厚斜墙还应计算圆弧滑动稳定。

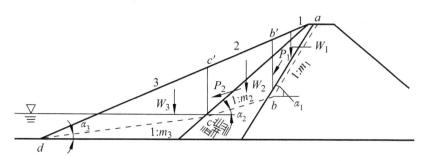

**图 3-28 斜墙同保护层一起滑动的稳定计算**

设试算滑动面 $abcd$,将土体分成三块。土体重量分别为 $W_1$、$W_2$、$W_3$,滑面折线与水平面的夹角分别为 $\alpha_1$、$\alpha_2$、$\alpha_3$,$P_1$、$P_2$ 分别假定沿着 $\alpha_1$、$\alpha_2$ 的方向,分别对三块土体沿滑动面方向建立力平衡方程,即

$$P_1-W_1\sin\alpha_1+\frac{1}{K}W_1\cos\alpha_1\tan\varphi_1=0 \tag{3-10}$$

$$P_2-P_1\cos(\alpha_1-\alpha_2)-W_2\sin\alpha_2+\frac{1}{K}\{[W_2\cos\alpha_2+P_1\sin(\alpha_1-\alpha_2)]\tan\varphi_2+C_2l_2\}=0 \tag{3-11}$$

$$P_2\cos(\alpha_2-\alpha_3)-W_3\sin\alpha_3-\frac{1}{K}[W_3\cos\alpha_3+P_2\sin(\alpha_2-\alpha_3)]\tan\varphi_3=0 \tag{3-12}$$

求最危险滑动面方法原理同上。

### 3）复合滑动面稳定计算

当滑动面通过不同土料时，常有直线和圆弧组合的形式。如图 3-29 所示，一厚心墙坝的滑动面，通过砂性土部分为直线，通过黏性土部分为圆弧。当坝基下不深处存在软弱夹层时，滑动面也可能通过软弱夹层形成复合滑动面。

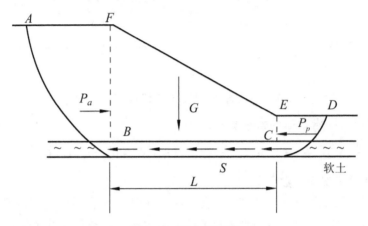

**图 3-29　复合滑动面**

计算时，可将滑动土体分为 3 个区，在左侧有主动土压力 $P_a$，右侧有被动土压力 $P_p$，并假定它们的方向均水平，中间土体的重量为 $G$，同时在 $BC$ 面上有抗滑力 $S=G\tan\varphi+CL$，则安全系数为

$$K=\frac{P_p+S}{P_a} \tag{3-13}$$

经过多次试算，才能求出沿这种滑动面的最小稳定安全系数。

### 4. 最危险滑裂面确定

任意选定的滑动圆弧，所求得的稳定安全系数一般不是最小的。为了求得最小稳定安全系数，需要经过多次试算，常用方捷耶夫法和费兰纽斯法这两种方法确定。

## 模块 2　土石坝的渗流分析

### 1. 渗流分析内容

（1）确定坝体浸润线及其下游出逸点的位置，绘制坝体及坝基内的等势线分布图或流网图。

（2）确定坝体与坝基的渗流量。

（3）确定坝坡出逸段与下游坝基表面的出逸比降，以及不同土层之间的渗透比降。

（4）确定库水位降落时上游坝坡内的浸润线位置或孔隙压力。

（5）确定坝肩的等势线、渗流量和渗透比降。

### 2. 渗流分析方法

土石坝渗流分析通常是把一个实际比较复杂的空间问题近似转化为平面问题。土石坝的渗流分析方法主要有解析法、手绘流网法、实验法和数值法四种。

解析法分为流体力学法和水力学法。流体力学法理论严谨，只能解决某些边界条件较为简单的情况;水力学法计算简单,精度可满足工程要求,并在工程实践中得到了广泛的验证。这里主要介绍水力学法。

手绘流网法是一种图解流网,绘制方便,当坝体和坝基中的流场不十分复杂时,其精度能满足工程要求,但在渗流场内具有不同土质,且其渗透系数差别较大的情况下较难应用。

遇到复杂地基或多种土质坝,可用电模拟实验法,它能解决三维问题,但需一定的设备。近年来由于计算机和有限元等数值分析法的发展,数值法在土石坝渗流分析中得到了广泛的应用,对 1 级、2 级坝及高坝,规范提出用数值法求解。

### 3. 渗流分析的计算情况

(1)上游正常蓄水位与下游相应的最低水位。

(2)上游设计洪水位与下游相应的水位。

(3)上游校核洪水位与下游相应的水位。

(4)库水位降落时上游坝坡稳定最不利的情况。

### 4. 渗流分析的水力学法

**1)基本假定**

(1)坝体土是均质的,坝内各点在各个方向的渗透系数相同。

(2)渗流是层流,符合达西定律,$v=KJ$。

(3)渗流是渐变流,过水断面上各点的坡降和流速是相等的。

**2)渗流基本公式**

如图 3-30 所示,矩形土体内的渗流满足上述假定,建立坐标轴 $xOy$。

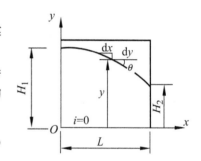

应用达西定律,并假定任一铅直过水断面内各点的渗透坡降相等,对不透水地基上的矩形土体,流过断面的平均流速为

$$v=-K\frac{\mathrm{d}y}{\mathrm{d}x}=-KJ \tag{3-14}$$

单宽流量为

$$q=vy=-Ky\frac{\mathrm{d}y}{\mathrm{d}x} \tag{3-15}$$

**图 3-30　渗流计算简图**

自上游向下游积分,得

$$q=\frac{K}{2L}(H_1^2-H_2^2) \tag{3-16}$$

自上游向区域中某点 $(x,y)$ 积分,得浸润线方程为

$$y=\sqrt{H_1^2-\frac{2q}{K}x} \tag{3-17}$$

### 5. 不透水地基上渗流计算

**1)均质坝**

(1)下游有水而无排水设备或设有贴坡排水的情况。

过 $B'$ 点作铅垂线将坝体分为两部分;用虚拟矩形 $AEOF$ 代替三角形 $AMF$,如图 3-31 所示。

$$\Delta L = \frac{m_1 H_1}{2m_1 + 1} \tag{3-18}$$

① 上游坝体段计算。

按式(3-16),通过上游段的渗流量为

$$q_1 = K \frac{H_1^2 - (H_2 + a_0)^2}{2L'} \tag{3-19}$$

式中:$a_0$——浸润线出逸点在下游水面以上的高度;

　　$K$——坝身土料渗透系数;

　　$H_1$——上游水深;

　　$H_2$——下游水深;

　　$L'$——浸润线起始点到溢出点的距离。

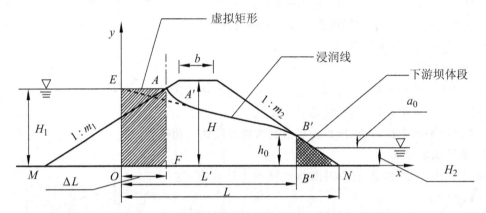

图 3-31　不透水地基上均质土坝的渗流计算图

② 下游段坝体段计算,如图 3-32 所示。

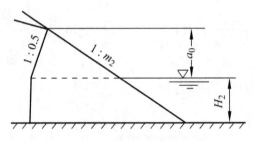

图 3-32　下游楔形体渗流计算图

下游水位以上部分单宽渗流量为

$$q_2' = K \frac{a_0}{m_2 + 0.5} \tag{3-20}$$

下游水位以下部分单宽渗流量为

$$q_2'' = K \frac{a_0}{(m_2 + 0.5)a_0 + \dfrac{m_2 H_2}{1 + 2m_2}} \tag{3-21}$$

通过下游坝体总单宽流量为

$$q_2 = q_2' + q_2'' = K \frac{a_0}{m_2 + 0.5} \left( 1 + \frac{H_2}{a_0 + a_m H_2} \right) \tag{3-22}$$

$$a_m = \frac{m_2}{2(m_2 + 0.5)^2} \tag{3-23}$$

根据水流连续性条件

$$q_1 = q_2 = q \tag{3-24}$$

可求 $q$ 及 $a_0$；由式(3-24)可确定浸润线。上游坝面附近的浸润线需做适当的修正：自 $A$ 点作与坝坡 $AM$ 正交的平滑曲线，曲线下端与计算求得的浸润线相切于 $A'$ 点。

当下游无水时，以上各式中的 $H_2 = 0$。

下游有贴坡排水时，因贴坡排水基本上不影响坝体浸润线的位置，所以计算方法与下游不设排水时的相同。

（2）下游有褥垫排水，如图 3-33 所示。

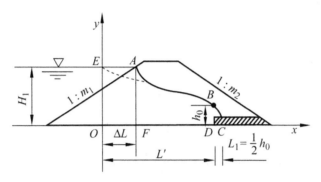

**图 3-33　有褥垫排水时渗流计算图**

浸润线为抛物线，其方程为

$$L' = \frac{y^2 - h_0^2}{2h_0} + x \tag{3-25}$$

其中，
$$h_0 = \sqrt{L'^2 + H_1^2} - L' \tag{3-26}$$

通过坝身的单宽渗流量为

$$q = \frac{K(H_1^2 - h_0^2)}{2L'} \tag{3-27}$$

（3）下游有棱体排水，如图 3-34 所示。

① 下游无水情况，按上述褥垫排水情况计算。

② 下游有水情况，如图 3-34 所示，将下游水面以上部分按照褥垫排水下游无水情况处理，即

$$h_0 = \sqrt{L'^2 + (H_1 - H_2)^2} - L' \tag{3-28}$$

单宽渗流量为

$$q = \frac{K}{2L'} [H_1^2 - (H_0 + h_0)^2] \tag{3-29}$$

**2）心墙坝**

一般心墙土料的渗透系数很小，为坝壳的 1/104，甚至更小。因此，当进行计算时，可不考虑上游坝壳降落水头的作用。下游坝壳的浸润线也比较平缓，水头损失主要在心墙部位，当下

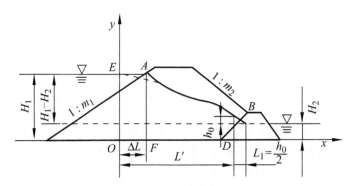

**图 3-34　有棱体排水时渗流计算图**

游有排水设备时,如图 3-35 所示,可近似认为浸润线的逸出点为下游水位与堆石内坡的交点,将心墙壁简化成厚度为 $\delta$ 的等厚矩形,则

$$\delta = \frac{1}{2}(\delta_1 + \delta_2) \tag{3-30}$$

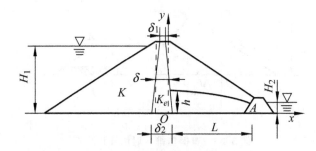

**图 3-35　心墙坝渗流计算图**

通过心墙的单宽流量为

$$q_1 = \frac{K_e(H_1^2 - h^2)}{2\delta} \tag{3-31}$$

通过下游坝壳的单宽流量为

$$q_2 = \frac{K(h^2 - H_2^2)}{2L} \tag{3-32}$$

由 $q = q_1 = q_2$ 得心墙后浸润线高度 $h$ 和渗流量 $q$。下游坝壳浸润线仍用式(3-31),只需将公式中的 $H_1$ 换成 $h$。

**3)斜墙坝**

斜墙坝如图 3-36 所示。

将斜墙壁简化成厚度为 $\delta$ 的等厚斜墙,则

$$\delta = \frac{1}{2}(\delta_1 + \delta_2) \tag{3-33}$$

通过斜墙的单宽流量为

$$q_1 = \frac{K_e(H_1^2 - h^2)}{2\delta \sin\theta} \tag{3-34}$$

斜墙后坝壳的单宽流量为

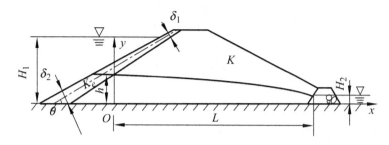

**图 3-36　斜墙坝渗流计算图**

$$q_2 = \frac{K(h^2 - H_2^2)}{2L} \tag{3-35}$$

由 $q = q_1 = q_2$ 得斜墙后浸润线高度 $h$ 和渗流量 $q$。下游坝壳浸润线仍用式(3-34)，只需将公式中的 $H_1$ 换成 $h$。

### 6. 有限深透水地基上渗流计算

**1）均质坝**

均质坝如图 3-37 所示。

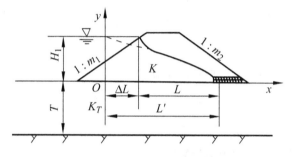

**图 3-37　透水地基渗流计算图**

（1）坝体浸润线可不考虑坝基渗透的影响，仍用地基不透水情况下算出的结果。

（2）坝体与坝基渗透系数相近，则

① 假定坝基不透水，计算坝体渗流量；

② 假定坝体不透水，计算坝基渗流量；

③ 前两者相加，可近似得到坝体坝基渗流量。

（3）当坝体渗透系数是坝基的百分之一时，认为坝体不透水，反之相同。

考虑坝基透水的影响，上游面的等效矩形宽度应按下式计算，即

$$\Delta L = \frac{\beta_1 \beta_2 + \beta_3 \dfrac{K_T}{K}}{\beta_1 + \dfrac{K_T}{K}} \tag{3-36}$$

式中：$\beta_1, \beta_2, \beta_3$——$\beta_1 = \dfrac{2m_1 H_1}{T} + \dfrac{0.44}{m_1} + 0.12$，　　$\beta_2 = \dfrac{m_1 H_1}{1 + 2m_1}$，　　$\beta_3 = m_1 H_1 + 0.44T$；

　　　　$T$——透水地基厚度；

　　　　$K_T$——不透水地基的渗透系数。

下游无水时，通过坝体和坝基的单宽渗流量为

$$q = q_1 + q_2 = K \frac{H_1^2}{2L'} + K_T \frac{TH_1}{L' + 0.44T} \tag{3-37}$$

下游有水时,通过坝体和坝基的单宽渗流量为

$$q = K \frac{H_1^2 - H_2^2}{2L'} + K_T \frac{H_1 - H_2}{L' + 0.44T} T \tag{3-38}$$

**2)心墙坝**

心墙坝如图 3-38 所示。

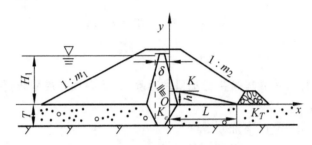

**图 3-38  透水地基黏土心墙坝渗流计算**

(1) 一般 $K_e$ 比 $K$ 小很多,近似认为上游坝壳中无水头损失。

(2) 通过心墙、截水墙段的单宽渗流量为

$$q_1 = K_e \frac{(H_1 + T)^2 - (h + T)^2}{2\delta} \tag{3-39}$$

(3) 通过下游坝壳和坝基段的单宽渗流量为

$$q_2 = K \frac{h^2}{2L} + K_T T \frac{h}{L + 0.44T} \tag{3-40}$$

(4) 由 $q_1 = q_2 = q$,得 $h$ 和 $q$。

(5) 浸润线近似按式(3-39)近似计算,即

$$y = \sqrt{h^2 - \frac{h^2}{L} x} \tag{3-41}$$

**3)斜墙坝**

有限深透水地基上的斜墙土坝,一般同时设有截水墙或铺盖。前者用于地基透水层较薄时截断透水地基渗流;后者用于透水地基较厚时延长渗径,减小渗透坡降,防止渗透变形。

(1) 有截水墙的情况,如图 3-39 所示,与心墙情况类似。

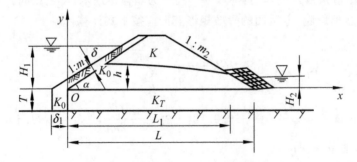

**图 3-39  斜墙+截水墙渗流计算图**

① 通过斜墙、截水墙段的单宽渗流量为

$$q_1 = \frac{K_0(H_1^2 - h^2)}{2\delta\sin\alpha} + \frac{K_0(H_1 - h)}{\delta_1}T \tag{3-42}$$

② 通过下游坝壳和坝基段的单宽渗流量为

$$q_2 = K\frac{(h^2 - H_2^2)}{2(L - m_2 H_2)} + K_T T\frac{(h - H_2)}{L + 0.44T} \tag{3-43}$$

③ 由 $q_1 = q_2 = q$，得 $h$ 和 $q$。

④ 斜墙后坝体浸润线方程为

$$y = \sqrt{\frac{L_1}{L_1 - m_1 h}h^2 - \frac{h^2}{L_1 - m_1 h}x} \tag{3-44}$$

（2）有铺盖的情况，如图 3-40 所示，近似认为铺盖与斜墙是不透水的，并以铺盖末端为分界线，将渗流区分为两段进行计算。

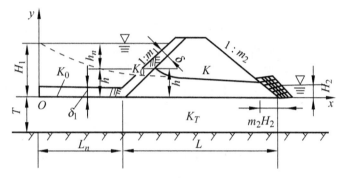

**图 3-40　斜墙＋铺盖渗流计算图**

① 通过铺盖下坝基段的单宽渗流量为

$$q_1 = K_T\frac{H_1 - h}{L_n + 0.44T}T \tag{3-45}$$

② 通过下游坝壳和坝基段的单宽渗流量仍用式（3-43）计算。

③ 由 $q_1 = q_2 = q$，得 $h$ 和 $q$。

**7. 总渗流量计算**

总渗流量计算如图 3-41 所示。

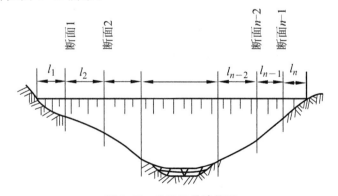

**图 3-41　总渗流量计算图**

计算总渗流量时,应根据地形、地质、防渗排水的变化情况,将土石坝沿坝轴线分为若干段,然后分别计算选取断面的单宽渗流量,再按式(3-46)计算总渗流量,即

$$Q=\frac{1}{2}[q_1 l_1+(q_1+q_2)l_2+\cdots+(q_{n-2}+q_{n-1})l_{n-1}+q_{n-1}l_n] \tag{3-46}$$

式中:$l_1,l_2,\cdots,l_n$——各段坝长;

$q_1,q_2,\cdots,q_{n-1}$——断面1、断面2、……、断面$n-1$处的单宽渗流量。

## 模块3 土石坝的渗透变形及其防止措施

### 1. 渗透变形分类与特点

渗流对土体的作用:从宏观上看,影响坝的应力和变形;从微观上看,使土体颗粒失去原有的平衡,而产生渗透变形。渗透变形是土体在渗透水流作用下的破坏变形,它与土料性质、土粒级配、水流条件以及防渗排水设施有关,一般有以下几种形式。

**1)管涌**

管涌是指坝体和坝基土体中部分细颗粒被渗流水带走的现象。细颗粒被带走后,孔隙扩大,管涌还将进一步发展。一般将管涌区分为内部管涌和外部管涌两种情况,前者颗粒移动只发生于坝体内部,后者颗粒可被带出坝体之外。管涌只发生于无黏性土中,其产生条件为:内因是非黏性土颗粒不均匀,间断级配;外因是渗透流速达到一定值。管涌类型有机械管涌和化学管涌等。

**2)流土**

流土是指在渗流作用下,黏性土及均匀无黏性土体被浮动的现象。其产生条件是渗透动水压力大于土体保持稳定的力。流土发生在黏性土及均匀非黏性土中,其发生部位常见于渗流从坝下游逸出处。

**3)接触冲刷**

在细颗粒土和粗颗粒土的交接面上(包括建筑物与地基的接触面),渗流方向与交接面平行,细颗粒土被渗流水带走而发生破坏。一般发生于非黏性土中。

**4)接触流失**

接触流失是渗流垂直于渗透系数相差较大的两相邻土层流动时,将渗透系数较小的土层的细颗粒带入渗透系数较大的土层现象,一般发生于黏土心墙与坝壳之间、坝体与坝基或坝体与坝体排水之间。

### 2. 非黏性土管涌与流土的判别

试验研究表明,土壤中的细颗粒含量是影响土体渗透性能和渗透变形的主要因素。

南京水利科学研究院(以下简称南科院)进行大量研究,结论是粒径在2 mm以下的细颗粒含量$P>35\%$时,孔隙填充饱满,易产生流土;$P<20\%$时,孔隙填充不足,易产生管涌;$25\%<P<35\%$时,可能产生管涌或流土。南科院还提出产生管涌或流土的细颗粒临界含量与孔隙关系为

$$P_z=\alpha\frac{\sqrt{n}}{1+\sqrt{n}} \tag{3-47}$$

式中:$P_z$——粒径等于或小于2 mm的细颗粒临界含量;

$\alpha$——修正系数,取$0.95\sim1.0$;

$n$——土壤孔隙率,%。

当土体细颗粒含量大于 $P_z$ 时,可能产生流土;当土体细颗粒含量不大于 $P_z$ 时,可能产生管涌。

### 3. 渗透变形的临界坡降与允许坡降

#### 1)产生管涌的临界坡降 $J_c$ 和允许坡降

当渗流自下而上,根据土粒在渗流作用下的平衡条件,在非黏性土中产生管涌的临界坡降 $J_c$ 可按式(3-48)计算(南科院经验公式),适用于中小型工程及初步设计。

$$J_c = \frac{42d_3}{\sqrt{\dfrac{k}{n^3}}} \tag{3-48}$$

式中:$d_3$——相应于粒径曲线上含量为3%的粒径,cm;

$K$——渗透系数,cm/s;

$n$——土壤孔隙率,%。

对于大中型工程,应进行管涌试验,求出实际产生管涌的临界坡降。

允许坡降计算式为

$$[J] = \frac{J_c}{K} \tag{3-49}$$

式中:$K$——安全系数,一般为2~3。

#### 2)产生流土的临界坡降 $J_B$ 和允许坡降

当渗流自下而上,根据由极限平衡条件得到的太沙基公式计算,即

$$J_B = (G-1)(1-n) \tag{3-50}$$

式中:$G$——土粒比重;

$n$——土的孔隙率。

$J_B$——一般在0.8至1.2之间变化。

南科院建议把式(3-50)乘以1.17。允许渗透坡降 $[J_B]$ 也要采用一定的安全系数,对于黏性土,可用1.5;对于非黏性土,可用2.0~2.5。

### 4. 防止渗透变形的工程措施

为防止渗透变形,常采用的工程措施有:全面截阻渗流,延长渗径;设置排水设施;设置反滤层;设排渗减压井。

反滤层作用是滤土排水,它是提高抗渗破坏能力、防止各类渗透变形,特别是防止管涌的有效措施。在任何渗流流入排水设施处都要设置反滤层。

砂石反滤层结构如图3-42所示。

砂石反滤层设计原则:被保护土壤的颗粒不得穿过反滤层;相邻两层反滤层间,颗粒小的不得穿过较粗的孔隙;各层内土壤不得发生相对移动;反滤层不得被堵塞;应保持耐久、稳定。

砂石反滤层材料:质地坚硬,抗水性和抗风化能满足工程条件要求;具有要求的级配;具有要求的透水性;粒径小于0.075 mm的粒径含量应不超过5%。

土工织物已广泛应用于坝体排水反滤以及作为坝体和渠道的防渗材料。在土坝坝体底部或在靠下游边坡的坝体内部沿水平方向铺设土工织物,可提高土体抗剪强度,增加边坡稳定性,详见《土工合成材料应用技术规范》。

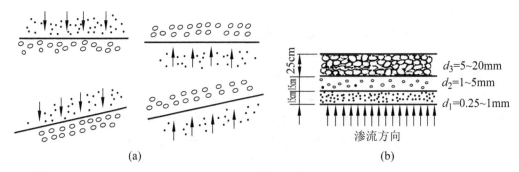

图 3-42  反滤层布置图

# 任务 5  土石坝的地基处理

土石坝对地基的适应能力比较强,要求比混凝土坝的低,一般地质条件比较差的情况下,采用土石坝这种坝型比较多,可不必挖除地表透水土壤和砂砾石等。通常遇到的地基有砂卵石地基、细砂与淤泥地基、软黏土和黄土地基。地基性质对土石坝的构造和尺寸仍有很大的影响。据资料统计,土石坝约有 40% 的失事是由地基问题所引起,可见地基处理的重要性。土石坝地基处理的任务是:

(1)控制渗流,使地基及坝身不产生渗透变形,把渗流量控制在允许的范围内;

(2)保证地基稳定,不发生滑动,不产生过大的有害变形;

(3)控制沉降与不均匀沉降,以限制坝体裂缝的发生。

## 1. 砂卵石地基处理

砂卵石地基处理的主要问题是地基的透水性很大。进行地基处理的目的是减少地基的渗流量并保证地基和坝体的抗渗稳定。通常处理的基本方法是"上防下排",即上游采取防渗措施,下游采取排水措施。常用的设施有以下几种。

### 1)设置垂直防渗设施

垂直防渗设施能比较可靠且能有效地截断坝基渗流,是一种比较彻底的方法。该方法主要有以下三种方案。

(1)修建黏土截水墙:在平行坝轴线方向开挖深槽直达不透水层或基岩,槽内回填黏土而成截水墙(也称截水槽),心墙坝、斜墙坝常将防渗体向下延伸至不透水层而成截水墙,均质坝也可将坝体部分地延伸至不透水层而成截水墙,如图 3-43 所示。这种措施适用于透水层深度在 15 m 以内,开挖工程量比较小的情况。

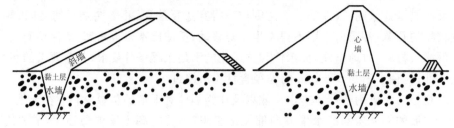

图 3-43  透水地基截水墙

（2）修建混凝土防渗墙：在沿坝轴线方向分段建造槽形孔，孔中连续浇筑混凝土成墙，适用于透水层深度大于 50 m 的情况，如图 3-44 所示。

（3）帷幕灌浆：采用高压定向喷射灌浆技术，通过喷嘴的高压气流切割地层成缝槽，在缝槽中灌压力水泥砂浆，凝结后形成防渗板墙。

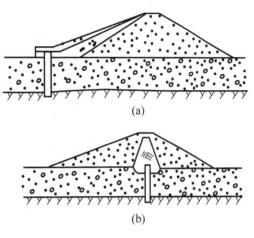

图 3-44　混凝土防渗墙

**2）设置上游水平防渗铺盖**

铺盖是一种由黏土做成的防渗设施，是斜墙、心墙或均质坝坝体向上游的延伸部分，一般应与下游排水设施联合作用。铺盖不能阻截渗流，只能延长渗径，增加水头损失，其结构简单，造价低，但防渗效果不如垂直防渗体的好。

**3）下游排水措施**

坝基中的渗透水流有可能引起坝下游地层的渗透变形或沼泽化。当坝体浸润线过高时，宜设置坝基排水设施。常用的减压排水设施有排水沟、减压井、透水盖重等。常用的基本措施有以下几种。

（1）透水性均匀的单层结构坝基和上层渗透系数大于下层的双层结构坝基的，均可采用水平排水垫层，也可在坝脚处结合贴坡排水体做反滤排水沟。

（2）对于双层结构透水坝基，当表层为不太厚的弱透水层，且其下的透水层较浅，渗透性较均匀时，宜将坝底表层挖穿做反滤排水暗沟，并与坝底的水平排水垫层相连，将水导出。此外，也可在下游坝脚处做反滤排水沟。

（3）当表层弱透水层太厚，或透水层成层性较显著时，宜采用减压井深入强透水层，如图 3-45 和图 3-46 所示。

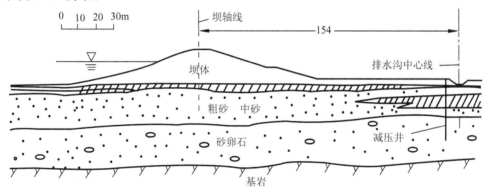

图 3-45　排水减压设置

## 2. 细砂与淤泥地基处理

**1）细砂地基**

细砂地基的主要问题是液化。液化是在震动荷载作用下，土石坝内孔隙水来不及排出，土体内孔隙压力上升，使土体颗粒间的连接强度降低，而处于流动状态。

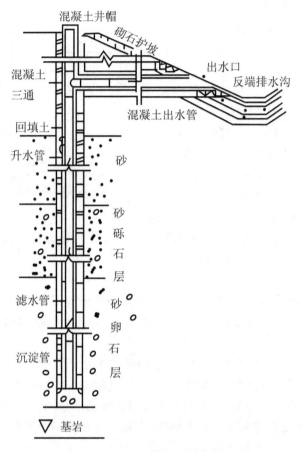

混凝土井帽

砌石护坡

出水口

反端排水沟

混凝土三通

混凝土出水管

回填土

升水管

砂

砂砾石层

滤水管

砂砂卵石层

沉淀管

▽ 基岩

**图 3-46　减压井布置**

常用的处理措施有:打板桩封闭;对于浅层土,可采用表面振动加密;对于深层土,采用震冲、强夯的方式加固。

**2)淤泥地基**

淤泥地基的主要问题是天然含水量高,抗剪强度低,承载能力低。

常用的处理措施有:浅表地基挖除,对于小于 5 m 的淤泥地基,工程量比较小,可以直接挖除;设置砂井加速排水;坝脚处以毛石压重,以保持地基的稳定性。

### 3. 软黏土和黄土地基处理

软黏土抗剪强度低,压缩性高,在这种地基上筑坝,会遇到以下一些问题。

(1)天然地基承载力很低,坝高超过 6 m 就足以使地基发生局部破坏。

(2)土的透水性很小,排水固结速率缓慢,地基强度增长不快,沉降变形持续时间长,在建筑物竣工后仍将发生较大的沉降,地基长期处于软弱状态。

(3)由于灵敏度较高,在施工中不宜采用振动或挤压措施,否则易扰动土的结构,使土的强度迅速降低而造成局部破坏和较大变形。

对软黏土,一般是尽可能将其挖除。当厚度较大或分布较广而难以挖除时,可以通过排水固结或其他化学、物理方法,以提高地基土的抗剪强度,改善土的变形特性。常用的方法是:利用砂井加速排水,使大部分沉降在施工期内完成,并调整施工进度,结合坝脚镇压层,使地基土强度的增长与填土重量的增长相适应,以保持地基稳定。

### 4. 坝体与地基及岸坡的连接

#### 1) 坝体与土质地基及岸坡的连接

坝体与土质地基及岸坡的连接必须遵守下列规定。

(1) 坝断面范围内必须清除坝基与岸坡上的草皮、树根、含有植物的表土、蛮石、垃圾及其他废料,并将清理后的坝基表面土层压实。

(2) 坝体断面范围内的低强度、高压缩性软土及地震时易液化的土层,应清除或处理。

(3) 土质防渗体应坐落在相对不透水土基上,或经过防渗处理的坝基上。

(4) 坝基覆盖层与下游坝壳粗粒料(如堆石等)接触处,应符合反滤要求,若不符合,则应设置反滤层。

#### 2) 坝体与岩石地基及岸坡的连接

坝体与岩石地基及岸坡的连接(见图 3-47)应遵守下列原则。

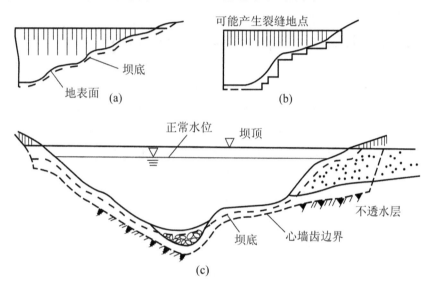

**图 3-47　土石坝与岸坡的连接**
(a) 正确的削坡;(b) 不正确的台阶形削坡;(c) 心墙落在不透水层上

(1) 坝断面范围内的岩石坝基与岸坡,应清除其表面松动石块、凹处积土和突出的岩石。

(2) 土质防渗体和反滤层宜与坚硬、不冲蚀和可灌浆的岩石连接。若风化层较深时,高坝宜开挖到弱风化层上部,中、低坝可开挖到强风化层下部,在开挖的基础上对基岩再进行灌浆等处理。在开挖完毕后,宜用风水枪冲洗干净,对断层、张开节理裂隙应逐条开挖清理,并用混凝土或砂浆封堵,坝基岩面上宜设混凝土盖板、喷混凝土或喷水泥砂浆。

(3) 对失水很快的软岩(如页岩、泥岩等),开挖时宜预留保护层,待开始回填时,边挖除边回填,或开挖后用喷水泥砂浆或喷混凝土保护。

(4) 土质防渗体与岩石接触处,在邻近接触面 0.5～1.0 m 范围内,防渗体应为黏土。若防渗料为砾石土,则应改为黏土。黏土应控制在略高于最优含水率情况下填筑,在填土前应用黏土浆抹面。

### 5. 坝体与混凝土建筑物的连接

坝体与混凝土坝、溢洪道、船闸、涵管等建筑物的连接,必须防止接触面的集中渗流,因不均匀沉降而产生的裂缝,以及水流对上、下游坝坡和坡脚的冲刷等因素的有害影响。图 3-48 所示的为土石坝与溢洪道的连接。

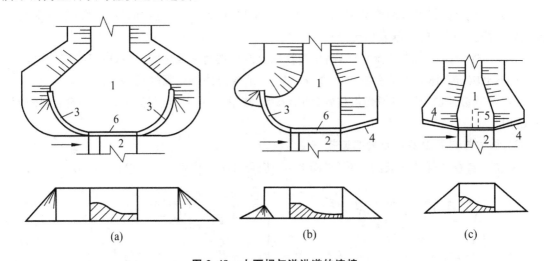

**图 3-48　土石坝与溢洪道的连接**

(a) 上、下游圆弧式翼墙;(b) 上游圆弧式,下游斜降式反翼墙;(c) 上、下游斜降式反翼墙

1—土石坝;2—溢流重力坝;3—圆弧形翼墙;4—斜降式翼墙;5—刺墙;6—边墩

坝体与混凝土坝的连接,可采用侧墙式(重力墩式或翼墙式等)、插入式或经过论证的其他形式,如图 3-49 所示。土石坝与船闸、溢洪道等建筑物的连接应采用侧墙式。土质防渗体与混凝土建筑物的连接面应有足够的渗径长度。

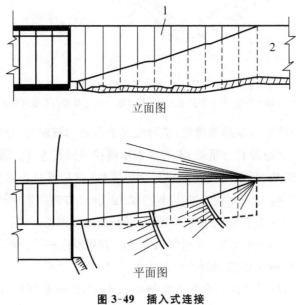

立面图

平面图

**图 3-49　插入式连接**

1—溢流重力坝;2—土坝

# 任务 6　面板堆石坝的构造与设计

## 模块 1　面板堆石坝的特点

混凝土面板堆石坝是由堆石作为支承体并用混凝土面板作防渗体的坝的统称。主要用砂砾石填筑坝体的也可称为混凝土面板砂砾石坝。堆石体是坝的主体,对坝体的强度和稳定条件起决定性作用,因而要求由新鲜、完整、耐久、级配良好的石料填筑。其面板防渗体材料的性质有刚性防渗体坝(如混凝土、钢筋混凝土、术板和钢板等)和塑性防渗体坝(如土料和沥青混凝土等)。

面板堆石坝与其他坝型相比有如下主要特点。

(1) 就地取材,在经济上有较大的优越性。

(2) 施工度汛问题比土坝的较为容易解决。

(3) 对地形地质和自然条件适应性较混凝土坝的强。

(4) 方便机械化施工,有利于加快施工工期和减少沉降。

(5) 坝身不能泄洪,一般需另设泄洪和导流设施。

## 模块 2　面板堆石坝的剖面设计

**1. 坝顶**

面板堆石坝普遍在其顶部设置 L 形的钢筋混凝土防浪墙,以利于节省坝体堆石量,防浪墙高为 4~6 m。防浪墙与面板间要保证良好的止水连接,其底面与坝顶连接处的堆石宽度不宜小于 9 m,以便浇筑面板时有足够的工作场地进行滑模设备的操作,按此设计,坝顶填筑堆石后的宽度约为 5 m。

面板堆石坝一般在坝顶上游侧设置钢筋混凝土防浪墙,以利于节省堆石填筑方量。防浪墙高为 4~6 m,背水面一般高于坝顶 1.0~1.2 m,底部与面板门应做好止水连接,对于低坝也可采用与面板整体连接的低防浪墙结构。

**2. 坝坡**

堆石坝的坝坡与石料性质、坝高、坝型和地基条件有关,其上、下游坝坡坡度可参照类似工程确定。对于地质条件较差或堆石体填料抗剪强度较低以及地震区的面板堆石坝,其坝坡应适当放缓。

## 模块 3　钢筋混凝土面板堆石坝的构造

采用钢筋混凝土面板作为防渗体,位于堆石坝体上游面,起防渗作用,在堆石坝中应用较多,少量土坝也有采用。下面主要介绍钢筋混凝土面板的构造。

图 3-50 所示的是清江水布垭混凝土面板堆石坝。

钢筋混凝土面板堆石坝主要由堆石体、钢筋混凝土面板防渗体及其与河床和岸坡相连接的趾板等组成。坝体应根据料源及对坝料强度、渗透性、压缩性、施工方便和经济合理等要求进行分区,并相应确定填筑标准。坝体从上游向下游宜分为垫层区、过渡区、主堆石区、下游堆

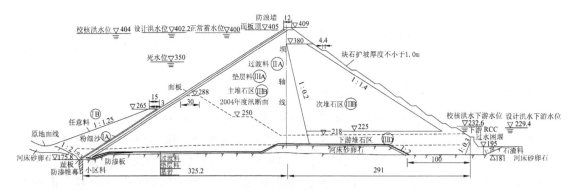

**图 3-50　清江水布垭混凝土面板堆石坝**

石区;在周边缝下游侧设置特殊垫层区。

## 1．堆石体

堆石体是面板下游的填筑体,是面板堆石坝的主体部分,根据其受力情况和在坝体所发挥的功能,又可划分为:垫层区(2A 区)、过渡区(3A 区)、主堆石区(3B 区)和次堆石区(3C 区),如图 3-51 所示。

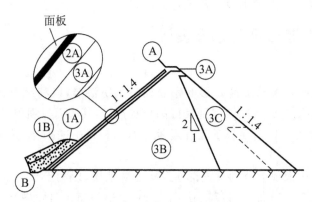

**图 3-51　堆石坝分区示意图**

### 1）垫层区

垫层区是面板的直接支承体,向堆石体均匀传递水压力,并起辅助渗流控制作用。垫层区应选用质地新鲜、坚硬且耐久性较好的石料,高坝垫层料应具有连续级配,一般最大粒径为80～100 mm,粒径小于 5 mm 的颗粒含量为 30％～50％,垫层料经压实后应具有内部渗透稳定性、低压缩性,抗剪强度高,要求具有良好的施工质量。垫层施工时每层铺筑厚度一般为0.4～0.5 m。垫层区的水平宽度应由坝高、地形、施工工艺和经济比较确定。

### 2）过渡区

过渡区位于垫层区和主堆石区之间,保护垫层并起过渡作用。石料的粒径级配和密实度应介于垫层与主堆石区两者之间。由于垫层很薄,过渡区实际上是与垫层共同承担面板传力。此外,当面板开裂和止水失效而漏水时,过渡区应具有防止垫层内细颗粒流失的反滤作用,并保持自身的抗渗稳定性。过渡区细石料要求级配连续,最大粒径不宜超过 300 mm,压实后应具有低压缩性和高抗剪强度,并具有自由排水性能。过渡区材料可采用专门开采的细堆石料、经筛选加工的天然砂砾石料或挖洞石渣料等。该区水平宽度可取 3～5 m,分层碾压厚度一般为 0.4～0.5 m。

**3）主堆石区**

主堆石区位于坝体上游区内,是承受水荷载的主要支承体。它将面板承受的水压力传递到地基和下游次堆石区,该区既应具有足够的强度和较小的沉降量,同时也应具有一定的透水性和耐久性。主堆石区填筑层厚一般为 0.8～1.0 m,最大粒径应不超过 600 mm。

**4）次堆石区**

次堆石区位于坝体下游区,与主堆石区共同保持坝体稳定,其变形对面板影响轻微,因而对填筑要求可酌情放宽。石料最大粒径可达 1500 mm,填筑层厚 1.5～2.0 m。下游次堆石区在坝体底部下游水位以下部分,应采用能自由滤水、抗风化能力较强的石料填筑;下游水位以上部分,使用与主堆石区相同的材料,但可以采用较低的压实标准,或采用质量较差的石料,如各种软岩(饱和无侧限抗压强度小于 30 MPa 的岩石)料、风化石料等。

**2. 钢筋混凝土面板**

钢筋混凝土面板防渗体在堆石坝中应用较多,主要是由防渗面板和趾板组成,它位于堆石坝体上游面,起防渗作用。面板是防渗的主体,对质量有较高的要求。

钢筋混凝土面板应具有符合设计要求的强度、不透水性和耐久性。面板底部厚度宜采用最大工作水头的 1‰,考虑施工要求,顶部最小厚度不宜小于 30 cm。

钢筋混凝土面板为了能够适应坝体变形、施工要求和温度变化的影响,应设置伸缩缝和施工缝,垂直伸缩缝的间距应根据面板受力条件和施工要求确定。采用滑模施工时,为适应滑模连续施工的要求,也可以不设水平施工缝。

**3. 趾板**

趾板(底座)是连接地基防渗体与面板的混凝土板,是面板的底座,其作用是保证面板与河床及岸坡之间的不透水连接,同时也作为坝基帷幕灌浆的盖板和滑模施工的起始工作面。

**4. 接缝与止水**

面板坝的接缝按位置和作用可分为周边缝、面板垂直缝、趾板伸缩缝、面板与防浪墙水平缝、防浪墙伸缩缝及施工缝,这些接缝是防渗系统中薄弱环节,容易发生止水失效和渗漏等问题。面板接缝设计(包括面板与趾板的周边接缝和趾板之间接缝)主要是止水布置,周边缝止水布置最为关键,如图 3-52 所示。

**5. 面板与岩坡的连接**

面板与岸坡的连接是整个面板防渗的薄弱环节,面板常随坝体产生的位移而产生变形,使其与岸坡结合不紧密,甚至出现脱离岸坡或产生错动的现象,形成集中渗流,设计中应特别慎重。

面板与岸坡的连接是通过趾板与岸坡连接的,面板与趾板又通过分缝和止水措施防渗。趾板作为面板与岸坡的不透水连接和灌浆压帽,应置于坚硬和可灌浆的弱风化至新鲜基岩上(低坝或水头较小的岸坡段可酌情放宽),岸坡的开挖坡度不宜陡于 1∶0.5～1∶0.7。对置于强风化或有地质缺陷岩基的趾板,应采用专门的处理措施。重要工程应根据现场灌浆试验确定。为了保证岸坡的稳定,防止岸坡坍塌而砸坏趾板和面板,趾板高程以上的上游坝坡应按永久性边坡设计。

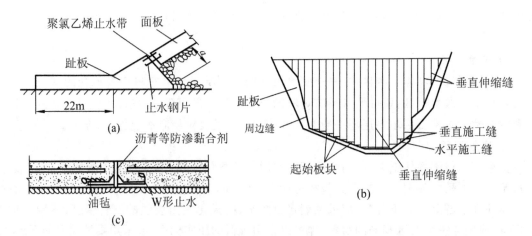

图 3-52  面板与趾板及分封布置

# 项目4 水闸构造与设计

## 任务1 资料收集

### 模块1 工程地质资料收集

根据水闸所负担的任务和运用要求,综合考虑地形、地质、水流、泥沙、施工、管理和其他方面等因素,经过技术经济比较选定闸址。闸址一般设于水流平顺、河床及岸坡稳定、地基坚硬密实、抗渗稳定性好、场地开阔的河段。在水利枢纽中,应根据枢纽工程的性质及综合利用要求,统一考虑水闸与枢纽其他建筑物的合理布置,确定闸址。

### 模块2 工程水文资料收集

主要收集以下工程水文资料。

(1)水利水电、防洪(潮、涝)工程的现状与整体规划,工程体系(堤、坝、闸、水泵站、分蓄洪区等)与设计标准。

(2)通航水域的航道(或河道)治理工程规划与具体位置。

(3)历史最高洪(潮、涝)水位或防洪最高控制水位,以及洪水比降。

(4)实测河道地形图、航空卫星照片、海湾地形图(或海图)。

(5)跨越两岸堤防设计标准、防洪水位与相应频率,历年溃堤次数与溃堤口门位置;两岸若是分(蓄)洪区,其分洪口门位置,最高分(蓄)洪水位以及运用情况。

(6)结冰河流、海湾与河口历年冰灾情况。

## 任务2 水闸的枢纽布置

### 模块1 水闸类型

水闸是控制水位和调节流量的低水头水工建筑物,具有挡水和泄水双重作用。水闸可按照其功能作用和结构形式划分类型。

**1. 水闸按其所承担的主要任务分类**

水闸按其所承担的主要任务,可分为节制闸、进水闸、冲沙闸、分洪闸、挡潮闸和排水闸等,如图4-1所示。

**1)进水闸(取水闸)**

进水闸(取水闸)建在天然河道、水库、湖泊的岸边及渠道的首部,用于引水,并控制引水流量,以满足发电或供水的需要。

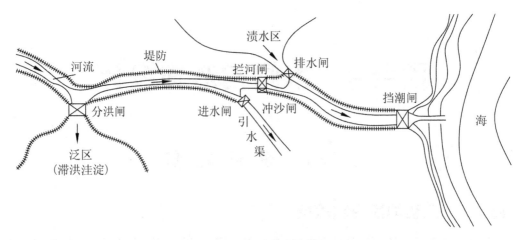

**图 4-1 水闸类型示意图**

**2）节制闸**

灌溉渠系中的节制闸一般建在干、支、斗渠分水口的下游。拦河而建的节制闸也称为拦河闸，用于在枯水期抬高水位，以满足上游取水或航运的需要；在洪水期提闸泄水，控制下泄流量。

**3）冲沙闸（排沙闸）**

冲沙闸（排沙闸）多建在多泥沙河流上的引水枢纽处或渠系中布置有节制闸的分水枢纽处及沉沙池的末端，用于排除泥沙，一般与节制闸并排布置。

**4）分洪闸**

分洪闸建在天然河道的一侧，用于将超过下游河道安全泄量的洪水泄入湖泊、洼地等滞洪区，以削减洪峰保证下游河道的安全。

**5）排水闸**

排水闸建在江河沿岸排水渠的出口处，以排除其附近低洼地区的积水，当外河水位高时，关闸以防河水倒灌。排水闸具有闸底板高程较低，且受双向水头作用的特点。

**6）挡潮闸**

挡潮闸建在入海河口附近，涨潮时关闸，防止海水倒灌；退潮时开闸放水。挡潮闸也具有双向承受水头作用的特点，且操作频繁。

**2. 水闸按闸室的结构形式分类**

水闸按闸室的结构形式，可分为开敞式和涵洞（封闭）式，如图 4-2 所示。

**1）开敞式水闸**

开敞式水闸闸室上面是露天的、不填土封闭的水闸，可分为无胸墙和有胸墙两种形式，分别如图 4-2（a）、（b）所示。

（1）无胸墙的开敞式。当闸门全开时，过闸水流通畅，一般在有泄洪、排水、过木等要求时，多采用不带胸墙的开敞式水闸，多用于拦河闸、排冰闸等。

（2）有胸墙的开敞式。闸室结构基本同上，当上游水位变化大，而下泄流量又有限制时，为了减少闸门和工作桥的高度或为控制下泄单宽流量而设胸墙以代替部分闸门挡水，挡潮闸、进水闸、泄水闸常用这种形式。

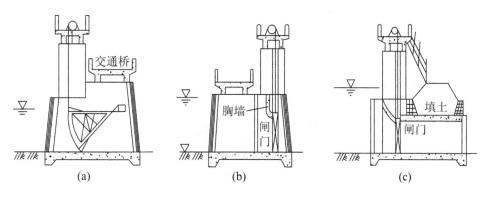

**图 4-2　水闸闸室结构分类图**

（a）无胸墙的开敞式；（b）胸墙式；（c）涵洞式

**2）涵洞式水闸**

闸（洞）身上面填土，闸室结构为封闭的涵洞，又称为封闭式水闸。在进口或出口设闸门，洞顶填土与闸两侧堤顶平接即可作为路基，而不需另设交通桥。此类水闸多用于穿堤引（排）水，排水闸多用这种形式，如图 4-2(c)所示。

# 模块 2　水闸的组成

水闸一般由上游连接段、闸室和下游连接段三部分组成，如图 4-3 所示。

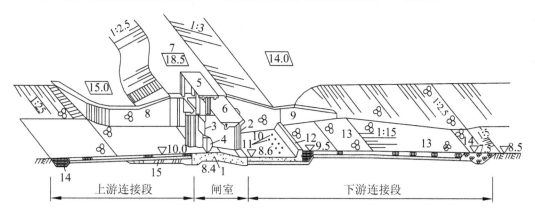

**图 4-3　开敞式水闸组成示意图**

1—闸室底板；2—闸墩；3—胸墙；4—闸门；5—工作桥；6—交通桥；7—堤顶；8—上游翼墙；
9—下游翼墙；10—护坦；11—排水孔；12—消力坎；13—海漫；14—防冲槽；15—上游铺盖

## 1. 闸室

闸室是水闸的主体部分，起挡水和调节水流作用，包括底板、闸墩、闸门、胸墙、工作桥和交通桥等。底板是水闸闸室基础，承受闸室全部荷载并较均匀地传给地基，兼起防渗和防冲作用，同时闸室的稳定主要由底板与地基间的摩擦力来维持。闸墩的主要作用是分隔闸孔，支撑闸门，承受和传递上部结构的荷载。闸门则用于控制水位和调节流量。工作桥和交通桥用于安装启闭设备、操作闸门和联系两岸交通。

## 2. 上游连接段

上游连接段主要是引导水流平顺、均匀地进入闸室，同时起防冲、防渗和挡土作用，一般由上游防冲槽、护坦、铺盖、上游护坡和翼墙等部分组成。

### 3. 下游连接段

下游连接段主要用来引导水流均匀扩散，消能、防冲及安全排出流经闸基和两岸的渗流，一般包括消力坎、海漫、下游防冲槽、下游翼墙及两岸护坡等。

# 任务 3　水闸的设计

## 模块 1　水闸的工作特点和设计内容

### 1. 水闸的工作特点

水闸是一种既挡水又泄水的低水头水工建筑物，且多修建在土质地基上，因而它在抗滑稳定、防渗、消能防冲及沉陷等方面具有以下工作特点。

#### 1）稳定方面

当水闸建完时，可能因较大的垂直荷载，使基底压力超过地基容许承载力，导致闸基土深层滑动失稳。因此，水闸必须具有适当的基础（底板）面积，以满足应力要求。

#### 2）防渗方面

当水闸挡水时，上、下游水位差形成的水平水压力，可能使水闸产生滑动。同时，这种水位差还会引起闸基及两岸的渗流。渗流不仅将对水闸底部施加向上的渗透压力，降低水闸的抗滑稳定性，而且还可能在闸基及两岸土壤中产生渗透变形。因此，水闸必须具有足够的重量以维持自身的稳定，且应妥善设计防渗设施，并在渗流逸出处设反滤层等设施以保证不发生渗透变形。

#### 3）消能防冲方面

当水闸泄水时，一方面水闸需有足够的过流能力；另一方面，过闸水流具有较大动能，且流态较复杂，易在下游河床及两岸产生有害冲刷。因此，设计水闸时，应合理确定水闸孔口尺寸，同时要采取有效的消能防冲措施，确保泄流安全。

#### 4）沉降方面

当闸基为软土地基时，由于地基的抗剪强度低，压缩性比较大，水闸在重力和外荷载作用下，可能产生较大沉陷，尤其是不均匀沉陷，会导致水闸倾斜，甚至断裂，影响水闸的正常使用。因此，设计时必须合理选择闸型和构造，排好施工程序及采取必要的地基处理措施等，以减小地基沉陷。

### 2. 水闸的设计内容

水闸的设计内容主要包括：闸址选择；确定孔口形式和尺寸；防渗、排水设计；消能防冲设计；稳定计算；沉降校核和地基处理；选择两岸连接建筑物的形式和尺寸；结构设计等。

## 模块 2　闸址和闸底板高程的选择

### 1. 闸址选择

闸址选择关系到工程建设的成败和经济效益的发挥，是水闸设计中的一项重要内容。应根据水闸所承担的任务和运用要求，以及区域经济条件，综合考虑地形、地质、水流、潮汐、泥沙、冰情、施工、管理、周围环境等因素,经技术经济比较确定。闸址选择时,应具体注意以下几个方面的问题。

（1）地形地质方面。闸址宜选择在地形开阔、岸坡稳定、岩土坚实和地下水水位较低的地点。特别应考虑选在地质条件良好的天然地基。

（2）水流条件方面。应考虑建闸后,过闸水流平顺,流量分布均匀,不出现偏流和危害性冲刷或淤积。

（3）施工管理方面。应考虑材料来源较近,施工导流易解决,对外交通、场地布置、基坑排水、施工水电供应方便,以及水闸建成后工程管理维修方便、防汛抢险易进行的地点。

另外,选择闸址还要考虑占用土地及拆迁房屋少,尽量利用周围已有公路、航运、动力、通信等公用设施,这样有利于绿化、净化、美化环境和生态环境保护,有利于开展综合经营等。

**2. 底板高程的选定**

底板高程与水闸承担的任务、泄流或引水流量、上下游水位、泥沙及河床地质条件等因素有关。闸底板顶面高程应与过闸单宽流量相适应,这关系到闸孔形式和尺寸的确定,也直接影响整个水闸的工程量和造价。

闸底板应置于较为坚实的地基上,并应尽量利用天然地基。在地基强度能够满足要求的条件下,对于小型水闸,由于两岸连接建筑物在整个工程量中所占比重较大,故底板高程应定得高些,闸室的宽度大些,两岸连接建筑物要相对较低。在大、中型水闸中,将闸底板高程定得低些,闸前水深和过闸单宽流量都要大些,从而使闸孔总宽度缩短,减少工程投资。但是,闸底板高程定得太低,将增大闸身和两岸结构的高度,并增加基坑开挖和闸下消能防冲布置上的困难,可能反而增加工程投资。因此,选择底板的高程时,应结合水闸规模、所选用的堰型和门型,经技术经济比较后确定。

一般情况下,节制闸、泄洪闸、进水闸或冲沙闸的闸底板高程宜与河(渠)底齐平,以便多泄(引)水,多冲沙;多泥沙河流上的进水闸、分水闸及分洪闸,在满足引水、分水或泄水的条件下,闸底板高程可比河(渠)底略高一些;排水闸(排涝闸)、泄水闸或挡潮闸(常常兼有排涝闸的作用),闸底板高程应尽量定得低些,以保证将涝水或渠系集水面积内的洪水迅速排走,一般略低于或齐平闸前排水渠的渠底。

# 模块 3　设计流量和上、下游水位确定

**1. 水闸的设计流量和上、下游水位**

**1）拦河闸**

拦河闸的设计流量可采用设计洪水标准或校核洪水标准所相应的洪峰流量。下游水位可由通过设计流量时,河道的水位流量关系曲线中查得;上游水位按下游水位加 $0.1 \sim 0.3$ m 落差求得,同时还应综合考虑上、下游用水要求及上游回水淹没损失情况,经方案比较后确定。

**2）进水闸**

进水闸的设计流量为渠道的设计取用流量。下游水位一般由供水区域高程控制要求和渠道通过设计流量时的水位流量关系曲线求得;上游水位可按下游水位加 $0.1 \sim 0.3$ m 落差确定。

**3）排水闸**

排水闸的排水设计流量可由设计暴雨、汇水面积及排水时间来确定,当有其他来水汇入时,应增加相应的排水量。上游水位为渍水区内或排水渠末端相应于排水设计流量的水位;排

水闸一般在外河水位稍低时就开闸抢排,故通常选择低于上游水位 0.05~0.1 m 的外河水位作为排水闸的下游设计水位。

**2. 过闸单宽流量的确定**

过闸单宽流量的选用主要取决于河床或渠道的地质条件,同时还要考虑水闸上、下游水位差及下游尾水深度等因素影响,兼顾泄洪能力和下游消能防冲两个方面。根据我国的经验,对于黏土地基,过闸单宽流量可取 15~25 m³/(s·m);对于壤土地基,过闸单宽流量可取 15~20 m³/(s·m);对于砂壤土地基,过闸单宽流量可取 10~15 m³/(s·m);对于粉砂、细砂、粉土和淤泥地基,过闸单宽流量可取 5~10 m³/(s·m)。

# 模块4　闸孔设计

水闸地址确定以后,就可进行闸孔初步设计。水闸的孔口尺寸主要设计内容是:根据已知的设计流量及上、下游水位,初步选定闸孔及底板形式和底板高程;参考单宽流量数值,利用水力学公式,计算闸孔总宽,拟定孔数及单孔尺寸。

**1. 闸孔形式和底板形式选择**

**1) 闸孔形式**

闸孔有开敞式和涵洞式两种形式(已在水闸类型中说明)。

**2) 闸底板形式**

闸底板有宽顶堰和低实用堰两种形式,如图 4-4 所示。

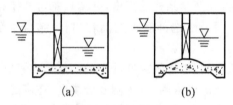

**图 4-4　闸底板形式**
(a) 宽顶堰;(b) 低实用堰

(1) 宽顶堰。

宽顶堰是水闸中最常用的底板结构形式。其主要优点是,结构简单,施工方便,泄流能力比较稳定,有利于泄洪、冲沙、排淤、通航等;其缺点是,自由泄流时流量系数较小,容易产生波状水跃。

(2) 低实用堰。

低实用堰有 WES 低堰、梯形堰和驼峰堰等形式,如图 4-5 所示。其优点是,自由泄流时流量系数较大,可缩短闸孔宽度和减小闸门高度,并能拦截泥沙入渠;其缺点是,泄流能力受下游水位变化的影响显著,当淹没度增加($h_s > 0.6H$)时,泄流能力急剧下降。当上游水位较高而又需限制过闸单宽流量时,或由于地基表层松软需降低闸底高程又要避免闸门高度过大时,以及在多泥沙河道上有拦沙要求时,常选用这种形式。

**2. 闸孔宽度的确定**

根据已确定的过闸流量、上下游水位、底板高程、闸孔形式和堰型,可用水力学公式计算水闸的闸孔尺寸。

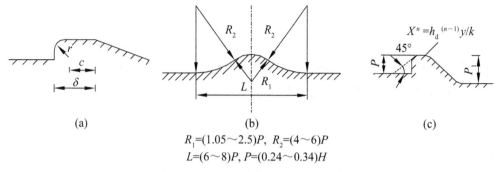

$R_1 = (1.05 \sim 2.5)P,\ R_2 = (4 \sim 6)P$
$L = (6 \sim 8)P,\ P = (0.24 \sim 0.34)H$

**图 4-5　低实用堰**

（a）梯形堰；（b）驼峰堰；（c）WES 低堰

**1）闸孔总净宽的确定**

水闸最常用的闸槛形式是平底板宽顶堰型，故主要介绍该堰型闸孔总净宽的计算公式。对于设有低堰或其他堰型的水闸闸孔总净宽的计算，可参考有关水力学计算手册。

确定闸孔宽度时，首先应根据设计流量、闸孔形式和布置，上、下游水位及泄流状态等因素，计算闸孔总净宽 $B_0$，然后根据运用要求选定每孔净宽 $b$，进而求得孔数 $n$，最后通过过流能力校核验证其经济合理性。选择采用的闸孔总净宽要略大于计算值，以留有余地（以超过计算值 3%～5%）为宜。

（1）当为堰流时，闸孔总净宽 $B_0$ 可按下式进行计算，计算示意图如图 4-6 所示。

$$B_0 = \frac{Q}{\sigma \varepsilon m \sqrt{2g H_0^{\frac{3}{2}}}} \tag{4-1}$$

式中：$B_0$——闸孔总净宽，m；

　　　$Q$——过闸流量，$\text{m}^3/\text{s}$；

　　　$H_0$——计入行近流速水头的堰上水深，m；

　　$\sigma、\varepsilon、m$——分别为堰流淹没系数、侧收缩系数和流量系数，可由《水闸设计规范》

　　　　　　　　（SL 265—2001）的附表 A 查得，设计时，要先拟定，后校核；

　　　$g$——重力加速度，$\text{m}/\text{s}^2$。

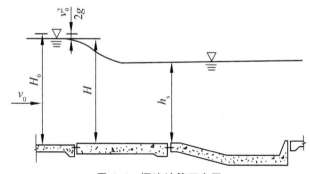

**图 4-6　堰流计算示意图**

当堰顶处于高淹没度（$h_s/H_0 \geqslant 0.9$）时，$B_0$ 为

$$B_0 = \frac{Q}{\mu_0 h_s \sqrt{2g(H_0 - h_s)}} \tag{4-2}$$

式中：$\mu_0$——淹没堰流的综合流量系数。

$\mu_0$ 可由下式计算，即

$$\mu_0 = 0.887 + \left(\frac{h_s}{H_0} - 0.65\right)^2 \tag{4-3}$$

（2）当为孔流（闸门开启度或胸墙下孔口高度 $h_e$ 与堰上水头 $H$ 的比值 $h_e/H \leqslant 0.65$）时，闸孔总净宽 $B_0$ 可按下式计算，计算示意图如图 4-7 所示。

$$B_0 = \frac{Q}{\sigma'\mu h_e \sqrt{2gH_0}} \tag{4-4}$$

式中：$h_e$——孔口高度，m；

　　$\sigma'$、$\mu$——分别为孔流的淹没系数和流量系数，可由《水闸设计规范》(SL 265—2001)查得；其他符号意义同上。

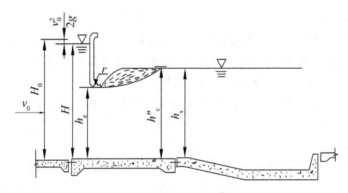

**图 4-7　孔流计算示意图**

**2）闸室总宽度的确定**

闸孔总净宽求出后，即可根据水闸的使用要求、闸门形式、启闭机容量等因素，参照闸门系列尺寸，选定闸孔单孔宽度。大中型水闸的单孔宽度一般采用 8～12 m；小型水闸的单孔宽度一般为 3～5 m。孔宽 $b$ 确定后，孔数 $n = B_0/b$，设计中 $n$ 值应取略大于计算值的整数。孔数少于 6 孔时，宜采用单数。

闸室总宽度 $B = nb + \sum d_z$，其中 $d_z$ 为闸墩厚度。闸室总宽度拟定后，考虑闸墩形状等因素影响，应进一步验算水闸在设计和校核水位下的过水能力，计算的过水能力与设计流量的差值不得超过 ±5%。

从过水能力和消能防冲两方面考虑，闸室总宽度 $B$ 值还应与上、下游河道或渠道宽度相适应。一般闸室总宽度应不小于河（渠）道宽度的 0.6～0.85。

# 任务4　水闸闸室的布置与构造

闸室是水闸主体，起着挡水和控制水流及连接两岸的作用，主要由底板、闸墩、闸门、胸墙、岸墙、工作桥、交通桥、闸门及启闭机等组成。闸室的结构形式、布置和构造，应在保证稳定的前提下，尽量做到轻型化、整体性好、刚性大、布置匀称，并进行合理的分缝分块，使作用在地基单位面积上的荷载较小、较均匀，并能适应地基可能的沉降变形。闸室结构通常为混凝土或钢筋混凝土结构。小型水闸有些部分可采用浆砌石。

闸室结构布置主要介绍闸室各组成部分的结构形式、尺寸、布置及构造。

## 1. 底板

闸室底板形式可根据地基、泄流等条件进行选用。布置形式取决于上部结构布置,并能满足结构强度和抗滑稳定的要求。闸室底板通常有平底板、低堰底板和折线底板。开敞式闸室结构的底板按照闸墩与底板的连接方式,又可分为整体式和分离式两种。涵洞式和双层式闸室结构不宜采用分离式。

### 1) 底板类型

(1) 整体式底板。

当闸墩与底板浇筑或砌筑成整体时,称为整体式底板。对于孔数多、宽度较大的水闸,为了适应地基不均匀沉陷和温度变化需要,在顺水流方向设永久缝将底板分成若干闸段,每个闸段一般由 2~4 个完整的闸孔组成,靠近岸墙的闸段,考虑到边荷载的影响,宜为单孔。缝距一般不超过 20 m(岩基)或 35 m(土基),缝宽 2~3 cm,缝中应设止水。

缝设在闸墩中间时为缝墩式闸室,如图 4-8(a)所示。其优点是,闸室结构整体性好,缝间闸段各自独立,各闸段间有不均匀沉陷时,水闸仍能正常工作,且具有较好的抗震性能;其缺点是,缝墩施工工期较长,且比其他中墩厚,当缝墩较多时,将增加工程量和施工难度。这种底板适用于地质条件较差的地基或地震区。

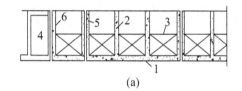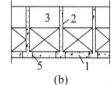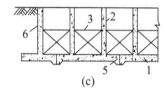

(a)　　　　　　　　　　　(b)　　　　　　　　　　(c)

**图 4-8　整体式、分离式平底板**

1—底板;2—闸墩;3—闸门;4—空箱式岸墙;5—温度沉陷缝;6—边墩

如果地基条件较好,相邻闸段不致出现不均匀沉降的情况下,也可将缝设在闸孔底板中间,如图 4-8(b)所示。

(2) 分离式底板。

在闸墩附近设缝,将闸室底板与闸墩断开的,称为分离式底板,如图 4-8(c)所示。缝中设止水。其闸室上部结构的重量将直接由闸墩或连同部分底板传给地基。闸孔部分底板仅起防冲、防渗和稳定的作用,其厚度根据自身稳定的需要确定。其优点是,可缩短工期,减小闸的总宽度,工程量小;其缺点是,底板接缝较多,闸室结构的整体性较差,给止水防渗和浇筑分块带来不利和麻烦,且不均匀沉陷将影响闸门启闭,故对地基要求较高。这种底板适用于地质条件较好、承载能力较大的地基。

### 2) 底板长度及底板厚度

(1) 底板顺水流方向的长度。

底板顺水流方向的长度应根据闸室地基条件、上部结构布置、满足闸室整体稳定和地基允许承载力等要求来确定。初步拟定时,可参考已建工程的经验数据选定,地基为碎石土和砾(卵)石的取(1.5~2.5)$H$;地基为砂土和砂壤土的取(2.0~3.5)$H$;地基为粉质壤土和壤土的取(2.0~4.0)$H$;地基为黏土的取(2.5~4.5)$H$($H$ 为水闸上、下游最大水位差)。

(2) 底板厚度。

底板必须满足强度和刚度的要求,应具有足够的整体性、坚固性、抗渗性和耐久性。大中型水闸的平底板厚度可取为闸孔净宽的 1/8～1/6,一般为 1.0～2.0 m,最薄处不小于 0.7 m,小型水闸的平底板厚度不宜小于 0.3 m。闸室底板还通常采用钢筋混凝土结构,小型水闸底板也可采用混凝土浇筑。常用的强度等级为 C15、C20。

### 2. 闸墩与胸墙

**1) 闸墩**

(1) 闸墩的作用是分隔闸孔,支承闸及上部结构。

(2) 闸墩的结构形式应根据抗滑稳定性和闸墩纵向刚度要求确定,一般采用实体式。

(3) 闸墩所用材料为混凝土或浆砌块石。

(4) 闸墩的外形轮廓一般为方形、三角形、半圆形、流线型,满足过闸水流平顺、侧向收缩小、过流能力大的要求。

(5) 闸墩顶部高程要求上游高出最高水位并有一定超高。

闸墩顶高程一般指闸室胸墙或闸门挡水线上游闸墩和岸墙的顶部高程,应满足挡水和泄水两种运用情况的要求。挡水时,闸顶高程不应低于水闸正常蓄水位(或最高挡水位)加波浪计算高度与相应安全超高值之和;泄水时,不应低于设计洪水位(或校核洪水位)与相应安全超高值之和。

此外,确定闸顶高程时,还应考虑闸室沉降、闸前河渠淤积、潮水位壅高等影响,以及在防洪大堤上的水闸闸顶高程应不低于两侧堤顶高程。下游部分的闸顶高程可适当降低,但应保证下游的交通桥底部高出泄洪水位 0.5 m 以上,以及桥面能与闸室两岸道路衔接。

(6) 闸墩的长度取决于上部结构布置和闸门的形式,一般与底板等长或稍短于底板。通常弧形闸门的闸墩比平面闸门的闸墩长。

(7) 闸墩厚度,从材料方面考虑,一般混凝土闸墩厚 1.0～1.6 m,少筋混凝土闸墩厚 0.9～1.4 m,钢筋混凝土闸墩厚 0.7～1.2 m,浆砌石闸墩厚 0.8～1.5 m;从门型方面考虑,平面闸门的闸墩厚度主要受门槽深度控制,闸墩在门槽处的最小厚度主要是根据结构强度和刚度的需要确定,一般不宜小于 0.4 m;弧形闸门的闸墩因没有门槽,可采用较小的厚度。兼作岸墙的边闸墩还应考虑承受侧向土压力的作用,其厚度应根据结构抗滑稳定性能和结构强度的需要计算确定。

(8) 平面闸门的门槽尺寸取决于闸门尺寸和支承形式。

工作闸门的槽深一般不小于 0.3 m,宽为 0.5～1.0 m,最优宽深比宜取 1.6～1.8;检修门槽的深一般为 0.15～0.25 m,宽为 0.15～0.3 m。

为了满足闸门安装与维修的要求,方便启闭机的布置与运行,检修闸门槽与工作闸门槽之间的净距不宜小于 1.5 m。当设有两道检修闸门槽时,闸墩和底板必须满足检修期的结构强度要求。胸墙与检修门槽之间也应留足 1.0 m 以上的间距。

**2) 胸墙**

(1) 胸墙的作用是减少闸的高度,减轻立门重和降低对启闭机重量的要求。

(2) 胸墙所用材料为混凝土。

(3) 胸墙的结构一般采用板和板梁形式。

当孔径不大于 6.0 m 时可采用板式,墙板也可做成上薄下厚的楔形板,如图 4-9(a)所示,其顶部厚度一般不小于 0.2 m。当孔径大于 6.0 m 时,宜采用梁板式,它由墙板、顶梁和底梁组成,如图 4-9(b)所示,其板厚一般不小于 0.12 m;顶梁梁高一般为胸墙跨度的1/15～1/12,

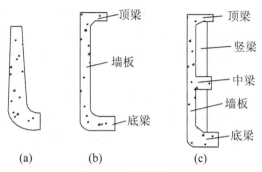

**图 4-9 胸墙结构图**

梁宽常取 $0.4 \sim 0.8$ m;底梁由于与闸门顶接触,要求有较大的刚度,梁高为胸墙跨度的 $1/9 \sim 1/8$,梁宽为 $0.6 \sim 1.2$ m。当胸墙高度大于 $5.0$ m,且跨度较大时,可增设中梁及竖梁构成肋形结构,如图 4-9(c)所示。各结构尺寸应根据受力条件和边界支承情况计算确定。

（4）高程。

胸墙顶宜与闸顶齐平。

胸墙底部高程应根据孔口流量要求计算确定。为使过闸水流平顺,胸墙上游面底部宜做成流线型。对于受风浪冲击力较大的水闸,胸墙上应留有足够的排气孔。

（5）胸墙与闸墩的连接方式有简支式和固接式两种,如图 4-10 所示。

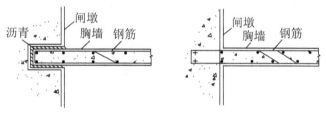

**图 4-10 胸墙的支撑形式**
（a）简支式;（b）固接式

简支式胸墙与闸墩分开浇筑,缝间涂沥青;也可将预制墙体插入闸墩预留槽内,成为活动胸墙。其优点是,可避免在闸墩附近迎水面出现裂缝,但断面尺寸较大。固接式胸墙与闸墩整浇在一起,胸墙钢筋伸入闸墩内,形成刚性连接。其优点是,断面尺寸小,可增强闸室的整体性,但受温度变化和闸墩变位的影响,易在胸墙支点附近的迎水面产生裂缝。整体式底板可用固接式,分离式底板多用简支式。

（6）胸墙相对于闸门的位置取决于闸门的形式。

弧形闸门的胸墙设在闸门上游侧;平面闸门的胸墙可设在闸门上游侧,也可设在闸门下游侧。一般情况下,大中型水闸的胸墙可设在闸门前,因门顶上无水重,可减小启门力;小型水闸的胸墙设在闸门的下游侧,除便于止水外,还可利用门顶上水重增加闸室的稳定。

## 3. 工作桥、交通桥

### 1）工作桥

为了安装启闭设备和便于工作人员操作的需要,通常在闸墩上设置工作桥。工作桥的位置由启闭设备、闸门类型及其布置和启闭方式而定。如桥面很高时,可在闸墩上部另建支柱或排架来支承工作桥,以减小闸墩高度,节省材料。

（1）工作桥的高程与闸门、启闭设备的形式和闸门高度有关，一般应使闸门开启后，门底高于上游最高水位，以免阻碍过闸水流，同时要便于将闸门从闸孔中取出检修。

（2）工作桥的高度：对于平面直升门，若采用固定启闭设备，工作桥的高度（即横梁底部高程与底板高程的差值）约为门高的 2 倍加上 1.0～1.5 m 的富裕高度，若采用活动式启闭设备，则桥高可以低些，但也应大于 1.7 倍的闸门高度；对于弧形闸门及升卧式平面闸门，工作桥高度可以降低很多，具体应视工作桥的位置及闸门吊点位置等条件而定。

（3）小型水闸工作桥的宽度为 2.0～2.5 m；大中型水闸的宽度为 2.5～4.5 m。

**2）交通桥**

建闸后，为便于行人或车马通行，通常也在闸墩上设置交通桥。交通桥的位置应根据闸室稳定及两岸交通连接的需要而定，一般布置在闸墩的下游侧。

工作桥、交通桥可根据闸孔孔径、闸门启闭机形式及容量、设计荷载标准等具体条件来选用板式、梁板式或板拱式，其与闸墩的连接形式应与底板分缝位置及胸墙支承形式统一考虑。有条件时，可采用预制构件，现场吊装。工作桥、交通桥的梁（板）底高程均应高出最高洪水位 0.5 m 以上；如果有流冰，则应高出流冰面 0.2 m。

## 4．构造设计

**1）分缝与止水**

分缝是为了防止闸室因地基不均匀沉陷或温度变化而产生裂缝设置的。需在相邻结构荷重相差悬殊的部位对整体式底板或分离式底板进行分缝（沉陷缝、伸缩缝）。除闸室本身分缝以外，凡是相邻结构荷重相差悬殊或结构较长、面积较大的地方也要设缝分开，如铺盖与闸室底板、翼墙的连接处，以及消力池与闸室底板、翼墙的连接处要分别设缝。另外，翼墙本身较长，混凝土铺盖、消力池的护坦在面积较大时也需设缝，以防产生不均匀沉陷。

图 4-11 所示的是缝与止水平面位置示意图。

**2）止水设备**

凡是具有防渗要求的缝中都应设置止水设备。

（1）止水设备的要求：应防渗可靠；应能适应混凝土收缩及地基不均匀沉降的变形；应结构简单，施工方便。

（2）止水形式。

按止水所设置的位置，止水可分为垂直止水（见图 4-12）和水平止水（见图 4-13）两种形式。

垂直止水：闸墩（缝墩）中的边墩与岸墙之间的、岸墙与翼墙之间的接缝以及翼墙的分段缝。

水平止水：铺盖与底板之间；铺盖与两侧翼墙底板之间；底板分缝隙段；混凝土或混凝土铺盖的分坝缝；闸后护坦与闸底板之间的分缝；护坦与翼墙之间的接缝；护坦分坝缝。

两种止水交叉处的构造必须妥善处理，以便形成一个完整的止水体系。交叉连接也有两类，即铅直交叉和水平交叉，如图 4-14 所示。

## 5．闸门与启闭机

**1）闸门**

闸门是水闸的一个重要组成部分，其作用是控制水位、调节流量，以及通航、过木、排砂等。闸门设计应满足安全经济、操作灵活、止水可靠及过水平顺等性能要求，并且应尽量避免闸门产生空蚀和振动现象。

（1）闸门由活动部分、埋固部分和悬吊设备三部分组成。

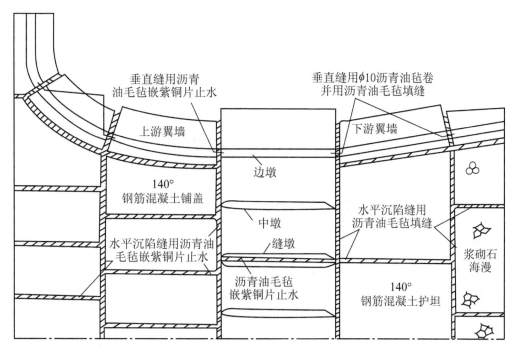

**图 4-11　缝与止水平面位置示意图**

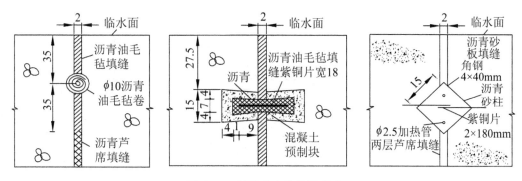

**图 4-12　垂直止水的构造形式**

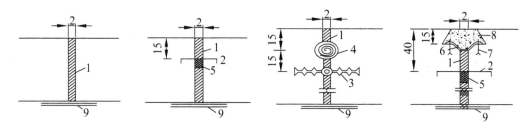

**图 4-13　水平止水构造**

1—沥青油毛毡或沥青砂板填缝；2—紫铜片或镀锌铁片；3—塑料止水片；4—沥青油毛毡卷；
5—灌沥青或用沥青麻索填塞；6—橡皮；7—鱼尾螺栓；8—沥青混凝土；9—2～3 层沥青油毛毡

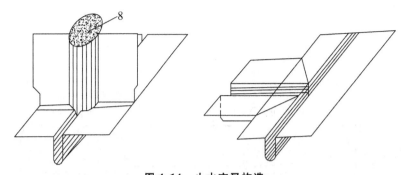

**图4-14 止水交叉构造**

(a) 铅直交叉连接；(b) 水平交叉连接

活动部分是指面板、梁格系统组成的门体结构；埋固部分是指预埋在闸墩和胸墙等结构内部的固定构件；悬吊设备是指连接闸门和启闭设备的拉杆或牵引索等。

(2) 闸门的分类与选型。

① 闸门按结构形式，可分为平面闸门和弧形闸门。

平面闸门按提升方式，可分为直升式（见图4-15）和升卧式（见图4-16）两种。

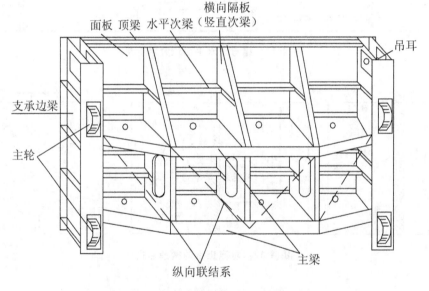

**图4-15 直升式平面闸门门叶结构布置图**

直升式平面闸门的优点是，门体结构简单，可吊出孔口进行检修，所用闸墩长度较短，也便于采用移动式启闭机；其缺点是，闸门的启闭力较大，工作桥较高，门槽处也易发生空蚀现象。这种闸门形式应用很普遍。

提升时，升卧式平面闸门先沿铅垂轨道直升，再在自重和吊绳组成的倾翻力矩作用下继续沿弧形轨和斜轨逐步向下游或上游倾翻，最后全开时闸门平卧在闸墩顶部。其优点是，工作桥高度小，可以降低造价，提高抗震性能；其缺点是，由于闸门的吊点一般设在闸门底部的上游一侧，长期浸入水中，易于锈蚀，且闸门除锈涂漆也较困难。

弧形闸门的挡水面板是圆弧面，启闭时绕位于弧形挡水面圆心处的支承铰转动。闸门上的总水压力通过转动中心，对闸门的启闭不产生阻力矩，故启门力小，应用较广。同时，由于弧

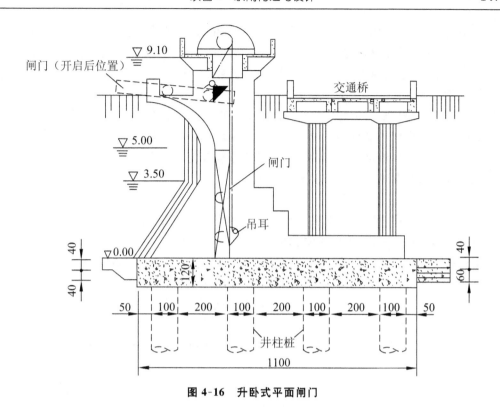

**图 4-16　升卧式平面闸门**

形闸门不设门槽,不影响孔口水流状态,且所需闸墩厚度较小,但闸墩较长,并受到侧向推力的作用,如图 4-17 所示。

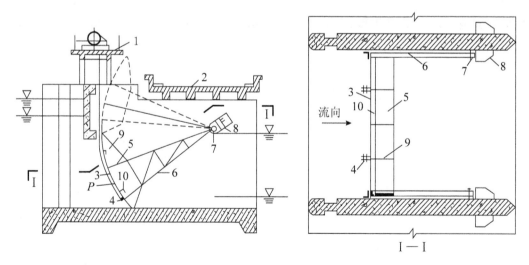

**图 4-17　卷扬式启闭机的弧形闸门结构布置图**

1—工作桥;2—公路桥;3—面板;4—吊耳;5—主梁;6—支臂;7—支铰;8—牛腿;9—竖隔板;10—水平次梁

② 闸门按工作性质,可分为工作闸门、检修闸门和事故闸门。水闸一般只设工作闸门和检修闸门。工作闸门用以控制孔口、调节水位和流量,要求其在动水中启闭;检修闸门是当工作闸门、门槽或门坎等检修时,临时挡水的闸门,通常在平压静水中启闭。

③ 闸门按所用材料,可分为钢闸门、钢筋混凝土及钢丝网水泥闸门、钢木混合结构闸门、

木闸门和铸铁闸门等。钢闸门具有自重轻、工作可靠的优点,在大中型水闸中应用广泛。钢筋混凝土及钢丝网水泥闸门和铸铁闸门可节约钢材,但自重较大,增加了启闭设备的造价,且耐久性或韧性较差,一般只用于小型水闸。木闸门和钢木混合闸门因其寿命短,并需要经常维护检修,目前已很少采用。

另外,当闸门关闭、闸门顶高于上游水位时,称其为露顶闸门,否则称其为潜孔闸门。露顶闸门顶部应在可能出现的最高挡水位以上有 $0.3 \sim 0.5$ m 的超高。胸墙式水闸的闸门高度根据构造要求稍高于孔口即可。闸门的结构选型应根据其受力情况、控制运用要求、制作、运输、安装、维修条件等,结合闸室结构布置等合理选定。

**2)启闭机**

启闭机分为固定式和移动式两种类型。常用的固定式启闭机又可分为卷扬式、螺杆式和油压式;移动式启闭机一般分为门架式和桥式。

启闭机的形式应根据门型、尺寸及其运用条件等因素选定。所选用启闭机的启闭力应不小于计算的启闭力,同时应符合国家现行的《水利水电工程闸门启闭机设计规范》所规定的启闭机系列标准。若要求短时间内全部均匀开启或多孔闸门启闭频繁时,每孔应设一台固定式启闭机。

(1)固定卷扬式启闭机主要由电动机、减速箱、传动轴和绳鼓所组成,如图 4-18 所示。启闭闸门时,通过电动机、减速箱和传动轴使绳鼓转动,进而钢丝绳牵引闸门升降,并通过滑轮组的作用,使用较小的钢丝绳拉力,便可获得较大启门力。固定卷扬式启闭机适用于闭门时不需施加压力,且要求在短时间内全部开启的闸门。一般每孔布置一台。

(2)螺杆式启闭机主要由摇柄、主机和螺杆组成,如图 4-19 所示。利用机械或人力转动主机,使螺杆连同闸门上下移动,从而启闭闸门。其优点是,结构简单、使用方便,价格较低且易于制造;其缺点是,启闭速度慢,启闭力小,一般用于小型水闸。当水压力较大,门重不足时,

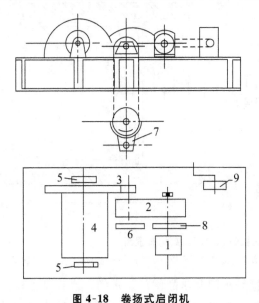

**图 4-18　卷扬式启闭机**

1—电动机;2—减速器;3—开式齿轮;4—绳鼓;5—轴承座;
6—定滑轮;7—动滑轮;8—制动器;9—手摇装置

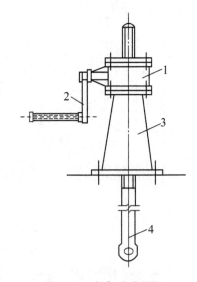

**图 4-19　螺杆式启闭机**

1—齿轮箱;2—手摇把;3—支座;4—螺杆

可通过螺杆对闸门施加压力,以便使闸门关闭到底。当螺杆长度较大(如大于 3 m)时,可在胸墙上每隔一定距离设支承套环,以防止螺杆受压失稳。

(3) 油压式启闭机的主体由油缸和活塞两部分组成,如图 4-20 所示。活塞经活塞杆或连杆与闸门连接,改变油管中的压力即可使活塞带动闸门升降。油压式启闭机的优点是,利用液压原理,可以用较小的动力获得很大的启门力;液压传动比较平稳和安全(有溢流阀,超载时起自动保护作用);机体体积小,重量轻,当闸孔较多时,可以降低机房、管路及工作桥的工程造价;较易实现遥测、遥控和自动化。其主要缺点是,对金属加工条件要求较高,质量不易保证,

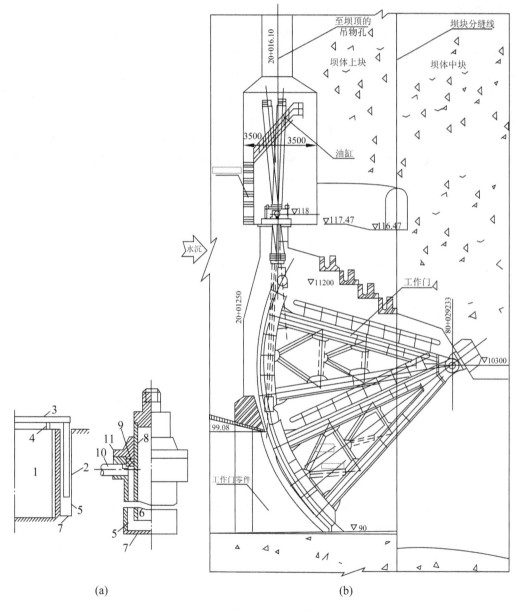

**图 4-20 顶升式油压启闭机构造示意图**

1—闸门;2—闸墩;3—顶升梁;4—连接杆;
5—油缸;6—副塞;7—油缸底;8—油盖;9—橡胶油封

造价较高。同时设计选用时要注意解决闸门起吊同步的问题,否则会发生闸门歪斜卡阻的现象。

# 任务 5  水闸消能防冲设计

## 模块 1  过闸水流的特点及闸下游发生冲刷的原因

### 1. 过闸水流的特点

(1) 当水闸初始泄流时,闸下游水深较浅,随着闸门开度的增加而逐渐加深,在这个过程中,出闸水流从孔流到堰流,从自由出流到淹没出流都会发生。当闸下不能形成淹没水跃或水跃淹没度过大时,以致垂直扩散不良,急流沿底部推进,形成严重的脉动现象。

(2) 当水闸的上下游水位差较小,相应的弗劳德数 $Fr$ 较低($1.0 < Fr < 1.7$)时,会出现波状水跃,消能效果较差,对下游河床或渠道产生较大的冲刷。

(3) 出闸水流是由窄流向宽流流动,如果水闸下游翼墙布置不当,水流扩散不良或水闸在运用时开启孔数过少及闸孔开启不对称,都易产生左冲右撞、淘刷河床及河岸的折冲水流。

### 2. 发生冲刷的原因

(1) 土壤的抗冲刷能力低。

(2) 淹没水跃没有发生或水跃淹没过大。

(3) 河道收缩,水流未充分扩散,产生折冲水流。

(4) 上、下游水位差较小,形成波状水跃,消能效率低。

(5) 运用管理不善,消能工程设计不合理。

### 3. 防止有害冲刷措施

(1) 选用适宜的最大过闸单宽流量。

(2) 合理地进行平面布置。

(3) 采取合理的消能、防冲设施(消能为主,防冲为辅)。

(4) 拟定合理的运行方式。

## 模块 2  水闸的消能方式及组成

### 1. 主要作用

水闸的主要作用是改善水流与固体边界的接触条件,防护、加固下游河床。消能、防冲设施必须在各种可能出现的水力条件下,都能满足消散动能与均匀扩散水流的要求,并应与下游河道有良好的衔接。

### 2. 基本方式

水闸的消能方式有挑流式消能和面流式消能。在挟有较大砾石的多泥沙河流上的水闸,不宜设消力池,可采用抗冲耐磨的斜坡护坦与下游河道连接,末端应设防冲墙。在高速水流部位,应采取抗冲磨与抗空蚀的措施。水闸一般采用底流消能形式。

### 3. 主要组成

底流式消能防冲设施由消力池、海漫、防冲槽等部分组成。其形式可根据水流情况、地形条件、施工能力、消能效果等选用。

## 模块 3　消能防冲设计的水力条件选择

（1）控制条件：上游水位高、闸门部分开启、单宽流量大。

（2）上游水位：开闸泄流时的最高挡水位。

（3）下游水位：考虑水位上升滞后于泄量增大的情况，计算时可选用相应于前一开度的下游水位。选择在可能出现的最低水位。

## 模块 4　底流式消能设计

底流式消能主要是利用水跃消减水流动能，在闸下产生一定淹没度的水跃，增加下游水深，以保证产生淹没式水跃，防止土基冲刷破坏，保证闸室安全。

### 1. 消力池

**1）消力池的作用**

消力池的作用主要有：

（1）壅高和增加池内水深，使闸下急流通过淹没式水跃转化为缓流，调整流速分布；

（2）减小出池水流的底部流速，且在槛后产生小规模轴旋流；

（3）利于平面扩散和削减下游边侧回流。

**2）消力池形式的选用**

（1）下挖式：降低护坦高程形成消力池，如图 4-21（a）所示。

当闸下尾水深度小于跃后水深时，可采用下挖式消力池消能。

（2）突槛式：消力池末端设置消力坎，如图 4-21（b）所示。

当闸下尾水深度略小于跃后水深时，可采用突槛式消力池消能。

（3）综合式：以上两种相结合的综合形式，如图 4-21（c）所示。

当闸下尾水深度远小于跃后水深，且计算消力池深度又较深时，可采用下挖式消力池与突

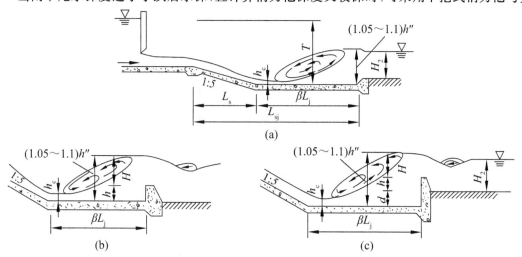

**图 4-21　消力池形式示意图**

（a）下挖式；（b）突槛式；（c）综合式

槛式消力池相结合的综合式消力池消能。当水闸上、下游水位差较大,且尾水深度较浅时,宜采用二级或多级消力池消能。对于大型多孔闸,可根据需要设置隔墩或导墙进行分区消能防冲布置。

**3）消力池的尺寸确定**

消力池的深度可按式(4-5)计算,计算示意图如图 4-22 所示。

$$d = \sigma_0 h''_c - h'_s - \Delta Z \tag{4-5}$$

$$h''_c = \frac{h_c}{2}\left[\sqrt{1 + \frac{8\alpha q^2}{g h_c^3}} - 1\right]\left(\frac{b_1}{b_2}\right)^{0.25} \tag{4-6}$$

$$h_c^3 - T_0 h_c^2 + \frac{\alpha q^2}{2g\varphi^2} = 0 \tag{4-7}$$

$$\Delta Z = \frac{\alpha q^2}{2g\varphi^2 h_s'^2} - \frac{\alpha q^2}{2g h_c''^2} \tag{4-8}$$

式中:$d$——消力池深度,m;

　　$\sigma_0$——水跃淹没系数,可采用 1.05~1.10;

　　$h''_c$——跃后水深,m;

　　$h_c$——收缩水深,m;

　　$\alpha$——水流动能校正系数,可采用 1.0~1.05;

　　$q$——过闸单宽流量,$\mathrm{m^3/(s \cdot m)}$;

　　$b_1$——消力池首端宽度,m;

　　$b_2$——消力池末端宽度,m;

　　$h'_s$——出池河床水深,m;

　　$T_0$——由消力池底板顶面算起的总势能,m;

　　$\Delta Z$——出池落差,m。

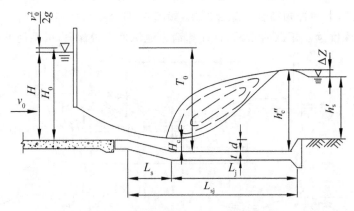

**图 4-22　消力池池长、池深计算示意图**

消力池的长度可按式(4-9)、式(4-10)计算,计算示意图如图 4-22 所示。

$$L_{sj} = L_s + \beta L_j \tag{4-9}$$

$$L_j = 6.9(h''_c - h_c) \tag{4-10}$$

式中:$L_{sj}$——消力池长度,m;

　　$L_s$——消力池斜坡段水平投影长度,m;

　　β——水跃长度校正系数,可采用 0.7～0.8;

　　$L_j$——水跃长度,m。

　　消力池底板厚度可根据抗冲和抗浮要求确定,一般大中型水闸的为 0.5～1.0 m,长消力池可自上而下逐渐减薄,末端厚度可采用 $t/2$,但不宜小于 0.5 m。小型水闸底板厚度不宜小于 0.3 m。

#### 4）消力池的构造

　　(1) 材料。

　　消力池一般选用 C15 或 C20 的混凝土浇筑而成,并配置 $\Phi10～12$ 的温度钢筋,间距为 20～30 cm。大型水闸消力池底板的顶、底面均需配筋,中、小型水闸可只在顶面配筋。

　　(2) 齿墙。

　　为增强护坦的抗滑稳定性,常在消力池的末端设置齿墙,墙深一般为 0.8～1.5 m,宽为 0.6～0.8 m。

　　(3) 排水孔。

　　为了降低护坦底部的渗透压力,可在水平护坦的后半部设置排水孔,孔下铺设反滤层,排水孔孔径一般为 5～10 cm,间距为 1.0～3.0 m,呈梅花形布置。

　　(4) 反滤层。

　　为了减小渗透压力的影响,按防渗设计要求,在底板上布设排水孔,孔径一般为 50～250 mm,间距为 1.0～3.0 m,呈梅花形布置在消力池的中后部,并在排水孔下设反滤层。

　　(5) 分缝与止水。

　　为适应地基的不均匀沉陷,消力池与闸底板、翼墙、海漫之间及消力池本身顺水方向均应分缝,缝距为 10～20 m,地基差时为 8～12 m。垂直水流方向通常不设缝,以保证其整体性。如缝的位置在闸基防渗范围以内,缝中应设止水;否则不用设止水,但一般都铺设沥青油毛毡。

### 2. 辅助消能工

　　消力池内除设置尾槛外,也常设置消力墩、消力齿等辅助消能工。

　　(1) 消力墩:前半段上多排成梅花型。

　　(2) 消力齿:布置在消力陡坡坡脚处。

　　作用:使水流受阻,在墩后形成涡流,加强水跃中的紊流扩散,从而达到稳定水跃;减小消力池深,缩短池长。

　　位置:消力池前部,消能作用较大,易发生空蚀,冲击力大;消力池后部,消能作用较小,不易发生空蚀,改善水流。

### 3. 波状水跃及折冲水流的防止措施

#### 1）波状水跃的防止措施

　　对于平底板水闸,可在消力池斜坡段的顶部预留一段 0.5～1.0 m 宽的平台,在其末端设置一道小槛,如图 4-23(a)所示,迫使水流越槛入池,促成底流式水跃。槛高 C 约为第一共扼水深的 1/4,迎水面做成斜坡,以减弱水流的冲击作用,槛底设排水孔。若将上述小槛做成分流墩、分流齿形,如图 4-23(b)所示,则消除波状水跃的效果更好。如水闸底板为低实用堰型,有助于消除波状水跃的产生。

#### 2）折冲水流的防止措施

　　(1) 在平面布置上,应尽量使上游引河具有较长的直线段,并能在上游两岸对称布置翼

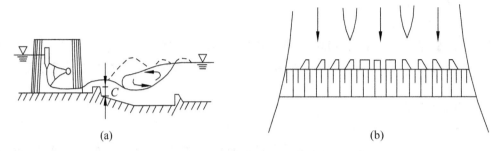

**图 4-23　波状水跃的防止措施**

（a）在出流平台上设置小槛；（b）将小槛做成分流墩、分流齿形

墙，出闸水流与原河床主流的位置和方向一致，并控制下游翼墙的扩散角度，一般采用 1：8～
1：15，池中设有辅助消能工时可用偏大值。

（2）在消力池前端设置散流墩，对防止折冲水流有明显效果。

（3）应制定合理的闸门开启程序，如在低流量时可隔孔交替开启，使水流均匀出闸，或开
闸时先开中间孔，再开两侧邻孔至同一高度，直到全部开至所需高度。闭门与启门相反，由两
侧孔向中间孔依次对称地操作。

### 4. 海漫及防冲槽

#### 1）海漫

海漫是建在水闸或泄水建筑物护坦或消能池下游，用以调整流速分布、保护河床免受冲刷
的柔性护底建筑物。

过闸水流经过消力池已消除绝大部分能量，但仍有剩余能量，底部流速较大，对河床和岸
坡仍具有一定的冲刷能力，故紧接护坦后还要采取海漫等防冲加固措施，以使水流均匀扩散，
并将流速分布逐步调整到接近天然河道的水流形态，如图 4-24 所示。

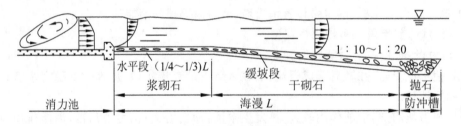

**图 4-24　防冲加固措施**

（1）海漫长度。

海漫的长度取决于消力池末端的单宽流量、上下游水位差、下游水深、河床土质抗冲能力、
闸孔与河道宽度的比值及海漫结构形式等。《水闸设计规范》（SL 265—2001）建议采用下式计
算海漫长度，即

$$L_p = k_s \sqrt{q_s \sqrt{\Delta H'}} \tag{4-11}$$

式中：$L_p$——海漫长度，m；

　　　$\Delta H'$——闸孔泄水时的上、下游水位差，m；

　　　$k_s$——计算系数，当河床为粉砂、细砂时，取 13～14，当为中砂、粗砂、砂质壤时，取 11～
　　　　　12，当为粉质黏土时，取 9～10，当为坚硬黏土时，取 7～8；

$q$——消力池末端单宽流量，$m^3/s$。

式(4-11)的适用范围是 $\sqrt{q_s} \cdot \sqrt{\Delta H'} = 1 \sim 9$，且消能扩散良好的情况。

（2）海漫的要求及构造。

海漫应具有一定的柔性，以适应下游河床可能的冲刷变形；应具有一定的透水性，以便使渗水自由排出，降低扬压力；应具有一定的表面粗糙性，以进一步消除余能；应具有与水流流速相适应的抗冲能力，以保证海漫本身不致被水流冲动，从而达到保护河床的目的。

海漫一般采用整体向下游倾斜的形式或将前 5~10 m 做成水平段，其顶面高程可与护坦齐平或在消力池尾槛顶以下 0.5 m，水平段后宜做成等于或缓于 1∶10 的斜坡，同时沿水流方向在平面上向两侧逐渐扩散，以便使水流均匀扩散，调整流速分布，保护河床不受冲刷。

（3）海漫结构形式。

干砌石海漫：常用在海漫的中后段，一般由粒径大于 30 cm 的块石砌成，厚度为 0.3~0.6 m，下面铺设碎石、粗砂垫层，每层厚度为 10~15 cm。抗冲流速为 3~4 m/s。

浆砌石海漫：一般用于海漫前部 5~10 m 范围内，常以粒径大于 30 cm 的块石，用强度等级 M5 或 M8 的水泥砂浆砌筑而成，厚度为 0.4~0.6 m，砌石设排水孔，下面铺设反滤层或垫层。其抗冲流速可达 3~6 m/s，但柔性和透水性较差。

混凝土和钢筋混凝土海漫：整个海漫由边长为 2~5 m、厚度为 0.1~0.2 m 的板块拼铺而成，板中有排水孔，下面铺设反滤层或垫层。其抗冲流速可达 6~10 m/s。通常采用斜面式或垛式拼铺而成，以增加表面糙率。铺设时应注意顺水流流向不宜有通缝。

通过水跃后的余能是逐渐向下游衰减的，海漫结构强度也应该相应逐渐减弱。在前段约 1/4 处，海漫通常采用浆砌块石或混凝土板结构，余下的后段常采用干砌块石结构。

大、中型水闸的干砌块石海漫，均用浆砌块石或混凝土格埂分块围护起来，格埂的间距为 10~15 m，断面尺寸约为 40 cm×60 cm。

**2）防冲槽**

为保护海漫，常在海漫末端设置防冲槽或其他加固措施。工程上多在海漫末端设宽浅式梯形断面大块石防冲槽，限制冲刷向上游扩展。槽深为 1.5~2.0 m，槽底宽一般为槽深的 2~3 倍，上游坡率 $m = 2 \sim 3$，下游坡率 $m = 3$。

**5. 上游河床和上下游岸坡的防护**

为了避免水流对上游河床及上下游岸坡的冲刷，需要对上游河床和上下游岸坡用浆砌石或干砌石进行防护。

上游护坡一般自铺盖始端再向上游延伸 3~5 倍的水头。

下游除消力池、海漫、防冲槽和下游翼墙外，在防冲槽以下的岸坡还应护砌 4~6 倍的水头。

# 任务 6　水闸闸室的结构计算

闸室是一空间结构，受力比较复杂，可用三维弹性力学有限元法对一段闸室进行整体分析。但为简化计算，一般都将其分解成底板、闸墩、胸墙、工作桥、交通桥等若干构件分别计算，并在单独计算时，考虑它们之间的相互作用。

## 模块 1　底板

### 1. 倒置梁法

该法假定闸室地基反力沿顺水流方向呈直线分布,垂直水流方向为均匀分布,并把地基反力当作荷载,底板当作梁,闸墩当作支座,按倒置的连续梁计算底板内力。作用在梁上的荷载有底板自重 $q_1$、水重 $q_2$、扬压力 $q_3$ 及地基反力 $\sigma$。把上述铅直荷载进行叠加,便得到倒置梁上的均布荷载 $q=q_3+\sigma-q_1-q_2$。最后按图 4-25(b)所示的计算图,用结构力学法计算连续梁的内力,进而进行配筋。

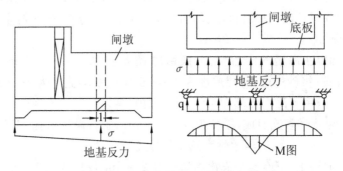

**图 4-25　倒置梁法底板结构计算简图**

### 2. 弹性地基梁法

该法认为底板和地基都是弹性体,由于两者紧密接触,故变形相同,认为在顺水流方向的地基反力仍是直线变化,但在垂直水流方向不再假定地基反力呈均匀分布,即地基反力在垂直水流方向按曲线形(或弹性)分布。同时梁在荷载及地基反力作用下,仍保持平衡。根据变形协调一致和静力平衡条件,求解地基反力和梁的内力,并且还计及底板范围以外的边荷载对梁的影响。

采用弹性地基梁法分析闸底板的应力时,还应考虑可压缩土层厚度 $T$ 与弹性地基梁半长 $L/2$ 之比值的影响。当 $2T/L<0.25$ 时,可按基床系数法(文克尔假定)计算;当 $2T/L>2.0$ 时,可按半无限深的弹性地基梁法计算;当 $2T/L=0.25\sim2.0$ 时,可按有限深的弹性地基梁法计算。

#### 1) 计算模型及基本假定

以垂直水流方向截取的单宽板条作为计算对象,按平面应变的弹性地基梁,利用静力平衡条件及底板与地基的变形协调条件,计算地基反力和底板内力,如图 4-26(a)所示。

基本假定为:

(1) 地基反力在顺水流方向直线分布;

(2) 地基反力在垂直水流方向呈弹性(曲线)分布,为待求未知数;

(3) 把闸墩当作底板的已知荷载,闸墩对底板无约束,底板可以自由变形。

#### 2) 计算方法和步骤

(1) 计算顺水流向的地基反力。

该法认为在顺水流方向的地基反力仍呈直线变化,用偏心受压公式计算闸底在顺水流向的地基反力,如图 4-26(a)所示。

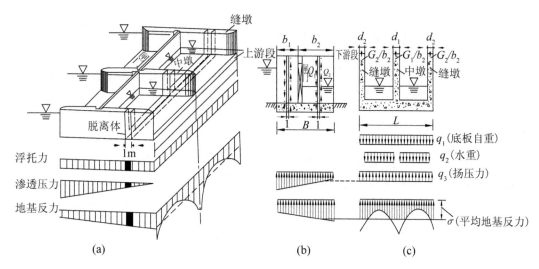

图 4-26　弹性地基梁法计算简图

$$\sigma_{\min}^{\max} = \frac{\sum G}{A} \pm \frac{\sum M}{W} \tag{4-12}$$

（2）计算单宽板条上的不平衡剪力。

由于顺水流向闸室所受的荷载是不均匀的,特别是闸门前后水重相差悬殊,而地基反力是连续变化的。所以计算时应以闸门门槛作为上下游的分界,将闸室分为上、下游两段脱离体,脱离体截面上必然产生剪力 $Q_\text{上}$ 和 $Q_\text{下}$,则由 $Q_\text{上}$ 及 $Q_\text{下}$ 的差值 $Q = Q_\text{上} - Q_\text{下}$ 来维持平衡,该剪力称为不平衡剪力,如图 4-26(b)所示。

（3）不平衡剪力 $Q$ 的分配。

不平衡剪力的分配可采用作图法或数值法求得。一般情况下,闸底板分担不平衡剪力的 $10\% \sim 15\%$,闸墩分担不平衡剪力的 $85\% \sim 90\%$,如图 4-27 所示。

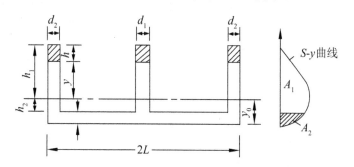

图 4-27　不平衡剪力分配示意图

（4）计算单宽板条作用在弹性地基梁上的荷载。

集中荷载:将闸墩上的不平衡剪力与闸墩及其上部结构的重量作为梁的集中力。

均布荷载:将分配给底板上的不平衡剪力化为均布荷载,并与底板自重、水重及扬压力等代数和相加,作为梁的均布荷载,如图 4-26(c)所示。

（5）考虑边荷载的影响。

边荷载是指计算闸段底板两侧的闸室或边墩背后回填土及岸墙作用于计算闸段上的

荷载。

边荷载对底板内力的影响，与地基土质、作用的荷载、荷载的施加程序有关。

（6）计算地基反力及梁的内力。

根据 $2T/L$ 判别所需采用的计算方法，利用已编制好的数表计算地基反力和梁的内力，进而验算强度并进行配筋。

## 模块 2 闸墩

闸墩结构计算主要包括闸墩水平截面上的正应力和剪应力、平面闸门门槽或弧形闸门支座的应力计算。闸墩计算情况有运用期和检修期两种。

运用期间，闸门关闭，闸墩承受最大水头时的水压力（包括闸门传来的水压力）、自重、上部结构及设备重作用，如图 4-28(a)、(b)所示。

检修期间，当一孔关门检修，相邻闸孔开启时，闸墩承受侧向水压力及自重、上部结构及设备重作用、交通桥上车辆刹车制动力等荷载，如图 4-28(c)所示。

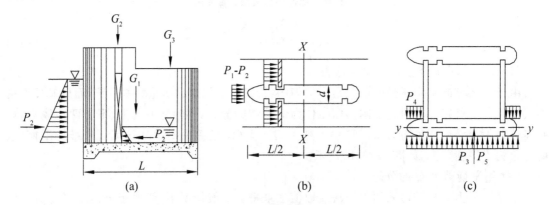

**图 4-28 闸墩结构计算示意图**

$P_1$、$P_2$—上、下游水平水压力；$P_3$、$P_4$—闸墩两侧横向水压力；$P_5$—交通桥上车辆刹车制动力；
$G_1$—闸墩自重；$G_2$—工作桥及闸门重；$G_3$—交通桥

### 1. 闸墩水平截面上的正应力和剪应力

闸墩水平截面上的正应力和剪应力，主要包括纵向（顺水流方向）和横向（垂直水流方向）两个方向的应力。闸墩每个高程的应力都不同，而最危险的断面则是闸墩与底板的接触面。因此，主要以墩底截面为控制应力截面，将闸墩视为固结于闸底板上的悬臂结构，近似按材料力学中的偏心受压公式进行应力分析。

#### 1）闸墩水平截面上的正应力计算

运用期
$$\sigma_{\min}^{\max} = \frac{\sum G}{A} \pm \frac{\sum M_{\mathrm{I}}}{I_{\mathrm{I}}} \frac{L}{2} \tag{4-13}$$

检修期
$$\sigma_{\min}^{\max} = \frac{\sum G}{A} \pm \frac{\sum M_{\mathrm{II}}}{I_{\mathrm{II}}} \frac{d}{2} \tag{4-14}$$

#### 2）闸墩水平截面上的剪应力计算

$$\tau = \frac{QS}{Ib} \tag{4-15}$$

**3）边墩（包括缝墩）墩底主拉应力计算**

闸门关闭时，由于受力不对称（见图 4-29），墩底受纵向剪力和扭矩的共同作用，产生较大的主拉应力。由于扭矩 $M_n$ 作用，在 $A$ 点产生的剪应力近似为

$$\tau_1 = \frac{M_n}{0.4d^2L} \tag{4-16}$$

$$M_n = Pd_1 \tag{4-17}$$

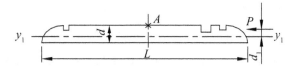

**图 4-29　边墩墩底主拉应力计算简图**

纵向剪应力的近似值为

$$\tau_2 = \frac{3P}{2dL} \tag{4-18}$$

$A$ 点的主拉应力为

$$\sigma_{zl} = \frac{\sigma}{2} \pm \frac{1}{2}\sqrt{\sigma^2 + 4(\tau_1 + \tau_2)^2} \tag{4-19}$$

## 2. 平面闸门闸墩的门槽应力计算

平面闸门门槽颈部因受闸门传来的水压力而产生拉应力，过去常假定该拉应力完全由钢筋承担，以致造成浪费。实际上应该考虑闸墩水平截面上的剪应力影响，它承担着一部分拉应力，这样可以减少钢筋用量。其计算步骤如下。

（1）取 1 m 高的闸墩作为计算单元。由左、右侧闸门传来的水压力为 $P$，在计算单元上、下水平截面上将产生剪力 $Q_上$ 和 $Q_下$，剪力差 $Q_下 - Q_上$ 应等于 $P$。

（2）假设剪应力在上、下水平截面上呈均匀分布，并取门槽前的闸墩作为脱离体，由力的平衡条件可求得此 1 m 高门槽颈部所受的拉力 $P_1$ 为

$$P_1 = \frac{PA_1}{A} \tag{4-20}$$

式中：$A_1$——门槽颈部以前闸墩的水平截面积，$\text{m}^2$；

　　$A$——闸墩的水平截面积，$\text{m}^2$。

（3）计算 1 m 高闸墩在门槽颈部所产生的拉应力为

$$\sigma = \frac{P_1}{b} \tag{4-21}$$

式中：$b$——门槽颈部厚度，m。

（4）闸墩配筋。当拉应力小于混凝土的允许拉应力时，可按构造要求进行配筋，否则，应按实际受力情况配筋。一般情况下，实体闸墩的应力不会超过墩体材料的允许应力，只需在闸墩底部及门槽配置构造钢筋。闸墩底部一般配 $\Phi10\sim14$ mm、间距为 $25\sim30$ cm 的垂直钢筋，下端深入底板的距离为钢筋直径的 $25\sim30$ 倍，上端伸至墩顶或底板以上 $2\sim3$ m 处截断。水平分布钢筋一般采用 $\Phi8\sim12$ mm，每米 $3\sim4$ 根。

由于水压力是沿闸墩高度变化的，因此，应在高度方向分段进行上述计算。此外，由于门槽承受的荷载是由滚轮或滑块传来的集中力，故还应验算混凝土的局部承压强度或配以一定

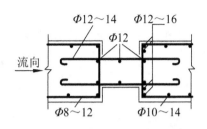

图 4-30 门槽配筋图

数量的构造钢筋。门槽配筋如图 4-30 所示。

### 3. 弧形闸门支座处应力计算

弧形闸门闸墩,除应计算底部应力外,还应验算牛腿及其附近的应力。

当闸门关闭挡水时,由弧形闸门门轴传给牛腿的作用力 $R$ 为闸门全部水压力合力的一半,该力可分为法向力 $N$ 和切向力 $T$(见图 4-31)。分析时可将牛腿视为短悬臂梁,计算它在 $N$ 与 $T$ 两力作用下的受力钢筋,并验算牛腿与闸墩相连处的面积是否满足要求。分力 $N$ 对牛腿引起弯矩和剪力,分力 $T$ 则使牛腿产生扭矩和剪力。牛腿配筋计算可参阅《水工钢筋混凝土结构学》等有关书籍。

作用在弧形闸门上的水压力通过牛腿传递给闸墩,远离牛腿部位的闸墩应力仍可用前述方法进行计算,但牛腿附近的应力集中现象则需采用弹性理论进行分析。现介绍偏光弹性试验法。

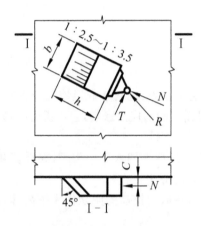

图 4-31 牛腿计算图

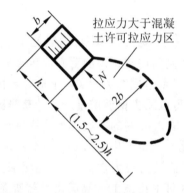

图 4-32 牛腿附近的闸墩拉应力

分力 $N$ 会使闸墩产生相当大的拉应力。三向偏光弹性试验结果表明:仅在牛腿前(靠闸门一边)的约 2 倍牛腿宽、1.5~2.5 倍牛腿高范围内(见图 4-32 虚线范围)的主拉应力大于混凝土的允许应力,需要配置受力钢筋,其余部位的拉应力较小,一般小于混凝土的允许拉应力,可按构造配筋或不配筋。在牛腿附近闸墩需配置的受力钢筋面积 $A_s$ 可近似地按式(4-22)计算,即

$$A_s = \frac{\gamma_d N'}{f_y} \tag{4-22}$$

式中:$N'$——大于混凝土允许拉应力范围内的拉应力总和(即图 4-32 虚线范围内的总拉力),该值为(70%~80%)$N$,kN;

$\gamma_d$——结构系数,取 1.2;

$f_y$——钢筋受拉强度设计值,MPa。

上述成果,只能作为中、小型弧形门闸墩牛腿附近的配筋依据,对于重要及大型水闸,需要直接通过模型试验确定支座及支座附近闸墩内的应力状态,并依此配置钢筋。

## 模块 3　工作桥和交通桥

工作桥为钢筋混凝土结构,主要由主梁、次梁和棉板等组成。作用荷载为自重、启闭设备重量、启门力及面板上面的所有荷载。按照承受荷载及边界条件计算内力。

交通桥通常为钢筋混凝土板桥或梁式桥,采用单跨简支结构形式。

可根据各自的支承情况、结构布置形式按板或板梁系统采用结构力学的方法进行结构计算,具体计算可参考有关文献。

# 任务 7　水闸的防渗排水设计

闸基渗流的主要危害如下。

(1) 沿闸基的渗流对建筑物产生向上的压力,减轻建筑物有效重量,降低闸身抗滑稳定性,沿两岸的渗流对翼墙产生水平推力。

(2) 由于渗透力的作用,可能造成土的渗透变形。

(3) 严重的渗漏将造成大量的水量损失。

(4) 渗流可能使地基内可溶解的物质加速溶解。

防渗设计目的是,正确地选择地下轮廓,设计防渗、排水设施的形式、布置、构造尺寸,计算渗透压力,供闸室稳定分析时使用;计算渗透坡降,以验算地基土抗渗稳定性。

防渗设计任务是,经济合理地确定地下廊线的形式和尺寸,寻求减小或消除渗透水流不利影响的必要和可靠的方法,并采取必要、可靠的防渗排水措施,以减小或消除渗流的不利影响,保证水闸安全。

水闸防渗排水设计的一般步骤如下。

(1) 根据水闸的上下游水头差大小和地基质条件,初拟地下轮廓线和防渗排水设施的布置。

(2) 验算地基土的抗渗稳定性,确定闸底渗透压力。

(3) 若满足稳定和抗渗要求,则初拟的地下轮廓线即可采用,反之,需修改设计直至满足要求。

## 模块 1　闸基防渗长度的确定

在上下游水位差的作用下,上游水从河床入渗,绕过上游铺盖、板桩、闸底板,经过反滤层由排水孔排至下游。其中铺盖、板桩和闸底板等不透水部分与地基的接触线,即闸基渗流的第一根流线,称为地下轮廓线,如图 4-33 所示。其长度即为闸基防渗长度,又称为渗径长度。按照《水闸设计规范》要求,为保证水闸安全,采用渗流系数法,长度 $L$ 可按下式初步拟定,即

$$L=CH \tag{4-23}$$

式中:$L$——闸基防渗长度,即闸基轮廓线防渗部分水平段和垂直段长度的总和,m;

$C$——允许渗径系数值(见表 4-1),当闸基设板桩时,可采用表 4-1 中规定值的小值;

$H$——上、下游水位差,m。

表 4-1 中对壤土和黏土以外的地基,只列出了有反滤层时的渗径系数,因为在这些地基上建闸,不允许不设反滤层。

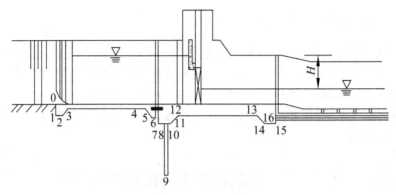

图 4-33　水闸地下轮廓线

表 4-1　渗径系数 $C$ 值

| 排水条件 | 地 基 类 别 | | | | | | | | | |
|---|---|---|---|---|---|---|---|---|---|---|
| | 粉砂 | 细砂 | 中砂 | 粗砂 | 中砾细砾 | 粗砾夹砾石 | 轻粉质砂壤土 | 轻砂壤土 | 壤土 | 黏土 |
| 有反滤层 | 13~9 | 9~7 | 7~5 | 5~4 | 4~3 | 3~2.5 | 11~7 | 9~5 | 5~3 | 3~2 |
| 无反滤层 | — | — | — | — | — | — | — | — | 7~4 | 4~3 |

## 模块 2　闸基防渗排水布置

闸基防渗排水布置总的原则是"高防低排"。

"高防"就是在闸底板上游一侧布置铺盖、板桩、齿墙、混凝土防渗墙及灌浆帷幕等防渗设施,以延长渗径,减小作用在底板上的渗透压力,降低闸基渗流的平均坡降。

"低排"就是在闸底板下游一侧布置面层排水、排水孔(或排水井)、反滤层等设施,使地基渗水尽快排出。

不同地基对地下轮廓线的要求不同,现分述如下。

### 1. 黏性土地基对地下轮廓线的要求

黏性土地基不易发生管涌,但摩擦力较小,故防渗布置应以降低闸基渗透压力、提高闸室的抗滑稳定性为主要目的。黏性土地基不打入板桩,以免破坏黏性土的天然结构,造成集中渗流,因此,防渗设施多采用不设板桩的平铺式布置。排水设施一般紧邻闸底板布置,必要时可移到闸底板下,以降低底板上的渗透压力,加速地基土固结,如图 4-34(a) 所示。

### 2. 砂性土地基对地下轮廓线的要求

砂性土的摩擦系数较大而抗渗能力差,故防渗布置应以减少渗漏和防止渗透变形为主要目的。当砂层较厚时,一般采用铺盖和在闸底板上游端设置悬挂式垂直防渗体的布置方式,垂直防渗体深度一般为作用水头的 0.7~1.2,如图 4-34(b) 所示。当砂层较薄(4~5 m 以下),其下有相对不透水层时,则可用垂直防渗体切断砂层渗透途径,其嵌入不透水层的深度不得小于 1.0 m,如图 4-34(c) 所示。对于地震区的均匀粉砂、细砂地基,为防止液化,常在闸底板下将垂直防渗体布置成四周封闭的形式。若水闸受双向水头作用,则上、下游均应设垂直防渗体和排水,如图 4-34(d) 所示。

### 3. 多层土地基对地下轮廓线的要求

当闸基为薄层黏性土和砂性土互层,且含有承压水时,还应验算黏性土覆盖层的抗渗、抗浮稳定性。必要时,可在铺盖前端加设一道垂直防渗体,闸室下游设置深入透水层的排水井,如图 4-34(e)所示。

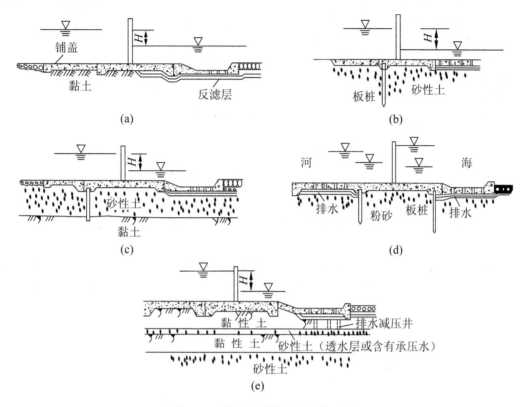

**图 4-34　水闸地下轮廓线布置示意图**

### 4. 岩石地基对地下轮廓线的要求

当闸基为岩石地基时,可根据防渗需要在闸底板上游端设水泥灌浆帷幕,其后设排水孔。

## 模块 3　闸基渗流计算

### 1. 全截面直线分布法

岩基上水闸基底渗透压力计算采用全截面直线分布法,计算时分以下两种情况考虑。

(1)当岩基上水闸闸基未设水泥灌浆帷幕和排水孔时,闸底板底面上的渗透压力的分布图形为三角形,如图 4-35(a)所示。

(2)当岩基上水闸闸基设有水泥灌浆帷幕和排水孔时,闸底板底面上游端的渗透压力作用水头为$(H-h_s)$,排水孔中心线处为$\alpha(H-h_s)$,$\alpha$为渗透压力强度系数,可采用 0.25,下游端为零。分布图形如图 4-35(b)所示。

### 2. 改进阻力系数法

#### 1) 基本原理

把闸基的渗流区域按可能的等水头线划分为几个典型流段,根据渗流连续性原理,流经各

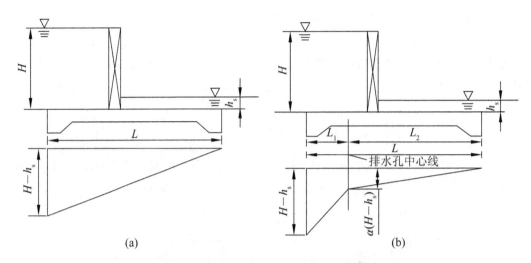

**图 4-35　全截面直线分布法渗透压力计算图**

(a) 未设水泥灌浆帷幕和排水孔的情况；(b) 设有水泥灌浆帷幕和排水孔的情况

流段的渗流量相等，各段水头损失与其阻力系数成正比，各段水头损失之和等于上下游水头差。

由水闸的地下轮廓线上各角隅点 2、3、4 等引出等水头线，将地基渗流区划分成 10 个等效渗流段，如图 4-36(a) 所示。取各渗流段长度为 $L$，透水层厚度为 $T$，两断面间的水头差为 $h_i$，根据达西定律，单宽流量 $q$ 为

$$q = k \frac{h_i}{L} T \tag{4-24}$$

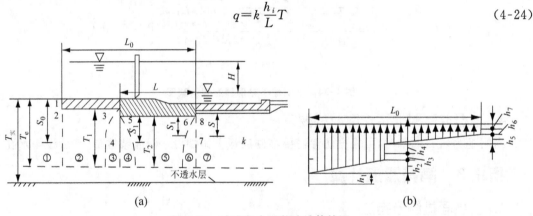

**图 4-36　改进阻力系数法计算简图**

令 $L/T = \xi_i$，则得

$$h_i = \xi_i q / k \tag{4-25}$$

式中：$\xi_i$——渗流段阻力系数，与渗流段的几何形状有关；

　　　　$k$——地基土的渗透系数，m/s。

总水头 $H$ 应为各段水头损失的总和，即

$$H = \sum_{i=1}^{n} h_i = \sum_{i=1}^{n} \xi_i \frac{q}{k} = \frac{q}{k} \sum_{i=1}^{n} \xi_i, \quad q = \frac{kH}{\sum\limits_{i=1}^{n} \xi_i} \tag{4-26}$$

将式(4-26)代入式(4-25),得各段的水头损失为

$$h_i = \frac{\xi_i H}{\sum\limits_{i=1}^{n} \xi_i} \qquad (4\text{-}27)$$

将各段的水头损失由出口向上游方向依次叠加,即得各段分界点的渗压水头及其他渗流要素。以直线连接各分段计算点的水头值,即得渗透压力分布图,如图 4-36(b)所示。

**2) 计算步骤**

(1) 确定地基有效深度 $T_e$(从各等效渗流段地下轮廓最高点垂直向下算起的地基透水层有效深度),可按下列公式计算。

当 $L_0/S_0 \geqslant 5$ 时　　　　　　　　　　$T_e = 0.5 L_0$ 　　　　　　　　　　(4-28)

当 $L_0/S_0 < 5$ 时　　　　　　　　　　$T_e = \dfrac{5 L_0}{1.6 L_0/S_0 + 2}$ 　　　　　　　　(4-29)

(2) 典型流段阻力系数的计算。

简化:把地下轮廓线简化成只有垂直和水平防渗两部分。

分段:一般水闸地基渗流段可归纳为三种典型流段,即进、出口段,内部垂直段和内部水平段。

每段的阻力系数 $\xi_i$,可按表 4-2 中的计算公式确定。

**表 4-2　典型流段阻力系数计算表**

| 区 段 名 称 | 典型流段形式 | 阻力系数 $\xi$ 的计算公式 |
|---|---|---|
| 进口段和出口段 | 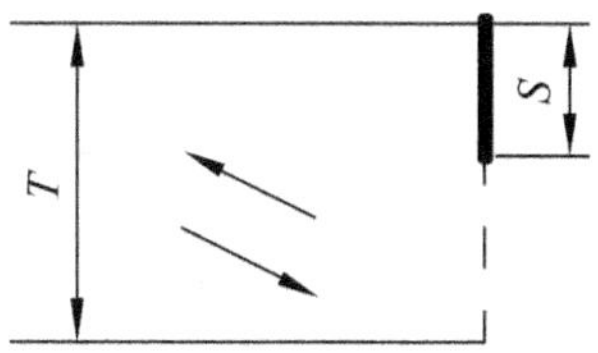 | $\xi_o = 1.5(S/T)^{3/2} + 0.441$ |
| 内部垂直段 | 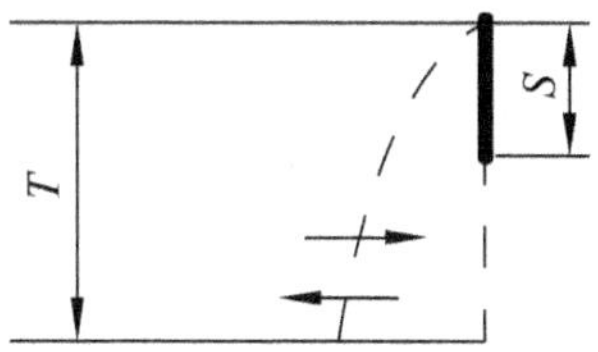 | $\xi_y = (2/\pi)\ln\cot[\pi/4(1-S/T)]$ |
| 内部水平段 | 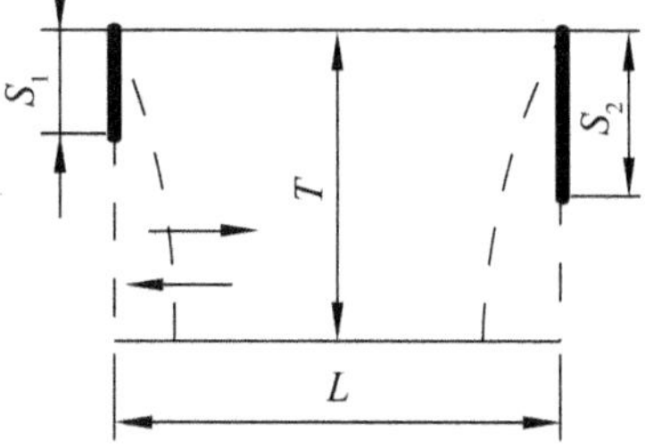 | $\xi_x = [L - 0.7(S_1 + S_2)]/T$ |

(3) 对进、出口段水头损失值和渗透压力分布图进行局部修正。进、出口段修正后的水头损失值可按下列公式计算(见图 4-37(a)),即

$$h'_0 = \beta' h_0, \quad h_0 = \sum_{i=1}^n h_i \tag{4-30}$$

$$\beta' = 1.21 - \frac{1}{\left[12\left(\dfrac{T'}{T}\right)^2 + 2\right]\left(\dfrac{S'}{T} + 0.059\right)} \tag{4-31}$$

式中：$h'_0$——进、出口段修正后的水头损失值，m；

$\quad h_0$——进、出口段水头损失值，m；

$\quad \beta'$——阻力修正系数，当计算的 $\beta' \geqslant 1.0$ 时，采用 $\beta' = 1.0$；

$\quad S'$——底板埋深与板桩入土深度之和，m；

$\quad T'$——板桩另一侧地基透水层深度，m。

修正后的水头损失的减小值 $\Delta h$ 为

$$\Delta h = (1 - \beta') h_0 \tag{4-32}$$

水力坡降呈急变形式的长度 $L'_x$ 为

$$L'_x = \frac{\Delta h T}{\Delta H \Big/ \displaystyle\sum_{i=1}^n \xi_i} \tag{4-33}$$

出口段渗透压力分布图可按下列方法进行修正（见图 4-37(b)）。

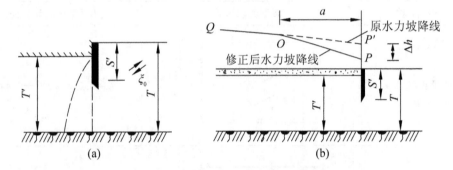

**图 4-37　进、出口段水头损失值渗透压力修正示意图**

$QP'$ 为原有水力坡降，由计算的 $\Delta h$ 和 $L'_x$ 值，分别定出 $P$ 点和 $O$ 点，连接 $QOP$，即为修正后的水力坡降线。

进、出口段齿墙不规则部位可按下列方法进行修正（见图 4-38）。

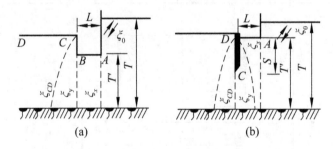

**图 4-38　进、出口段齿墙不规则部位修正示意图**

当 $h_x \geqslant \Delta h$ 时，按下式修正，即

$$h'_x = h_x + \Delta h \tag{4-34}$$

式中:$h_x$、$h'_x$——水平段和修正后水平段的水头损失,m。

当 $h_x < \Delta h$ 时,可按下列两种情况分别进行修正。

① 若 $h_x + h_y \geqslant \Delta h$,可按下式进行修正,即

$$h'_x = 2h_x \tag{4-35}$$

$$h'_y = h_y + \Delta h - h_x \tag{4-36}$$

式中:$h_y$、$h'_y$——内部垂直段和修正后内部垂直段的水头损失,m。

② 若 $h_x + h_y < \Delta h$,可按下式进行修正,即

$$h'_x = 2h_x, \quad h'_y = 2h_y \tag{4-37}$$

$$h'_{cd} = h_{cd} + \Delta h - (h_x + h_y) \tag{4-38}$$

式中:$h_{cd}$、$h'_{cd}$——图 4-38 中 $CD$ 段的水头损失和修正后 $CD$ 段的水头损失,m。

以直线连接修正后的各分段计算点的水头值,即得修正后的渗透压力分布图形。

(4)出口段渗流坡降值可按下式计算,即

$$J = \frac{h'_0}{S'} \tag{4-39}$$

出口段和水平段的渗流坡降都应满足表 4-3 中的允许渗流坡降的要求,防止地下渗流冲蚀地基土并造成渗透变形。

表 4-3  出口段和水平段的允许渗流坡降[$J$]值

| 分段 | 地 基 类 别 | | | | | | | | | | |
|---|---|---|---|---|---|---|---|---|---|---|---|
| | 粉砂 | 细砂 | 中砂 | 粗砂 | 中砾细砾 | 粗砾夹砾石 | 砂壤土 | 壤土 | 软壤土 | 坚硬黏土 | 极坚硬黏土 |
| 水平段 | 0.05～0.07 | 0.07～0.10 | 0.10～0.13 | 0.13～0.17 | 0.17～0.22 | 0.22～0.28 | 0.15～0.25 | 0.25～0.35 | 0.30～0.40 | 0.40～0.50 | 0.50～0.60 |
| 出口段 | 0.25～0.30 | 0.30～0.35 | 0.35～0.40 | 0.40～0.45 | 0.45～0.50 | 0.50～0.55 | 0.40～0.50 | 0.50～0.60 | 0.60～0.70 | 0.70～0.80 | 0.80～0.90 |

注:当渗流出口处设反滤层时,表中数值可加大 30%。

【例 4-1】  某水闸地下轮廓线如图 4-39(a)所示。根据钻探资料可知,地面以下 12 m 深处为相对不透水的黏土层。用改进阻力系数法计算渗流要素。

解  (1)简化地下轮廓:简化后地下轮廓如图 4-39(b)所示,划分 10 个基本段。

(2)确定地基的有效深度。

由于 $L_0 = 0.5 + 12.25 + 10.25 + 1.0 = 24$ m,$S_0 = (25.5 - 20)$ m $= 5.5$ m,$L_0/S_0 = 4.36 < 5$,按式(4-29)得

$$T_e = 13.36 \text{ m} > T_p = 12.0 \text{ m}$$

故按实际透水层深度 $T = T_p = 12.0$ m,进行渗流计算。

(3)计算各典型段阻力系数:按各典型段阻力系数计算公式计算,见表 4-4。

(4)计算各段水头损失:按式(4-27)计算各段水头损失,列于表 4-5 中。

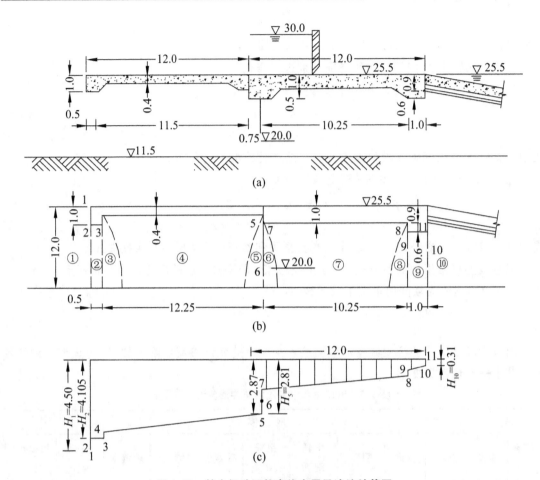

图 4-39  某水闸地下轮廓线布置及渗流计算图

表 4-4  计算各典型段阻力系数

| 分段编号 | 分段名称 | $S(m)$ | $S_1(m)$ | $S_2(m)$ | $T(m)$ | $L(m)$ | $\xi_i$ |
|---|---|---|---|---|---|---|---|
| 1 | 进口段 | 1.0 | | | 12 | | 0.477 |
| 2 | 水平段 | | 0 | 0 | 11 | 0.5 | 0.045 |
| 3 | 内部铅直段 | 0.6 | | | 11.6 | | 0.052 |
| 4 | 水平段 | | 0.6 | 5.1 | 11.6 | 12.25 | 0.712 |
| 5 | 内部铅直段 | 5.1 | | | 11.6 | | 0.479 |
| 6 | 内部铅直段 | 4.5 | | | 11.0 | | 0.441 |
| 7 | 水平段 | | 4.5 | 0.5 | 11.0 | 10.25 | 0.614 |
| 8 | 内部铅直段 | 0.5 | | | 11.0 | | 0.045 |
| 9 | 水平段 | | 0 | 0 | 10.5 | 1.0 | 0.095 |
| 10 | 出口段 | 0.6 | | | 11.1 | | 0.460 |
| $\sum$ | 总和 | | | | | | 3.420 |

表 4-5　计算各段水头损失

| 分段编号 | 1 | 2 | 3 | 4 | 5 | 6 | 7 | 8 | 9 | 10 |
|---|---|---|---|---|---|---|---|---|---|---|
| $h_i$ | 0.628 | 0.059 | 0.068 | 0.937 | 0.630 | 0.581 | 0.808 | 0.059 | 0.125 | 0.605 |

注:总水头 $H=(30-25.5)$ m=4.5 m。

（5）进、出口段水头损失修正。

① 进口段水头损失修正。

已知 $T'=(12-1)$ m=11 m,$T=12$ m,$S'=1.0$ m,按式(4-31)计算得 $\beta'=0.629<1.0$,则进口段修正为

$$h'_{01}=0.628\times0.629 \text{ m}=0.395 \text{ m}$$

水头损失减小值为

$$\Delta h=(0.628-0.395) \text{ m}=0.233 \text{ m}$$

因 $(h_{x2}+h_{y3})=(0.059+0.068)$ m=0.127 m$<\Delta h$,故第 2、3、4 段分别按式(4-36)、式(4-37)修正,即

$$h'_{x2}=2h_{x2}=2\times0.059 \text{ m}=0.118 \text{ m}$$
$$h'_{y3}=2h_{y3}=2\times0.068 \text{ m}=0.136 \text{ m}$$
$$h'_{x4}=h_{x4}+\Delta h-(h_{x2}+h_{y3})=[0.937+0.233-(0.059+0.068)] \text{ m}=1.043 \text{ m}$$

② 出口段水头损失修正。

已知 $T'=10.5$ m,$T=11.1$ m,$S'=0.6$ m,按式(4-31)计算得 $\beta'=0.516<1.0$,则出口段修正为

$$h'_{010}=0.605\times0.516 \text{ m}=0.312 \text{ m}$$

水头损失减小值为

$$\Delta h=(0.605-0.312) \text{ m}=0.293 \text{ m}$$

因 $(h_{x9}+h_{y8})=(0.125+0.059)$ m=0.184 m$<\Delta h$,故第 7、8、9 段分别按式(4-37)、式(4-38)修正,即

$$h'_{x9}=2h_{x9}=2\times0.125 \text{ m}=0.250 \text{ m}$$
$$h'_{y8}=2h_{y8}=2\times0.059 \text{ m}=0.118 \text{ m}$$
$$h'_{x7}=h_{x7}+\Delta h-(h_{x9}+h_{y8})=[0.808+0.293-(0.125+0.059)] \text{ m}=0.917 \text{ m}$$

验算:$H=(0.395+0.118+0.136+1.043+0.630+0.581+0.917+0.118+0.250+0.312)$ m=4.5 m,计算无误。

（6）计算各角点或尖端渗压水头:由上游进口段开始,逐次向下游从总水头 $H=4.5$ m,减去各分段水头损失值,即可求得各角点或尖端渗压水头值,即

$$H_1=4.5 \text{ m}$$
$$H_2=(4.5-0.359) \text{ m}=4.105 \text{ m}$$
$$H_3=(4.105-0.118) \text{ m}=3.987 \text{ m}$$
$$H_4=3.851 \text{ m}$$
$$H_5=2.808 \text{ m}$$
$$H_6=2.178 \text{ m}$$
$$H_7=1.597 \text{ m}$$

$$H_8 = 0.680 \text{ m}$$
$$H_9 = 0.562 \text{ m}$$
$$H_{10} = 0.312 \text{ m}$$
$$H_{11} = (0.312 - 0.312) \text{ m} = 0$$

（7）绘制渗压水头分布图（见图 4-39(c)）。

（8）渗流出口平均坡降：按式（4-39）计算，即

$$J = h_0'/S' = 0.312/0.6 = 0.52$$

# 模块 4　防渗排水设施

防渗设施包括水平防渗设备（铺盖）和垂直防渗设备（齿墙、板桩、防渗墙和水泥砂浆帷幕、高压喷射灌浆帷幕及垂直防渗土工膜等），而排水设施则是指铺设在护坦、浆砌石海漫底部或闸底板下游段起导渗作用的砂砾石层。排水体常与反滤层结合使用。

## 1. 铺盖

水闸常用黏土、混凝土、钢筋混凝土或土工膜等材料做防渗铺盖等。铺盖长度一般取上下游最大水位差的 3～5 倍。

铺盖的作用是，延长渗径，降低闸底的渗透压力，降低渗透坡降。

对铺盖的要求：

（1）具有相对不透水性；

（2）有一定的柔性，适应地基的变形；

（3）长度多为闸上水头的 3～6 倍。

### 1）黏土铺盖

要求铺盖渗透系数 $k = (10-6) \sim (10-8)$ cm/s，且至少是地基渗透系数的 1/100。铺盖的厚度应根据铺盖土料的允许水力坡降值计算确定，上游端的最小厚度应不小于 0.6 m，逐渐向闸室方向加厚，且任一截面厚度不应小于该计算断面顶底面水头差值的 1/6。为了防止铺盖在施工期被损坏和运用时被水流冲刷，其上面应设置厚 0.3～0.5 m 的干砌块石或混凝土板保护层，保护层与铺盖间设置一层或两层砂砾石垫层。铺盖与闸室底板连接的地方是薄弱环节，除了将铺盖加厚外，还应将底板前端做成倾斜面，使整个末端呈大梯形断面形式，以便黏土靠自重和上部荷载与混凝土底板贴紧，两者之间应铺设油毛毡止水，如图 4-40 所示。

### 2）混凝土或钢筋混凝土铺盖

如当地缺乏黏土、黏壤土或要用铺盖兼作阻滑板以提高闸室抗滑稳定性时，可采用混凝土或钢筋混凝土铺盖。其厚度一般根据构造要求确定，最小厚度不宜小于 0.4 m，在与底板连接处应加厚至 0.8～1.0 m。为了减小地基不均匀沉降和温度变化的影响，其顺水流方向应设永久缝，缝距可采用 8～20 m。铺盖与闸底板、翼墙之间也要分缝。缝宽可采用 2～3 cm，缝内均应设止水。混凝土铺盖中应配置温度构造筋，对于起阻滑作用的钢筋混凝土铺盖则要根据受力情况配置轴向受拉钢筋。受拉钢筋与闸室在接缝处应采用铰接的构造形式。这种铺盖的混凝土强度等级一般不低于 C20，如图 4-41 所示。

### 3）土工膜防渗铺盖

水闸防渗铺盖也可用土工膜代替传统的弱透水土料。用于防渗的土工合成材料主要有土工膜或复合土工膜，其厚度应根据作用水头、膜下土体可能产生裂隙宽度、膜的应变和强度等

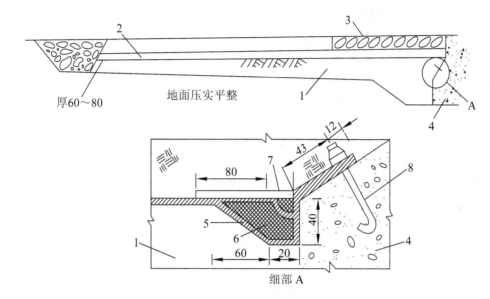

**图 4-40　黏土铺盖与闸室底板连接构造图**

1—黏土铺盖；2—垫层；3—保护层；4—闸室底板；5—沥青麻袋；

6—沥青填料；7—木盖板；8—螺栓

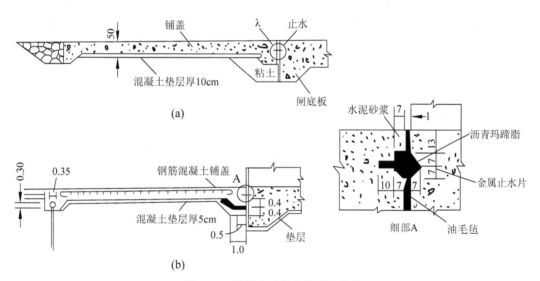

**图 4-41　混凝土或钢筋混凝土铺盖**

（a）混凝土铺盖；（b）钢筋混凝土铺盖

因素确定，但不宜小于 0.5 mm。在敷设土工膜时，应排除膜下积水、积气，以防土工膜受水、气顶托而破坏。防渗土工膜上部可采用水泥砂浆、砌石或预制混凝土块做防护层、上垫层，下部应设下垫层。

**2. 板桩**

作用：板桩一般设在闸底板的上游端或铺盖的前端，以增加渗透途径，降低渗透压力；有时也将短板桩设在闸底板的下游侧，以减小渗流出口坡降，防止出口处土壤产生渗透变形。

材料：板桩可分为钢筋混凝土板桩、钢板桩及砂浆板桩、木板桩等几种。

　　目前采用最多的是钢筋混凝土板桩,考虑防渗要求、结构刚度要求和打桩设备条件,其最小厚度不宜小于 0.2 m;宽度不宜小于 0.4 m;其入土深度多数采用 3～5 m,最长达 8 m。板桩之间应采用梯形榫槽连接,它适合于各种地基。

　　板桩与底板的连接形式:① 板桩紧靠底板前缘,顶宽嵌入黏土铺盖一定深度(适用闸室沉降量大的情况);② 板桩顶部嵌入底板底面特设的凹槽内(适用闸室沉降量较小的情况)。

### 3. 齿墙及混凝土防渗墙

　　当地基为粒径较大的砂砾石、卵石,不宜打板桩时,可采用深齿墙或混凝土防渗墙。

#### 1) 齿墙

　　闸底板的上下游端一般都设有浅齿墙,辅助防渗,并有利于抗滑。齿墙深度一般为 0.5～1.5 m,最大不宜超过 2.0 m。

#### 2) 混凝土防渗墙

　　混凝土防渗墙的厚度主要根据成槽器开槽尺寸确定,其厚度一般不小于 0.2 m,否则混凝土浇筑较难,影响工程质量。

### 4. 水泥砂浆帷幕、高压喷射灌浆帷幕及垂直防渗土工膜

　　近年来,国内逐渐推广使用灌注式水泥砂浆帷幕和高压喷射灌浆帷幕等垂直防渗体形式,根据防渗要求和施工条件,它们的最小厚度一般不宜小于 0.1 m。

　　当地基内强透水层埋深在开槽机能力范围(一般在 12 m)内,且透水层中大于 5 cm 的颗粒含量不超过 10%(以重量计)、水位能满足泥浆固壁的要求时,也可考虑采用土工膜垂直防渗方案。地下垂直防渗土工膜可采用聚乙烯土工膜、复合土工膜或防水塑料板等。根据经验,其最小厚度一般不宜小于 0.25 mm,太薄可能产生气孔,且在施工中容易受损,防渗效果不好。重要工程可采用复合土工膜,其厚度不宜小于 0.5 mm。

## 模块 5　排水设施

　　目的:改善排水是为了继续降压,并将渗流安全地导向下游。

　　形式:平铺式。

　　材料:透水性强的粗砂、卵石。

　　反滤层:为防止地基土的细颗粒被渗流带入排水,应在排水和地基土的接触面处设置反滤层。水闸设计多将反滤层中粒径最大的一层适当加厚,构成排水体。

## 模块 6　水闸的侧向绕渗

　　水闸建成挡水后,除闸基有渗流外,水流还从上游经水闸两岸渗向下游,这就是侧向绕渗,如图 4-42 所示。绕渗对岸墙、翼墙产生渗透压力,加大了墙底扬压力和墙身的水平水压力,对翼墙、边墩或岸墙的结构强度和稳定产生影响,并有可能使填土发生危害性的渗透变形,增加渗漏损失。

　　侧向防渗排水布置(包括刺墙、板桩、排水井等)应根据上下游水位、墙体材料和墙后土质及地下水位变化等情况综合考虑,并应与闸基的防渗排水布置相适应,在空间上形成一体。布置原则仍是防渗与导渗相结合。由于侧向填土与岸、翼墙的接触条件比闸底板与地基的接触条件差,所以,绕渗的防渗长度比闸下防渗长度长。有时为了避免填土与边墩(或岸墙)接触面上产生集中渗流,也可设置短刺墙。排水设施一般设在下游翼墙上,根据墙后回填土的性质不

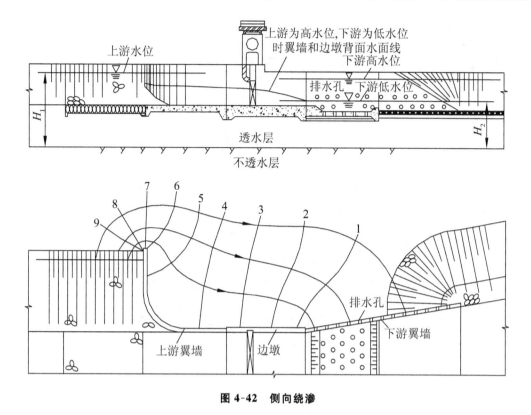

图 4-42　侧向绕渗

同,可采用排水孔或连续排水垫层等形式。孔口附近应设反滤层以防发生渗透变形。

# 任务 8　水闸的稳定分析及地基处理

## 模块 1　荷载计算

作用在水闸上的荷载主要有自重、水重、水平水压力、淤沙压力、扬压力、浪压力、土压力等,如图 4-43 所示。

其中自重、水重、扬压力、淤沙压力等荷载的计算方法与重力坝的基本类似。以下对水平水压力、浪压力、土压力等的计算进行说明。

**1. 水平水压力**

作用在铺盖与底板连接处的水平水压力因铺盖所用材料不同而略有差异。对于黏土铺盖,如图 4-44(a)所示,$a$ 点处按静水压强计算,$b$ 点处则取该点的扬压力强度值,两点之间以直线相连进行计算。当为混凝土或钢筋混凝土铺盖时,如图 4-44(b)所示,止水片以上的水平水压力仍按静水压力分布计算,止水片以下按梯形分布计算,$c$ 点的水平水压力强度等于该点的浮托力强度值加上 $e$ 点的渗透压力强度值,$d$ 点则取该点的扬压力强度值,$c$、$d$ 点之间按直线连接计算。

**2. 浪压力**

波长、波高和波浪中心线高出静水位高度等波浪要素的计算按莆田试验站法进行;根据风

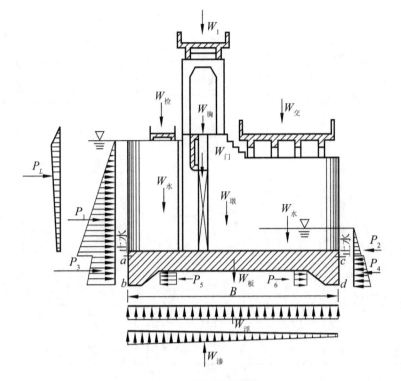

**图 4-43　水闸荷载简图**

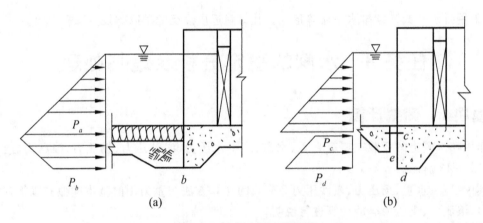

(a)　　　　　　　　　　　　　　　(b)

**图 4-44　水平水压力计算图**

区范围内平均水深、波浪破碎的临界水深及半波长之间的关系,判别属于哪种类型的波浪,波浪类型有深水波、浅水波或破碎波,分别用相应公式进行浪压力计算。

**3. 土压力**

土压力应根据填土性质、挡土高度、填土内的地下水位、填土顶面坡角及超载等计算确定。对于向外侧移动或转动的挡土结构,可按主动土压力计算;对于保持静止不动的挡土结构,可按静止土压力计算。

作用在水闸上的地震荷载、冰压力、土的冻胀力及其他荷载的计算可具体见《水闸设计规范》(SL 265—2001)。施工中各个阶段的临时荷载应根据工程实际情况确定。

## 模块 2　荷载组合

水闸在施工、运用及检修过程中,各种作用荷载的大小、分布及出现的几率情况是经常变化的。因此,设计水闸时,应将可能同时作用的各种荷载进行组合。荷载组合分为基本组合和特殊组合两类。基本组合由基本荷载组成;特殊组合由基本荷载和一种或几种特殊荷载组成。但地震荷载只允许与正常蓄水位情况下的相应荷载组合。

每种组合中所包含的计算情况及每种情况中所涉及的荷载见表 4-6。

表 4-6　水闸荷载组合表

| 荷载组合 | 计算情况 | 荷载 | | | | | | | | | | | | 说　明 |
| --- | --- | --- | --- | --- | --- | --- | --- | --- | --- | --- | --- | --- | --- | --- |
| | | 自重 | 水重 | 静水压力 | 扬压力 | 土压力 | 淤砂压力 | 风压力 | 浪压力 | 冰压力 | 土的冻胀力 | 地震荷载 | 其他 | |
| 基本组合 | 完建情况 | √ | — | — | — | √ | — | — | — | — | — | — | √ | 必要时,可考虑地下水产生的扬压力 |
| | 正常蓄水位情况 | √ | √ | √ | √ | √ | √ | √ | √ | — | — | — | √ | 按正常蓄水位组合计算水重、静水压力、扬压力及浪压力 |
| | 设计洪水位情况 | √ | √ | √ | √ | √ | √ | √ | √ | — | — | — | — | 按设计洪水位组合计算水重、静水压力、扬压力及浪压力 |
| | 冰冻情况 | √ | √ | √ | √ | √ | √ | — | √ | √ | √ | — | √ | 按正常蓄水位组合计算水重、静水压力、扬压力及浪压力 |
| 特殊组合 | 校核洪水位情况 | √ | √ | √ | √ | √ | √ | √ | √ | — | — | — | — | 按校核洪水位组合计算水重、静水压力、扬压力及浪压力 |
| | 施工情况 | √ | — | — | — | √ | — | — | — | — | — | — | √ | 应考虑施工过程中各个阶段的临时荷载 |
| | 检修情况 | √ | — | √ | √ | √ | √ | — | √ | — | — | — | √ | 按正常蓄水位组合(必要时可按设计洪水位组合或冬季低水位条件)计算水重、静水压力、扬压力及浪压力 |
| | 地震情况 | √ | √ | √ | √ | √ | √ | — | √ | — | — | √ | — | 按正常蓄水位组合计算水重、静水压力、扬压力及浪压力 |

注:表中"√"号为需要考虑荷载,"—"号为不需要考虑荷载。

## 模块 3　闸室抗滑稳定计算

闸室抗滑稳定计算应满足的要求是:土基上沿闸室基底面的抗滑稳定安全系数不小于$[K_土]$值(见表 4-7);岩基上沿闸室基底面的抗滑稳定安全系数不小于$[K_岩]$值(见表 4-8)。

计算时取两相邻顺水流向永久缝之间的闸段作为计算单元。

**1. 计算公式**

(1) 土基上的水闸闸室沿地基面的抗滑稳定计算公式为

表 4-7　[$K_土$]值

| 荷载组合 | | 水闸级别 | | | |
|---|---|---|---|---|---|
| | | 1 | 2 | 3 | 4、5 |
| 基本组合 | | 1.35 | 1.30 | 1.25 | 1.20 |
| 特殊组合 | Ⅰ | 1.20 | 1.15 | 1.10 | 1.05 |
| | Ⅱ | 1.10 | 1.05 | 1.05 | 1.00 |

表 4-8　[$K_岩$]值

| 荷载组合 | | 按式(4-40)计算时 | | | 按式(4-41)计算时 |
|---|---|---|---|---|---|
| | | 水闸级别 | | | |
| | | 1 | 2、3 | 4、5 | |
| 基本组合 | | 1.10 | 1.08 | 1.05 | 3.00 |
| 特殊组合 | Ⅰ | 1.05 | 1.03 | 1.00 | 2.50 |
| | Ⅱ | 1.00 | | | 2.30 |

注：(1) 特殊组合Ⅰ适用于校核洪水位情况、
　　施工情况及检修情况；
　　(2) 特殊组合Ⅱ适用于地震情况。

$$K_c = \frac{f \sum G}{\sum H} \tag{4-40}$$

$$K_c = \frac{\tan\varphi_0 \sum G + C_0 A}{\sum H} \tag{4-41}$$

式中：$K_c$——沿闸室基底面的抗滑稳定安全系数；

$f$——闸室基底面与地基之间的摩擦系数，可查表 4-9 得到；

$\sum H$—— 作用在闸室上的全部水平向荷载，kN；

$\varphi_0$——闸室基础底面与土质地基之间的摩擦角，(°)，可查表 4-10 得到；

$C_0$——闸室基础底面与土质地基之间的黏结力，kPa，可查表 4-10 得到。

由于式(4-40)计算简便，故在水闸设计中，特别是在水闸的初步设计阶段采用较多。对于黏性土地基上的大型水闸宜按式(4-41)进行计算。

(2) 岩基上沿闸室基底面的抗滑稳定计算可按式(4-40)或式(4-42)进行，即

$$K_c = \frac{f' \sum G + C' A}{\sum H} \tag{4-42}$$

式中：$f'$——闸室基底面与岩石地基之间的抗剪断摩擦系数，可查表 4-11 得到；

$C'$——闸室基底面与岩石地基之间的抗剪断黏结力，kPa，可查表 4-11 得到。

式(4-42)不仅考虑了闸室基底与岩石地基之间的摩阻力，而且也考虑了客观存在于闸室基底与岩石地基之间的黏结力，因此按此公式计算显然更加合理。

**2. 提高闸室抗滑稳定性的措施**

当沿闸室基底面抗滑稳定安全系数计算值小于允许值时，可采用下列一种或几种抗滑措施。

(1) 将闸门位置移向低水位一侧，或将水闸底板向高水位一侧加长，以增加水重。

(2) 适当增大闸室结构尺寸。

(3) 增加闸室底板的齿墙深度。

(4) 增加铺盖长度或帷幕灌浆深度，或在不影响防渗安全的条件下将排水设施向水闸底板靠近。

**表 4-9 f 值**

| 地 基 类 别 | | f |
|---|---|---|
| 黏土 | 软弱 | 0.20~0.25 |
| | 中等坚硬 | 0.25~0.35 |
| | 坚硬 | 0.35~0.45 |
| 壤土、粉质壤土 | | 0.25~0.40 |
| 砂壤土、粉砂土 | | 0.35~0.40 |
| 细砂、极细砂 | | 0.40~0.45 |
| 中砂、粗砂 | | 0.45~0.50 |
| 砂砾石 | | 0.40~0.50 |
| 砾石、卵石 | | 0.50~0.55 |
| 碎石土 | | 0.40~0.50 |
| 软质岩石 | 极软 | 0.40~0.45 |
| | 软 | 0.45~0.55 |
| | 较软 | 0.55~0.60 |
| 硬质岩石 | 较坚硬 | 0.60~0.65 |
| | 坚硬 | 0.65~0.70 |

**表 4-10 $\varphi_0$、$C_0$ 值(土质地基)**

| 土质地基类别 | $\varphi_0/(°)$ | $C_0/kPa$ |
|---|---|---|
| 黏性土 | $0.9\varphi$ | $(0.2~0.3)C$ |
| 砂性土 | $(0.85~0.90)\varphi$ | 0 |

注:$\varphi$ 为室内饱和固结快剪(黏性土)或饱和快剪实验测得的内摩擦角;$C$ 为室内饱和固结快剪实验测得的黏结力。

**表 4-11 $f'$、$C'$ 值(岩石地基)**

| 岩石地基类别 | | $f'$ | $C'/MPa$ |
|---|---|---|---|
| 硬质岩石 | 坚硬 | 1.5~1.3 | 1.5~1.3 |
| | 较坚硬 | 1.3~1.1 | 1.3~1.1 |
| 软质岩石 | 较软 | 1.1~0.9 | 1.1~0.7 |
| | 软 | 0.9~0.7 | 0.7~0.3 |
| | 极软 | 0.7~0.4 | 0.3~0.05 |

注:如岩石地基内存在结构面、软弱层(带)或断层的情况,$f'$、$C'$ 值应按现行的《水力发电工程地质勘察规范》(GB 50287—2006)选用。

(5)利用钢筋混凝土铺盖作为阻滑板,但闸室自身的抗滑稳定安全系数不应小于 1.0(计算由阻滑板增加的抗滑力时,阻滑板效果的折减系数可采用 0.80),阻滑板应满足抗裂要求。

(6)增设钢筋混凝土抗滑桩或预应力锚固结构。

# 模块 4 闸室基底应力计算

闸室基底应力应满足:在各种计算情况下,土基上闸室的平均基底应力不大于地基允许承载力,最大基底应力不大于地基允许承载力的 1.2 倍;闸室基底应力的最大值与最小值之比 $\eta$ 不大于允许值。岩基上,闸室最大基底应力不大于地基允许承载力;在非地震情况下,闸室基底不出现拉应力;在地震情况下,闸室基底拉应力不大于 100 kPa。

**1.** 对于结构布置及受力情况对称的闸孔

如多孔水闸的中间孔或左右对称的单闸孔,按下式计算,即

$$P_{\substack{max \\ min}} = \frac{\sum G}{A} \pm \frac{\sum M}{W} \tag{4-43}$$

**2.** 对于结构布置及受力情况不对称的闸孔

如多孔闸的边闸孔或左右不对称的单闸孔,按双向偏心受压公式计算,即

$$P_{\substack{max \\ min}} = \frac{\sum G}{A} \pm \frac{\sum M_x}{W_x} \pm \frac{\sum M_y}{W_y} \tag{4-44}$$

# 模块 5 地基处理

**1.** 地基处理目的

地基处理的目的主要有:

（1）提高地基的承载能力和稳定性；

（2）减小或消除地基的有害沉陷，防止地基渗透变形。

当天然地基承载能力、稳定和变形任何一方面不能满足要求时，就应根据工程具体情况进行地基处理。

### 2．地基沉降校核

由于土基压缩变形大，容易引起较大的地基沉降。较大的均匀沉降可能会使闸顶部高程不足；过大的不均匀沉降，将导致闸室倾斜、产生裂缝、止水破坏，甚至断裂等。因此，研究地基稳定时，应进行地基的沉降校核，以保证水闸的安全和正常运用。

**1）闸基沉降计算内容**

（1）均匀沉降：建筑物顶部高程降低，影响正常运行。

（2）不均匀沉降：闸室倾斜、裂缝、止水破坏。

**2）计算沉降的方法**

目前我国水利系统多数是根据土工试验提供的压缩曲线（如 $e$-$p$ 压缩曲线或 $e$-$p$ 回弹压缩曲线）采用分层总和法计算地基沉降的。

**3）沉陷允许值**

根据工程实践，天然土质地基上水闸地基的允许最大沉降量为 15 cm，相邻部位的允许最大沉降差为 5 cm。

**4）减少不均匀沉降的措施**

当软土地基上的水闸地基沉降计算不满足上述要求时，可以考虑采用以下一种或几种措施：

（1）采用沉降缝隔开；

（2）改变基础形式或刚度；

（3）调整基础尺寸和埋置深度；

（4）必要时对地基进行人工加固；

（5）安排合适的施工程序，严格控制施工进度；

（6）变更结构形式（采用轻型结构或静定结构等）或加强结构刚度。

### 3．地基处理方法

当天然地基承载能力、稳定和变形任何一方面不能满足要求时，就应根据工程具体情况进行地基处理。

**1）强力夯实法**

通过夯实机械对天然地基土进行强力夯实，以增加地基承载力，减小沉降量，提高抗振动液化的能力。该法适用于透水性较好的松软地基，尤其是稍密的碎石土或松砂地基。

**2）换土垫层法**

这种方法是将基底附近一定深度的软土挖除，换以砂土或紧密黏土，分层夯实而成。其主要作用是改善地基应力分布，减少沉降量。该方法适用于厚度不大的软土地基。

**3）桩基础**

当闸室结构重量较大、软土层较厚、基底压力较大时，可采用桩基础。水闸桩基通常采用端承桩和端承摩擦桩两种形式。桩的根数和尺寸宜按承担底板底面以上的全部荷载确定。

**4）高速旋喷法**

此法是用钻机钻孔至设计高层，然后以射水法用安装在钻杆下端的特殊喷嘴把高压水、压缩空气和水泥浆或其他化学浆高速喷出,搅动土体,同时钻杆边旋转边提升,使土体与浆液混合,形成柱桩,达到加固地基的目的。

**5）沉井基础法**

适用条件:闸下有较厚的软土层,要求闸的基础埋置较深。该方法不适用于闸基下有流沙、蛮石或表面倾斜较大岩层的情况。沉井是一种筒状结构物,可用浆砌石、混凝土或钢筋混凝土制成。沉井平面尺寸视上部结构而定,一般只要略大于上部结构的尺寸即可。沉井的接缝应置于闸的沉降缝之下,使上部结构能够适应下部基础的沉降。

**6）振冲砂石桩法**

它是利用一个直径为 0.3～0.8 m,长约 2 m,下端设有喷水口的振冲器,先在土基内造孔,下管,然后向上移动,边振动边沿管向下填注砂石料形成砂石桩。桩径一般为 0.6～0.8 m,间距 1.5～2.5 m,呈梅花形或正方形布置。桩的深度根据设计要求和施工条件确定,一般为 8～10 m。振冲桩的砂石料宜有良好的级配,碎石最大粒径不宜大于 5 cm。振冲砂石桩适用于松砂或软弱的壤土地基。

**7）爆炸振密法**

在松砂层厚度较大的地基上建闸,可采用爆炸振密法。先在地基内钻孔,孔距为 5～6 m,沿孔深每隔一定距离放置适量的炸药,利用爆炸力使松砂密实。该法对粗砂、中砂地基比较有效,而对细砂尤其是粉砂地基效果较差。爆炸振密深度一般不超过 10 m。

# 任务 9　水闸上游连接段和下游连接段的布置及两岸连接建筑物

## 模块 1　连接建筑物的作用

水闸两端与河岸或堤、坝等建筑物的连接处,需设置连接建筑物,它们包括上、下游翼墙,边墩或岸墙,刺墙和导流墙等。其作用是:挡住两侧填土,维持土坝及两岸的稳定,防止过闸水流的冲刷;引导水流平顺进闸,并使出闸水流均匀扩散;阻止侧向绕渗,防止与其相连的岸坡或土坝产生渗透变形。

两岸连接建筑物的工程量占水闸总工程量的 15%～40%,闸孔越少,所占比重越大。因此,应十分重视其形式选择和布置。

## 模块 2　连接建筑物的布置形式

### 1. 上、下游翼墙

边墩或岸墙向上、下游延伸,便形成了上、下游翼墙。上、下游翼墙在顺水流方向上的投影长度应分别不小于铺盖及消力池的长度。在有侧向防渗要求的条件下,上、下游翼墙的墙顶高程应分别高于上、下游最不利运用水位。上、下游翼墙宜与闸室及两岸岸坡平顺连接,其平面布置形式通常有以下几种。

（1）圆弧或椭圆弧形翼墙。如图 4-45(a)所示,从边墩两端开始,用圆弧或 1/4 椭圆弧形直墙插入两岸。一般上游圆弧半径为 20～50 m,下游圆弧半径为 30～50 m。其优点是,水流条件好;其缺点是,施工复杂,工程量大。该翼墙适用于水位差及单宽流量大、闸身高、地基承载力较低的大中型水闸。

（2）反翼墙。如图 4-45(b)所示，翼墙向上、下游延伸一定距离后，转 90°插入两岸转弯处，其半径一般采用 2～5 m。上游翼墙的收缩角不宜大于 18°，下游翼墙的平均扩散角一般采用 7°～12°，以免出闸水流脱离边壁，产生回流，挤压主流，冲刷下游河道。其优点是，水流条件较好，防渗效果好；其缺点是，工程量大，造价较高。该翼墙适用于大中型水闸。小型水闸也可采用一字形布置形式。

（3）扭曲面翼墙。如图 4-45(c)所示，翼墙的迎水面自闸室连接处开始，由垂直面逐渐变化为倾斜面，直至与河岸同坡度相接。其优点是，水流条件好，工程量较小；其缺点是，施工较麻烦，当墙后填土质量不好时，易产生不均匀沉降，使翼墙产生裂缝，甚至断裂。该翼墙一般在渠系工程中采用较多。

（4）斜降翼墙。如图 4-45(d)所示，翼墙在平面上呈八字形，翼墙的高度随着其向上、下游方向延伸而逐渐降低，直至与河底相接。其优点是，工程量少，施工方便；其缺点是，防渗效果差，水流易在闸孔附近产生立轴旋涡，冲刷堤岸。该翼墙常用于小型水闸。

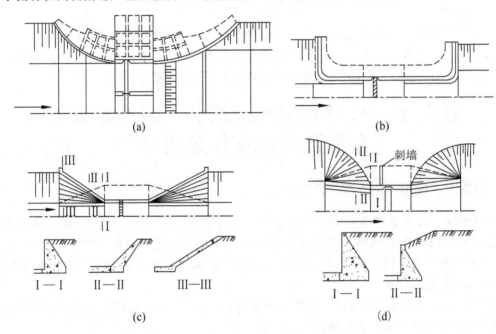

图 4-45　翼墙平面布置形式

## 2. 边墩和岸墙

边墩是闸室靠近两岸的闸墩，而岸墙则是设在边墩后面的一种挡土结构。其布置形式与闸室结构情况及地基条件等因素有关，通常有以下几种。

（1）边墩与岸墙结合。当闸室不太高，地基承载力较大时，一般不另修岸墙，利用边墩直接与两岸或土坝连接。边墩与闸室连成整体或用缝分开，如图 4-46 所示。此时，边墩除起支承闸门及上部结构、防冲、防渗、导水作用外，还要起挡土作用。

（2）边墩与岸墙分开。当闸室较高、孔数较多及地基软弱时，可在边墩后面另设岸墙，起挡土作用，岸墙与边墩之间设有沉降缝，如图 4-47 所示。其优点是，可大大减轻边墩负担，改善闸室受力条件。

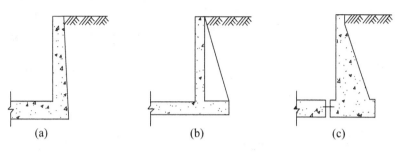

**图 4-46　边墩与岸墙结合布置示意图**

（3）边墩或岸墙部分挡土。当地基承载力过低时，可利用边墩或岸墙的下部挡土，并在边墩或岸墙的后面设置与其垂直的刺墙进行挡水。墙（墩）后填土至一定高度，再以一定的坡度到达堤顶，如图 4-48 所示。

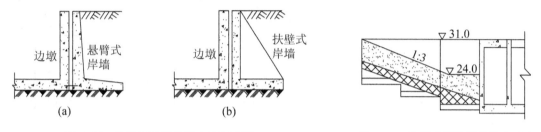

**图 4-47　边墩与岸墙分开布置示意图**　　　**图 4-48　边墩或岸墙部分挡土形式**

## 模块 3　连接建筑物的结构形式和构造

两岸连接建筑物的受力状态和结构形式与一般挡土墙的基本相同，常用的结构形式有重力式、半重力式、衡重式、悬臂式、扶壁式、空箱式和连拱空箱式等，但在水闸工程中应用最多的是重力式、扶壁式和空箱式三种。

### 1. 重力式

重力式挡土墙是用混凝土或浆砌石等材料筑成，主要依靠自重来维持稳定的一种结构形式，如图 4-49 所示。其特点是，可就地取材，结构简单，施工方便，材料用量大。这种结构形式的连接建筑物适用于地基较好、墙高为 6 m 以下的挡土墙。

### 2. 悬臂式

悬臂式挡土墙是由直墙和底板组成的，主要利用底板上填土维持稳定的一种钢筋混凝土轻型挡土结构。其断面用作翼墙时为倒 T 形，用作岸墙时则为 L 形，如图 4-50 所示。其优点是，结构尺寸小，自重轻，构造简单，挡土墙适宜高度为 6～10 m。

### 3. 扶壁式

扶壁式挡土墙通常采用钢筋混凝土修建，也是一种轻型结构，它由直墙、扶壁及底板三部分组成，利用扶壁和直墙共同挡土，并可利用底板上的填土维持稳定，适用于墙高大于 10 m 的坚实或中等坚实的地基上的情况，如图 4-51 所示。当直墙高度在 6.5 m 以内时，直墙和扶壁可采用浆砌石结构。

### 4. 空箱式

空箱式挡土墙也是一种轻型结构，由顶板、底板、前墙、后墙、扶壁和隔墙等组成，底板宽度

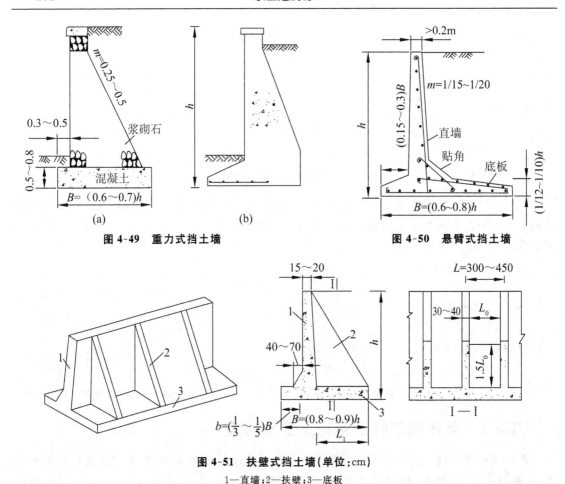

图 4-49　重力式挡土墙　　　　　　　　　　　图 4-50　悬臂式挡土墙

图 4-51　扶壁式挡土墙(单位:cm)

1—直墙;2—扶壁;3—底板

一般为墙高的 0.9～1.2,箱内不填土或填少量的土,但可以进水,主要依靠墙体本身的重量和箱内部分土重或水重维持其稳定性。其特点是,作用于地基上的单位压力较小,且分布均匀,故适用于墙的高度很大且地基允许承载力较低的情况。但其结构复杂,需用较多的钢筋和木材,施工麻烦,造价较高。因此,在某些较差的松软地基上采用扶壁式挡土墙还不能满足设计要求的情况下,宜采用空箱式挡土墙,如图 4-52 所示。

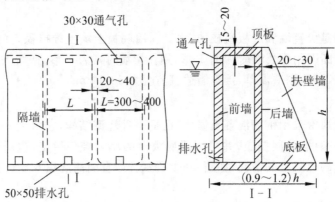

图 4-52　空箱式挡土墙(单位:mm)

# 项目5　溢洪道构造与设计

## 任务1　资料收集

### 模块1　地质、地形条件收集

**1. 基本任务**

对溢洪道的边坡稳定、地基稳定和抗冲刷稳定作出工程地质评价，为建筑物的设计与施工提供必需的工程地质资料。

**2. 基本方法和要求**

（1）当溢洪道靠近坝体时，溢洪道的地面测绘可包括在坝址区工程地质测绘范围内。远离坝址的溢洪道是否需要进行地面测绘应根据地表和地质复杂程度而定。若为厚层的第四纪松散沉积物所覆盖，则可不做地面测绘工作。测绘比例尺一般为1：2000～1：1000。

（2）沿溢洪道中心线布置若干个钻孔试坑或剥土，绘制纵向勘探剖面。必要时在溢流堰和消能段增加辅助坑、孔，绘制横向勘探剖面。

（3）溢洪道纵向勘探剖面线上的坑孔位置应尽量照顾到不同的地形地质条件和工程的布置情况，如在溢流堰、挑流鼻坎及消力池部位应有勘探坑、孔控制。

（4）勘探坑、孔的深度应达到建基标高以下的适当深度，如闸基和挑流鼻坎部位钻孔应达到基础底面下5～10 m，以便查明有无影响稳定的不利因素。

（5）根据建筑物的要求并结合地质条件进行必要的试验和长期工作，如闸基岩石的剪切试验、钻孔压水试验和地下水的动态、边坡稳定，以及某些岩石的回弹、膨胀变形、风化速度的观测等。

在施工开挖过程中，地质勘察工作的重点是对溢洪道边坡及渠底及时进行地质编录，并对边坡的稳定状态进行观测和预报。

### 模块2　水文、气象条件收集

（1）降水的监测和预报。除通过水文和气象部门的水文站、气象站和雨量站用雨（雪）量器直接测量雨（雪）量和降水强度外，对于无测站的广大地区，采用天气雷达估算降水，以及卫星云图估算降水与实测降水量相结合的办法进行监测。水文气象学的降水预报，其重点是将降雨的预报模型与洪水模型结合起来，针对防洪要求作出未来暴雨、洪水可能发生地区的预报；鉴别和判断流域发生非常洪水的可能性；洪水发生后，预测洪水发展趋势，以及库区来水预报等。

（2）可能最大降水（PMP），是指特定流域范围内一定历时（为50年一遇、100年一遇）可能的理论最大降水量。这是大型水利工程枢纽设计的重要参数。计算可能最大降水量的方法一般有统计学方法、气象成因法和暴雨移置法。

（3）流域总蒸发，是指流域或区域内水体（江、河、湖、库）蒸发、土壤蒸发、植物蒸散、冰雪蒸发和潜水蒸发的总和，通常由流域多年平均降水量与径流量的差值求得。

## 模块3　人文、环境条件收集

主要搜集人类的社会、文化和生产与生活活动的地域组合，包括人口、民族、聚落、政治、社团、经济、交通、军事、社会行为等。

# 任务2　溢洪道的枢纽布置

溢洪道是水库枢纽中的主要建筑物之一，承担着宣泄洪水、保护工程安全的重要作用。

溢洪道可以与拦河坝相结合，做成既能挡水又能泄水的溢流坝形式；也可以在坝体以外的河岸上修建溢洪道。拦河坝是土石坝时，一般都采用河岸溢洪道；在薄拱坝或轻型支墩坝的水库枢纽中，当水头高、流量大时，也应以河岸溢洪道为主；在重力坝的水库枢纽中，当河谷狭窄，布置溢流和坝后电站有矛盾，而河岸又有适于修建溢洪道的条件时，也应考虑修建河岸溢洪道。因此，河岸溢洪道的应用是很广泛的。

## 模块1　溢洪道的选型

### 1. 按结构形式分类

溢洪道按结构形式，可分为正槽式溢洪道、侧槽式溢洪道、竖井式溢洪道和虹吸式溢洪道。

#### 1）正槽式溢洪道

堰上水流方向与泄槽中水流方向一致，其结构简单，施工方便，工作可靠，水流平顺，泄水能力大，如图 5-1 所示。

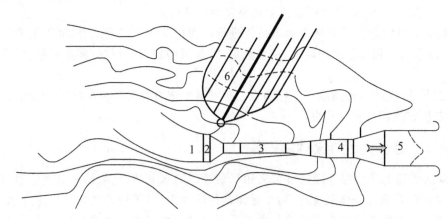

**图 5-1　正槽式溢洪道**
1—引水渠；2—溢流堰；3—泄槽；4—出口消能段；5—尾水渠；6—土坝

#### 2）侧槽式溢洪道

泄槽轴线与溢流堰轴线接近平行，即水流过后，在很短距离内约转弯 90°，再经泄槽泄入下游，如图 5-2 所示。

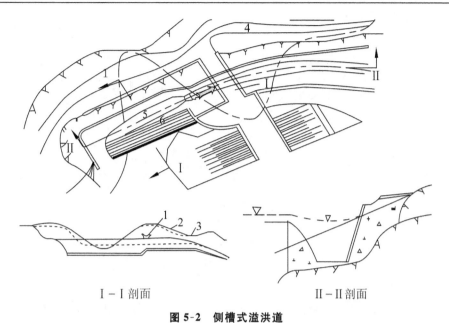

I-I 剖面　　　　　　　　　　　　II-II 剖面

**图 5-2　侧槽式溢洪道**

1—公路桥;2—原地平线;3—岩石线;4—土坝公路;5—侧槽;6—溢流堰

### 3）竖井式溢洪道

它由进水喇叭口、渐变段、竖井和泄水隧洞等部分组成,如图 5-3 所示。

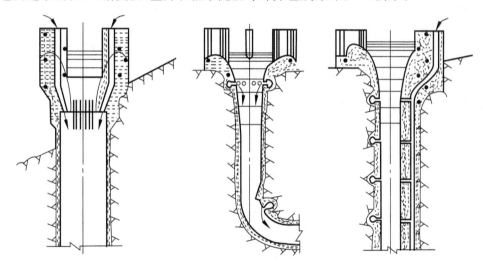

**图 5-3　竖井式溢洪道**

#### 4）虹吸式溢洪道

它由具有虹吸作用的曲管和淹没在上游水位以下的进口（又叫遮檐）所组成,如图 5-4 所示。

### 2. 按泄水方式分

溢洪道按泄水方式,可分为开敞式溢洪道和封闭式溢洪道。

#### 1）开敞式溢洪道

其特点是,超泄能力大,工作可靠,适应性强。

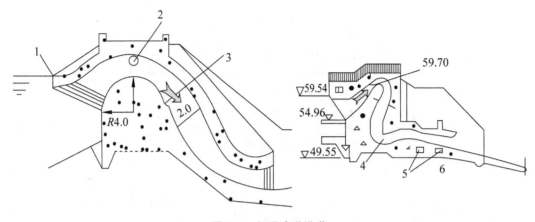

**图 5-4　虹吸式溢洪道**

1—遮檐；2—通气孔；3—挑流坝；4—曲管；5—排污孔；6—泥灰岩

**2）封闭式溢洪道**

其特点是，没有超泄能力，闸门承受水压力大，操作检修困难，但进口高程低，能预泄洪水。

### 3. 按设计标准分

溢洪道按设计标准，可分为正常溢洪道和非常溢洪道。

**1）正常溢洪道**

按设计洪水标准和校核洪水标准修建的永久性泄水建筑物。

**2）非常溢洪道**

按最大可能洪水标准，在溢洪道的底板上加设自溃堤，是一种保坝的重要措施，仅在发生特大洪水，正常溢洪道宣泄不及致使水库水位将要漫顶时才启用。

## 模块 2　溢洪道的布置

（1）地形条件：高程适宜和地质条件良好的马鞍形垭口。

（2）地质条件：两岸山坡稳定；良好的基岩可节省溢洪道泄水槽混凝土衬砌的工程量。

（3）安全运行条件：最好修建在坚固的岩石地基上，溢洪道的两侧山坡必须稳定。

# 任务 3　正槽式溢洪道的剖面设计

正槽式溢洪道一般由引水渠、控制段、泄水槽、消能段和尾水渠五部分组成，如图 5-5 所示。

### 1. 引水渠

作用：将水库的水平顺地引至溢流前。

设计原则：在合理的开挖方量的前提条件下，尽量减小水头损失，以增加溢洪道的泄水能力。

**1）平面布置**

选择轴线方向，应使水流平顺地进入溢流堰，避免出现横向水流或漩涡，引水渠在平面上最好布置成直线，如图 5-6 所示。

进口处：做成喇叭形使水流逐渐收缩。

长度：应尽量缩短，减小水头损失。

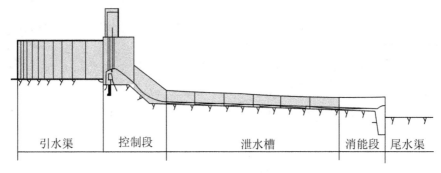

**图 5-5　正槽式溢洪道**

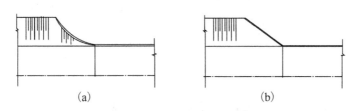

**图 5-6　引水渠平面布置图**

（a）喇叭口形进口；（b）八字翼墙形进口

**2）横断面**

引水渠的横断面可做成梯形断面，应有足够大的尺寸，一定要大于溢流堰的过水断面，以降低流速、减小水头损失。横断面的侧坡根据稳定性要求确定。

为了减小糙率和防止冲刷，引水渠宜做衬砌。石基上的引水渠如能开挖整齐，也可以不做衬砌，但在堰前渐变段范围内宜做衬砌。砌护长一般与导水墙长相近，砌护厚度为 $0.2 \sim 0.4$ m，混凝土护砌有时还兼做防渗铺盖。较好岩基上的进水渠可不做护砌，但应开挖整齐。

**3）纵断面**

引水渠的纵断面应做成平底或底坡不大的逆波。当溢流堰为实用堰时，渠底在溢流堰处宜低于堰顶至少 $0.5H_d$（$H_d$ 为堰面定型设计水头），以保证堰顶水流稳定和具有较大的流量系数，但对于宽顶堰则无此要求。

**2. 控制段**

控制段包括溢流堰和两侧连接建筑。溢流堰是下泄洪水的口门，是溢洪道控制水库的水位和下泄流量的关键部位，故而又称为控制堰。溢流堰的位置是溢洪道纵断面的最高点。在平面上常设于坝轴线附近以利于上坝交通的布置，同时还应注意使整个溢洪道的工程量最少。对溢流堰设计的基本要求是要有足够的泄水能力。

**1）堰型选择**

溢洪道常用的堰型有宽顶堰、实用堰、驼峰堰等，如图 5-7 所示，其适用情况如下。

（1）宽顶堰的特点是，结构简单，施工方便，但流量系数较低（为 $0.32 \sim 0.385$）。由于宽顶堰堰矮，荷载小，对于承载力较差的土基适应能力强，因此多用于泄洪量不大或附近地形平缓、高程适宜的中小型水库中。

（2）实用堰的优点是，流量系数比宽顶堰的大，在相同泄流量条件下，需要的堰流前缘较短，工程量相对较小，但施工较复杂，因此多用于大中型工程，特别是当岸坡较陡时。

（3）驼峰堰是一种复合圆弧的低堰，是我国从工程实践中总结出来的一种新型堰。其流

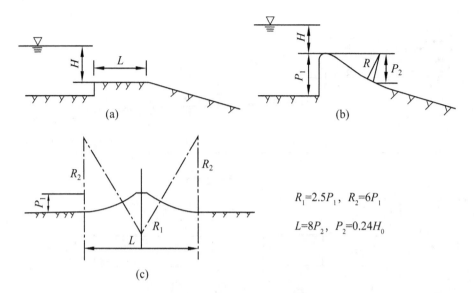

**图 5-7　溢洪道上常用的堰型**

(a) 宽顶堰；(b) 实用堰；(c) 驼峰堰

量系数较大,但流量系数随着堰上水头的增加而有所减小。驼峰堰的堰体低,流量系数较大,设计施工方便,对地基要求低,适用于较软弱地基。

(4) 带胸墙的溢流孔口:当水库水位变化较大时常采用带胸墙的溢流孔口。

**2） 堰面曲线的确定**

(1) 堰顶水头 $H$ 的确定。

以溢流堰上游(4~6)$H$ 处的水位作为计算标准。当溢流堰面临水库而无引水渠时,可用水库水位计算堰顶水头。当引水渠较长时,必须根据引水渠的水面曲线确定 $H$ 值。当堰高与堰顶水头之比 $P/H<2$ 时,还应考虑行近流速水头的影响。

(2) 宽顶堰的顶宽。

宽顶堰的顶宽亦即沿水流方向的堰坎长度 $L$,若 $L>10H$,则实际过流量将小于宽顶堰计算的流量。这时的水流状态已经不属于宽顶堰流,而是明渠非均匀流,它的沿程能量损失已不能忽略。

当一个平坡或缓坡接一陡坡时,渠中水流由缓流变为急流,在两坡的交接断面处,水深可近似看成是临界水深 $h_K$。

(3) 堰面定型设计水头的选择。

堰面定型设计水头一般采用堰顶最大水头的 0.6~0.75。

(4) 实用堰的高度(见图 5-8)。

实用堰的高度除与地形地质条件有关外,为了获得较大的流量系数,还必须有适宜的堰高。为了使流量系数不致太小,又不致过多地增加开挖方量和混凝土方量,建议 $P_1$ 值以不低于 $0.5H_d$ 为宜。设计时可进行比较确定。当下游堰高 $P_2$ 过小时,水流过堰后将由于堰面曲线过短而不能逐渐转向,致使反弧段上动水压力较高,影响低堰下游面的正常压力分布,因而出现水头越大流量系数越低的现象。为了消除这种现象,保证堰的自由泄流状态,下游堰高 $P_2$ 必须保持一定高度,以使堰面能有足够的长度。一般要求 $P_2$ 最好能大于 $0.7H_d$。

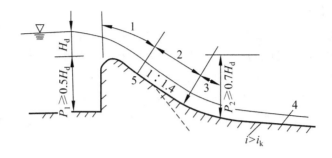

**图 5-8　实用堰的高度**

1—曲线段；2—直线段；3—反弧段；4—泄水槽；5—切点

### 3. 泄水槽

#### 1）平面布置

在平面上应尽可能布置成直线形，等宽断面，力求避免转弯或变断面，以使水流平顺。但在实际工程中，当溢流堰前缘较宽而泄水槽又较长时，为减少开挖方量，常在泄水槽前端设置收缩段。而为减小单宽流量，有利于消能，在泄水槽末端设置扩散段。

#### 2）纵剖面布置

为了节省开挖方量，泄水槽的纵坡通常是随地形、地质条件的变化而变化。但为了水流平顺和便于施工，坡度变化不宜太大。实践表明，坡度由陡到缓，泄水槽极易遭到动水压力的破坏，应尽量避免。槽底的纵坡一般大于临界坡度，常用 $1\%\sim5\%$，有时可达 $10\%\sim15\%$，在坚硬的基岩上可以更大，实践中有用到 $1:1$ 的。

#### 3）横断面

应尽可能做成矩形并加以衬砌。当地基为坚硬岩石时，也可考虑不衬砌。土基上的泄水槽断面可以做成梯形，但边坡不宜太缓，以免水流外溢。

#### 4）弯道设计

弯曲段通常采用圆弧曲线，弯曲半径应大于 10 倍槽深。弯曲段水流流态复杂，不仅因受离心力作用导致外侧水深加大、内侧水深减小，并造成断面内的流量分布不均，而且由于边墙转折迫使水流改变方向，产生冲击波。因此，弯曲段设计的主要问题在于使断面内的流量分布趋向均匀，消除或抑制冲击波。

#### 5）边墙高度的确定

泄槽边墙高度根据水深并考虑冲击波、弯道及水流掺气的影响，再加一定的超高来确定。

#### 6）泄水槽的衬砌

要求是：衬砌材料能抵抗水流冲刷；在各种荷载作用下能保持稳定；表面光滑平整，不致引起不利的负压和空蚀；做好底板下排水，以减少作用在底板的扬压力；做好接缝止水，隔绝高速水流侵入底板下面，避免因脉动压力引起的破坏；要考虑温度变化对衬砌的影响；在寒冷地区对衬砌材料还要有一定的抗冻要求。

（1）岩基上泄槽槽底衬砌可以用混凝土、水泥浆砌条石或块石，以及石灰浆砌块石水泥浆勾缝等形式。衬砌接缝有平接缝、搭接缝和键槽缝等形式。

（2）土基上泄水槽的衬砌通常采用混凝土衬砌。衬砌厚度一般比岩基上的大，通常为 $0.3\sim0.5$ m。需要双向配筋，各向含筋率约为 $0.1\%$。

### 4.出口消能和尾水渠

（1）底流消能适用于地质条件较差或溢洪道出口距坝较近的情况。

（2）挑流消能适用于较好的岩基或挑流冲刷坑不影响建筑物安全时。

（3）挑流坎的结构形式有重力式和衬砌式两种。

（4）尾水渠能使经过消能后的水流，比较平稳地泄入原河道。一般利用天然的山冲或河沟，必要时加以适当的整理。当地形条件良好时，尾水渠的底坡应尽量接近于下游原河道的平均底坡。

### 5.溢洪道水力计算

当溢洪道各部分的形状和尺寸拟定以后，即应验算其泄流能力，并进行水面曲线及消能计算，以便判断布置是否合理。以图5-9所示为例说明一典型正槽式溢洪道的纵剖面计算步骤。

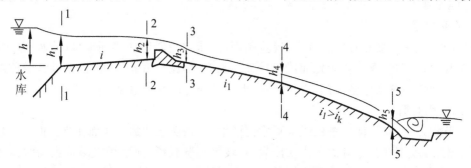

**图5-9　正槽式溢洪道水力计算示意图**

（1）计算图5-9所示的1—1断面水深：根据进口形式和要求的泄量 $Q$ 按淹没宽顶堰公式 $Q=\varphi Bh_1\sqrt{2g(h-h_1)}$ 计算 $h_1$。式中，$h$ 为库水位与进口渠底的高差，$B$ 为进口渠宽。

（2）计算引水渠末端水深：根据流量 $Q$ 及1—1断面水深按分段求和法推求引水渠末端水深 $h_2$。

（3）确定堰顶高程：根据流量 $Q$ 及溢流前缘净长 $L$，按堰流公式求得堰上水头 $H$。

（4）计算堰后收缩水深：根据溢流堰的要求，拟定堰后高度 $P_2$ 得 $E_0=H+P_2$，$E_0$ 为堰后收缩断面底部水平为基准的总水头，由公式 $Q=\varphi B_3 h_c\sqrt{2g(E_0-h_c)}$ 求 $h_c$。式中，$B_3$ 为3—3断面处过水断面宽。

（5）计算泄水槽的水面曲线：根据3—3断面的水深 $h_3=h_c$，即可逐段推求各断面水深。

（6）消能计算：根据泄水渠末端水深进行消能计算。

# 任务4　侧槽式溢洪道的剖面设计

## 模块1　堰型选择

图5-10所示的为美国胡佛坝所采用的侧槽式溢洪道。

### 1.侧槽横断面

#### 1）形状

侧槽横断面宜做成窄深式。槽中有较大的水深，可以使侧向流进的水流充分掺混，转

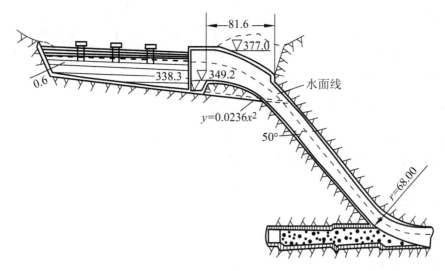

**图 5-10　美国胡佛坝侧槽式溢洪道(单位:m)**

向后形成较平稳的流态;窄深断面的开挖方量比宽浅断面的少。图 5-11 中的虚线为窄深断面,若窄深断面的过水断面与宽浅断面相同,则图中 $\omega_1 = \omega_2$,所以窄深断面可节省开挖面积为 $\omega_3$。

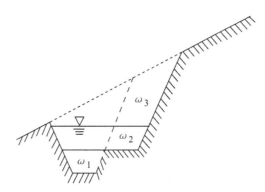

**图 5-11　侧槽横断面形状比较图**

**2)边坡**

边坡越陡越节省开挖量。故在满足水流和边坡稳定的条件下,宜采用较陡边坡。

**3)断面尺寸**

横断面的大小应根据流量经计算确定。由于侧槽内的流量是沿流向不断增加的,所以侧槽底宽应沿水流方向逐渐加大。侧槽始端底宽应采用满足施工要求的最小值,末端底宽一般与泄水槽底宽相同。

## 2. 侧槽的纵剖面

**1)槽底纵坡**

为使槽内水流平稳均匀,槽中水流应为缓流状态,槽底纵坡宜较平缓。但如果槽底纵坡过缓,将使侧槽上游段的水面壅高过多而影响过堰流量。若使槽底纵坡过陡,则又会增加侧槽下游段的开挖深度。如能使槽底纵坡近似平行于水面线,可使槽内流速变化不大,水流平稳。初步拟定时,可采用底坡 $i$ 为 0.01~0.05。

**2）槽底高程**

确定槽底高程的原则应该是在不影响溢流堰过水能力的条件下，尽量采用较高的槽底以减少开挖方量。根据试验研究表明，若槽内水面线在侧槽始端最高点超出溢流堰顶的高度但不超过堰顶水头的 1/2，可以认为对整个溢流堰来说是非淹没的。

## 模块 2 侧槽式溢洪道的水力计算

侧槽溢洪道的水力计算与正槽溢洪道的不同之处是，只有侧槽部分，其他基本相同。

已知设计流量，侧堰溢流前缘长度、堰顶高程及堰上水头后，可按下述步骤对侧槽的水面曲线及渠底高程进行计算。

（1）拟定侧槽尺寸。

（2）选定侧槽末端水深 $h_1$。

（3）计算槽内各断面水位差。

（4）确定槽底高程。

# 项目 6   水工隧洞构造与设计

## 任务 1   选 择 洞 线

### 模块 1   了解水工隧洞的类型

水工隧洞根据担负任务,可分为取水隧洞和泄水隧洞两大类;按工作时水力条件,分为有压隧洞和无压隧洞两种。

取水隧洞用来从水库取出用于灌溉、发电、工业用水、生活供水等所需要的水量,其流速一般较低。泄水隧洞可配合溢洪道宣泄部分洪水,用来排沙、泄放水电站尾水以及放空水库等,其流速一般为高速。当有压隧洞工作时,内壁面各个部位均作用有较大的内水压力,并保证洞顶的测压管水头大于 2 m。当无压隧洞工作时,水流不充满整个断面,保持一定的净空,具有自由水面。取水隧洞和泄水隧洞工作时都可为有压或无压状态,或前段有压、后段无压状态,但必须避免有压流和无压流交替出现的工作状态。

当设计水工隧洞时,根据枢纽的规划、布置,尽量做到一洞多用,多功能、多目标开发,以节省工程投资,如采用"临时变永久"或"二洞合一"等形式。

临时变永久,是指工程竣工后,将施工导流洞改为放空、排沙、泄洪隧洞;也可改为发电、灌溉的引水隧洞。当导流洞的进口高程较低,不满足其他隧洞承担的任务时,可设置成"龙抬头"形式,即导流洞上方另设进水口,如图 6-1 所示。

二洞合一,是指泄洪与灌溉、泄洪与发电引水相结合布置;泄洪、排沙、放空相结合布置;发电引水与灌溉供水相结合(见图 6-2)布置等。只设一个进水口,在适当的位置分岔。需注意的是:多功能的隧洞虽可简化枢纽布置,节省造价,但隧洞工作条件较复杂,水流不稳定,分岔处容易产生空蚀、振动。

隧洞一般由进口段、洞身段和出口段三部分组成(见图 6-2)。

### 模块 2   理解水工隧洞的特点

**1. 水流特点**

高速水流的泄洪洞,对建筑物的体形、水力条件及结构布置均有较高的要求。若考虑不周,则极易产生空蚀破坏。因此,对隧洞的体形设计及水流边壁的平整度方面均应予以特别重视。对于容易发生空蚀的部位,还应采用防蚀、抗磨材料或其他防蚀措施。有压隧洞往往承受很大的内水压力,衬砌渗漏,压力水将渗入围岩裂隙,形成附加的渗透压力,破坏岩体稳定,因此要求围岩要有足够的厚度。

**2. 结构特点**

隧洞是在山体中开挖出来的建筑物,其结构形状及受力与围岩密切相关。开挖隧洞后改

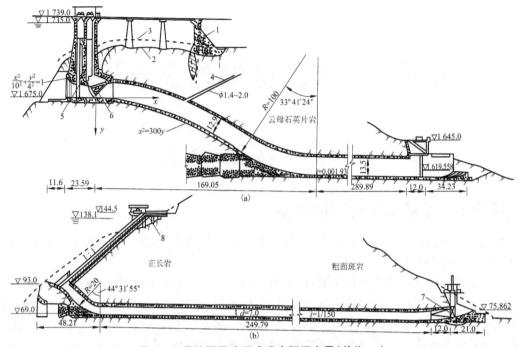

图 6-1　导流隧洞改深式泄水隧洞布置(单位:m)

(a) 刘家峡泄洪隧洞;(b) 响洪甸泄洪隧洞

1—混凝土副坝;2—岩面线;3—原地面线;4—通风洞;5—检修闸门槽;6—弧形闸门;7—工作闸门;8—通气孔

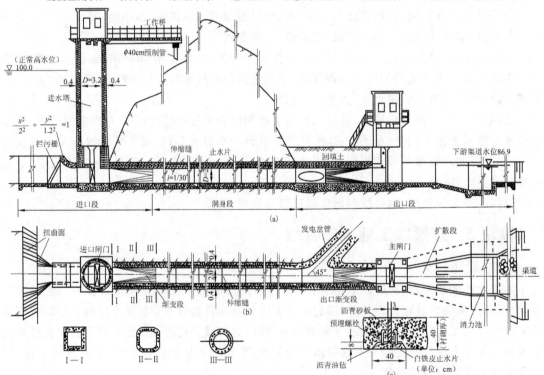

图 6-2　泄洪隧洞与发电隧洞合二为一的布置(单位:m)

(a) 纵剖面图;(b) 平面图;(c) 伸缩缝

变了围岩原来的应力平衡状态,引起应力重分布,使围岩产生变形。因此,隧洞中常需设置临时性支护和永久性衬砌以承受山岩压力等荷载。

**3. 施工特点**

隧洞是地下结构,开挖、衬砌的工作面小,洞线长、工序多、干扰大。因此,虽然隧洞石方工程量不一定很大,但工期往往较长,尤其是兼作导流的隧洞,其施工进度往往控制整个工程的工期。因此,改善施工条件、加快施工进度、提高施工质量,是隧洞施工的重要课题。

## 模块 3　选择水工隧洞的轴线

洞线选择关系到围岩的稳定、施工进度、工程造价、安全运行等各个方面。洞线选择应根据枢纽总体布置及隧洞的用途,并综合考虑地形、地质、施工、水流、埋藏深度等各种因素,拟定几条洞线,通过技术经济比较选定。由于自然条件千差万别,要选出满足各方面要求的理想洞线是很困难的,在洞线比较中,应根据工程的具体特点,抓住主要矛盾,兼顾其他。通常对起主导作用的地形、地质条件,应给予充分的重视。这里仅介绍隧洞选线时应注意的一般原则。

(1)尽量避开地质条件不良地段。隧洞的路线选择应尽量避开山岩压力大、地下水位高、漏水严重的岩层,以及断层、破碎带和可能滑坡的不稳定地段。当隧洞轴线与岩层面及主要节理裂隙相交时,应尽量成较大夹角。在整体块状结构的岩体中,其夹角不宜小于 30°,在层状岩体中,其夹角不宜小于 45°。

(2)力求洞线短、水流平顺。隧洞路线应力求短而直,以减少工程费用和水头损失。如果由于地形、地质条件和枢纽布置的原因必须转弯,则对低流速隧洞,转弯半径不宜小于 5 倍的洞径(或洞宽),偏转角一般不宜大于 60°。曲线段两端用直线连接,其长度不宜小于 5 倍的洞径(或洞宽),以使弯道水流平顺。对于高流速的无压隧洞,应力求避免在平面上设置曲线段。

(3)进出口位置合适。隧洞进、出口应选择在岩层风化浅、岩石较坚硬完整、边坡稳定的地段。进出口的水流应平顺对称,避免产生涡流。若拦河坝为土石坝,则隧洞进出口应与土石坝间隔一定距离,以防止水流对上游坝坡和下游坝脚的冲刷。

(4)洞顶以上和傍山隧洞岸边一侧的岩体应有足够的围岩厚度,以保证围岩的稳定。其最小厚度应根据围岩承载能力及渗透稳定性、隧洞断面形状及尺寸、施工条件、内水压力等因素综合分析决定。对于有压隧洞,当围岩坚硬完整时,为使围岩的承载能力得到保证,洞身部位的最小覆盖层的厚度应不小于该部位的内水压力,即不小于内水压力水头的 40%(取岩体容重为 25 kN/m³ 时)。对于无压隧洞及有压隧洞的进、出口,洞口应尽量选在岩体坚硬完整和地质构造简单的地段。进、出口岩体最小厚度涉及明挖量的大小、进洞工期、洞口岩体边坡稳定的问题。一般以施工成洞条件为准,并采取合理的施工工序和工程措施,以减少明挖,争取工期。对于相邻两隧洞间岩体的厚度,应根据地质条件、布置需要、围岩受力状况、隧洞形式及尺寸、施工方法及运行条件等综合分析决定,一般不宜小于 1~2 倍的洞径(或洞宽)。

(5)应兼顾施工方便。对于长隧洞,洞线的选择还应考虑设置施工竖井或支洞问题,以便于增加开挖工作面,改善施工条件,加快施工进度。

## 模块 4　进行水工隧洞的布置

**1. 总体布置**

(1)根据枢纽任务,确定隧洞是专用或是一洞多用。针对不同要求,结合地形、地质和水流条件拟定进口的位置、高程。

（2）在选定洞线方案的基础上，根据地形、地质等条件选择进口段的结构形式（竖井式、塔式、岸塔式、斜坡式等），确定闸门在隧洞中的布置。

（3）确定洞身的纵向底坡和横断面的形状及尺寸。

（4）根据地形、地质、尾水位和施工条件等确定出口位置和底板高程，选用合理的消能方式。

**2. 闸门在隧洞中的布置**

水工隧洞的闸门按其工作性质，可分为工作闸门、检修闸门和事故闸门。

工作闸门主要用于调节流量和控制孔口，应能在动水中启闭。它可以设在进口、出口或隧洞中的任一适宜位置。

泄水隧洞一般都布置两道闸门，一道是工作闸门，用以控制流量，要求能在动水中启闭。一道是检修闸门，设在隧洞进口，当工作闸门或隧洞检修时，用以挡水。隧洞出口如低于下游水位时，也要设检修门。深水隧洞的检修闸门一般需要能在动水中关闭、静水中开启，也称事故闸门。泄水隧洞的闸门位置相当程度上决定着隧洞的工作条件，因此是隧洞布置的关键问题之一。

无压隧洞一般将闸门设置在隧洞进口处。进口按隧洞进口和水面的相对位置，可分为表孔溢流式和深孔式。

（1）表孔溢流式多属于龙抬头的布置形式（见图 6-3），其作用主要是泄洪，闸门布置与岸边溢洪道的相似，只是由隧洞替代了溢洪道的泄水槽，如毛家村、流溪河、冯家山等无压泄洪洞都采用了这种布置方式。

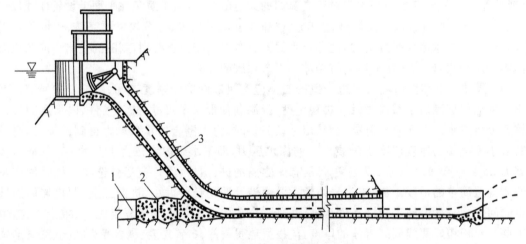

**图 6-3 表孔溢流式泄洪隧洞布置**
1—导流洞；2—混凝土堵头线；3—水面线

（2）深孔式进水口也可采用无压泄水隧洞，为保证隧洞内水流为无压状态，闸门后洞顶需高出洞内水面一定高度，并向闸门后通气。其优点是，工作闸门和检修闸门均设在首部，运行管理方便，易于检查和维修；洞内不受压力水流作用，有利于山坡稳定。其缺点是，流速大的部位容易发生空蚀。

有压隧洞一般将工作闸门设置在出口处。泄流时洞内流态平稳，工作闸门便于部分开启，控制简单,管理方便。但洞内经常承受较大的内水压力,对山坡的稳定不利,因此对围岩地质条件的要求比无压隧洞的高。实际工程中,常在进口段设置事故检修闸门,平时可用于挡水,以免洞内长时间承受较大的内水压力。

有些泄水隧洞因受地形、地质和枢纽布置等因素的限制,为了获得良好的水流及结构受力条件,常将工作闸门布置在洞内,工作闸门前为有压洞段,工作闸门后为无压洞段(见图6-4)。我国三门峡、小浪底、碧口、新丰江、鲁布革等泄洪洞都采用了这种布置方式。

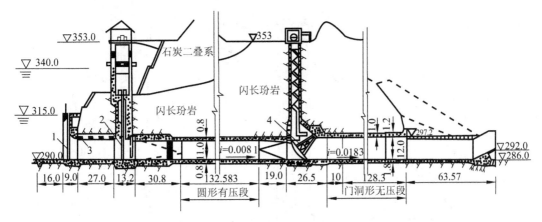

**图 6-4　三门峡 1 号泄洪排沙洞布置(单位:m)**
1—叠梁门槽;2—事故检修闸门;3—平压管;4—弧形工作闸门

# 任务 2　设计进出口段并理解其构造

## 模块 1　确定进水口高程

隧洞进水口高程主要根据其负担的任务确定。例如,发电隧洞的进水口顶部高程应保证上游在最低运行水位时能取到发电所需要的流量,灌溉隧洞应保证上游为最低工作水位时,能引入设计流量等,有压隧洞进水口应保证在上游最低运行水位以下有足够的淹没深度,以免产生贯通式旋涡,引起振动,降低水轮机出力。该淹没深度可按如下公式估算,即

$$s = cvD^{1/2} \tag{6-1}$$

式中:$s$——上游最低运行水位至进水口顶部的淹没深度,m;

$v$——闸孔断面流速,m/s;

$D$——闸孔高度,m;

$c$——经验系数,其值为 0.55～0.73,进水口对称进流时取小值,边界复杂和侧向进流时取大值。

$s$ 的最小值不得小于 1 m。进水口底板应高于水库的淤沙高程。对多种用途的隧洞,进水口高程的选择应照顾到各方面的要求。

## 模块 2　深孔式进水口建筑物的形式

深孔式进水口建筑物按其布置和结构形式不同,可分为竖井式、塔式、岸塔式和斜坡式

四种。

### 1. 竖井式进水口

在进水口附近的岩体中开挖竖井,闸门安装在井底中,井上设置启闭设备,拦污栅设于洞外,如图 6-5 所示。这种进口形式构造简单,不受风浪、冰冻影响,抗震性能好,安全可靠。其缺点是,施工开挖困难,门前洞段不易检修,适于岩体完整、稳定、坚固的岸坡。

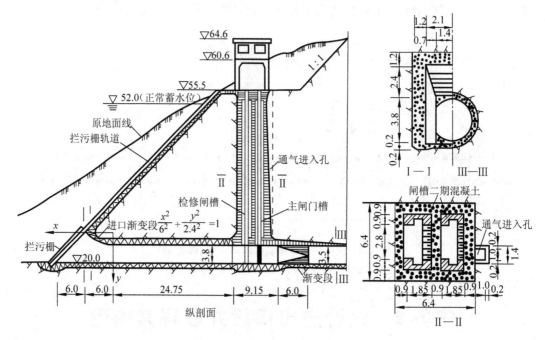

**图 6-5　竖井式进水口(单位:m)**

### 2. 塔式进水口

当进水口处岸坡较缓或地质情况较差时,可采用塔式。塔的形式有封闭式和框架式(见图 6-6)。塔独立于岸坡,用钢筋混凝土建造,顶部设操作平台和启闭机室,并通过工作桥与岸边或坝顶相联系。封闭式塔的水平截面可为圆形、矩形或多角形,可在不同高程设进水口,根据库水位的变化启用不同的进水口,以引取表层温度较高的库水,以利于灌溉。塔式进水口的优点是,可在任何水位下检修,方便可靠,但造价较高。当在工作水头较低或根据运用条件只需在进口段设置一道闸门,可采用框架式塔。这种形式构造简单,施工方便,但只能在低水位时检修。

### 3. 岸塔式及斜坡式进水口

岸塔式是将控制塔斜靠在洞口岩坡上的建筑物(见图 6-7)。由于塔身斜靠岩坡,故易满足稳定要求,对岸坡也起到一定的支撑作用,施工、安装及维修均较方便。岸塔式进水口的结构可以是封闭式和框架式。这种形式适用于岸坡较陡、岩石坚固的情况。如果岸坡的岩石完整、稳定,则可稍加开挖平整并进行衬砌后,直接将闸门及拦污栅轨道安置在斜坡上而不设置控制塔,这种布置的形式称为斜坡式。其优点是工程量小、造价较低、施工安装方便,适用于岸坡地形地质条件适合的中小型工程或仅安装检修闸门的进水口。岸塔式及斜坡式进水口的闸门是斜放的,故面积较大,不仅启门力较大,而且难以靠自重下降。

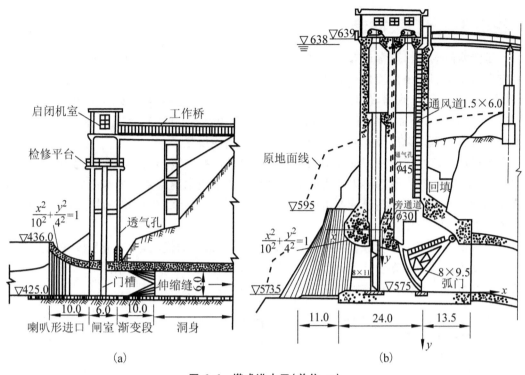

**图6-6 塔式进水口(单位:m)**

(a) 框架塔式进水口;(b) 封闭塔式进水口

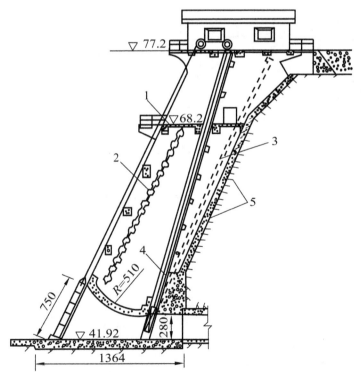

**图6-7 岸塔式进水口(高程单位为 m;尺寸单位为 cm)**

1—清污台;2—固定拦污格栅;3—通气孔;4—闸门轨道;5—锚筋

### 模块3　出口段构造

有压泄水隧洞的出口常设有工作闸门及启闭机室,闸门前设有渐变段,闸门后设有消能设施。有压泄水隧洞的出口段的体形对有压隧洞的压力状况起控制作用。为不使洞身出现负压,其出口断面应逐渐收缩,使出口断面小于洞身断面,但不宜收缩过多,以免降低泄流能力。根据工程经验,出口断面与洞身断面的收缩比一般为 0.8~0.9。对水流条件差、洞身沿程体形变化多者取大值。无压泄水洞的出口构造主要是消能设施。

泄水隧洞出口水流的特点是单宽流量集中,所以常在隧洞出口外设置扩散段,使水流扩散,使得单宽流量减小,然后再以适宜的方式进行消能。泄水隧洞常用的消能方式有挑流消能和底流消能。当出口高程高于或接近于下游水位,并且下游水深和地质条件适宜时,应优先选用挑流消能。

底流式消能具有工作可靠、对下游水面波动影响范围小的优点,所以应用较多。消力池的宽度和深度可按水力学方法计算,水流出洞后的扩散连接段,水平向可采用 1∶6~1∶8,垂直向宜采用水流质点的抛物轨迹线与消力池连接(见图 6-8)。

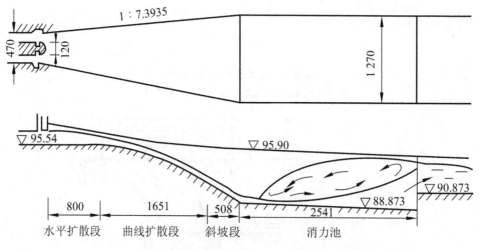

图 6-8　底流式消能布置(高程单位为 m;尺寸单位为 cm)

# 任务 3　设计洞身段并理解其构造

## 模块 1　洞身断面形式和尺寸

隧洞洞身断面形式选择涉及的因素很多,就水力条件而言,要求洞身断面具有平顺的轮廓,力求减小水头损失,能以最经济的断面通过设计流量;就静力条件而言,应根据围岩特性和地应力的分布特点,选择合理的断面形状和几何尺寸,以改善围岩受力条件,保持围岩稳定;同时还应照顾到施工方便等诸方面的要求。

### 1. 无压隧洞的断面形式和尺寸

无压隧洞的断面形式和尺寸在很大程度上取决于围岩特性和地应力情况,常采用圆拱直墙形(城门洞形)断面(见图 6-9(a))、马蹄形(见图 6-9(b))和蛋形(见图 6-9(c)、(d))等形状。圆拱直墙形适用于地质条件较好、垂直山岩压力较小而无侧向山岩压力的情况。顶部为平拱或半圆拱,圆拱的中心角为 90°~180°。圆拱的中心角越小,产生的拱端推力就越大。断面的高宽比一般为 1.0~1.5,洞内水位变化较大时取大值。此外应与地应力条件相适应,垂直山岩压力大于水平地应力时,宜采用较大的高宽比,反之,取用小值。当地质条件较差,侧向山岩压力较大时,宜采用马蹄形或蛋形断面。当地质条件差或地下水压力很大时,也可采用圆拱直墙形断面。

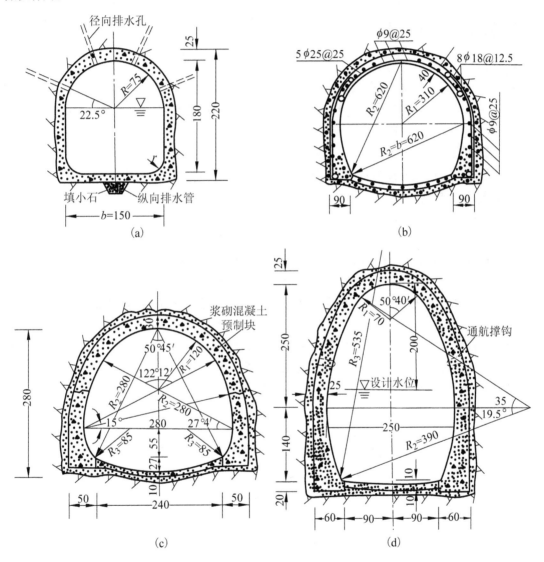

**图 6-9 无压隧洞的横断面形状(单位:cm)**

(a) 圆拱直墙形;(b) 马蹄形;(c) 蛋形;(d) 蛋形升顶形

　　无压隧洞的断面尺寸应根据水力计算确定。低流速的无压洞,若通气条件良好,水面线以上的空间不宜小于隧洞断面积的 15%,其净空高度不小于 40 cm。高流速的无压洞,在掺气水面以上的空间,一般为断面积的 15%~25%。当采用圆拱直墙形断面时,水面线(高速水流含掺气)不得超过直墙范围。无压隧洞考虑施工要求的最小断面尺寸为:高度不小于 1.8 m,宽度不小于 1.5 m;圆形断面的内径亦不小于 1.8 m。

**2. 有压隧洞的断面形式和尺寸**

有压隧洞的断面多为圆形,其水力条件好,水力特性也最佳,与其他断面形式相比,面积一定时,过水能力最大。当围岩坚硬且内水压力不大时,也可采用更便于施工的非圆形断面。

有压隧洞的断面尺寸,应根据水力计算确定,主要核算其泄流能力和沿程压坡线。泄流能力按管流计算,压坡线水头应高于洞顶 2 m 以上。其最小断面尺寸应同时满足施工和检修要求。

# 模块 2　隧洞衬砌

**1. 衬砌的作用**

为了保证水工隧洞安全、有效地运行,通常需要对隧洞进行衬砌。衬砌的作用是:承受围岩压力和其他各种荷载;加固和保护围岩,使围岩长期保持稳定,免受破坏;减小隧洞表面糙率,减小水头损失;防止渗漏。

**2. 衬砌的类型**

衬砌的类型按设置衬砌的目的,可分为平整衬砌和受力衬砌两类;按衬砌所用的材料,可分为混凝土衬砌、钢筋混凝土衬砌和浆砌石衬砌等。除此以外,还有预应力衬砌、装配式衬砌、喷锚衬砌、限裂衬砌和非限裂衬砌等。

**1) 平整衬砌**

当围岩坚固、内水压力不大时,用混凝土、喷浆、砌石等做成平整的护面。它不承受荷载,只起减小糙率、防止渗水、抵抗冲蚀、防止风化等作用。无压隧洞可以只在水流湿周范围内做平整衬砌。只为降低糙率的衬砌,平均厚度约为 15 cm 即可;若有防冲、抗渗要求时,则衬砌厚度应为 20～30 cm。

为了使衬砌表面尽量光滑,最好用金属模板浇筑混凝土,但比较费工,用模板也较多。用喷混凝土的方法进行平整衬砌不需模板,施工进度快,透水性小,其主要缺点是平整度差。为改进这一缺点,可在喷混凝土之后,再喷一层水泥砂浆抹光。

**2) 混凝土、钢筋混凝土衬砌**

当围岩坚硬、内水压力不大时,可采用混凝土衬砌。当承受较大荷载或围岩条件较差时,则应采用钢筋混凝土衬砌。衬砌的厚度(不包括围岩超挖部分)应根据计算和构造要求确定其最小厚度。但为了保证施工质量,从施工要求出发,混凝土和单层钢筋混凝土衬砌不小于 25 cm,双层钢筋混凝土衬砌不小于 30 cm,强度等级不宜低于 C15。

**3) 预应力衬砌**

预应力衬砌是对混凝土或钢筋混凝土衬砌施加预压应力,以抵消内水压力产生的拉应力,克服混凝土抗拉强度低的缺点,可使衬砌厚度减薄,节约材料和开挖量。其缺点是,预应力衬砌施工复杂,工期较长。预应力衬砌适用于作用高水头的圆形隧洞。

最简单的预加应力方法是向衬砌与围岩之间进行压力灌浆,使衬砌产生预压应力。为了保证灌浆效果,围岩表面应用混凝土进行修整,并与衬砌之间留有 2～3 cm 的空隙,以便灌浆。浆液应采用膨胀性水泥,以防干缩时预压应力降低。这种预加应力方法要求围岩比较坚硬完整,必要时可先对围岩进行固结灌浆。

#### 4）喷锚衬砌

喷锚衬砌是指利用锚杆和喷混凝土进行围岩加固的总称。由于喷射混凝土能紧跟掘进工作面施工，缩短了围岩的暴露时间，使围岩的风化、潮解和应力松弛等不致有大的发展，故喷混凝土施工给围岩的稳定创造了有利条件。

锚杆支护是用特定形式的锚杆锚固于岩石内部，把原来不够完整的围岩固结起来，从而增加围岩的整体性和稳定性。其对围岩的加固原理可归结为三个方面：一是悬吊作用，如图 6-10(a)所示，用锚杆将可能塌落的不稳定岩体悬吊在稳定岩体上；二是组合作用，如图 6-10(b)所示，用锚杆将层状岩体结合在一起，形成类似的组合梁，增加其抗弯和抗剪能力；三是固结作用，如图 6-10(c)所示，不稳定的断裂岩块在许多锚杆作用下固结起来，形成有支撑能力的岩石拱。对一具体隧洞而言，这三种作用往往是综合发生的。

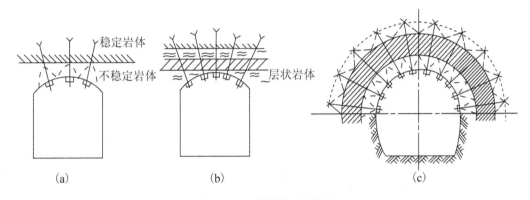

**图 6-10　锚杆的支护作用**

锚杆本身有各种形式，较常用的是楔缝式钢锚杆（即锚杆的嵌入端开有长 160～200 mm、宽 3～5 mm 的缝）。施工时先按预定位置进行钻孔，孔径略大于锚杆直径。然后在孔中插入锚杆和楔子。当楔子顶部触及孔底岩石时，在外端撞击锚杆，楔子即逐渐挤入杆端楔缝中而使端部张开。通过风钻对锚杆外端螺帽的不断冲击，就使楔缝更加被挤张而嵌入孔壁岩石中，而杆端即已牢牢锚着。最后通过拧紧螺母，对锚杆张拉，施加一定的预压应力。为防锚杆锈蚀，通常还在锚杆锚定后，通过预留灌浆管向孔内灌注水泥砂浆。灌浆时孔内空气经排气管排出。为减少浆液凝固时的收缩，可掺入微量铅粉。钢锚杆一般直径为 16～28 mm，长 2～4 m，钢楔子长 15～23 cm。

喷混凝土支护的主要作用是：充填岩体表面张开的裂隙，使围岩结成整体；填补不平整表面，缓和应力集中；保护岩体表面，阻止岩块松动。喷混凝土施工时，应先撬除危石，清洗岩面，然后喷一层厚约 1 cm 的小水灰比的水泥砂浆或厚 2～3 cm 的富水泥混凝土。喷完上述底层后，即可分次喷混凝土，每次厚 3～8 cm。若同时采用锚杆，则可在第一层混凝土喷完后设置，必要时还可加设钢筋网，然后再喷第二、三层，直至达到预定设计厚度。喷混凝土衬砌的厚度一般不小于 5 cm，最大不宜超过 20 cm。

锚喷支护是 20 世纪 50 年代配合新奥法（新奥地利隧洞工程施工方法的简称）逐渐发展起来的一项新技术。它的基本概念是将隧洞四周的围岩作为承载结构的主要部分来考虑，而不是把围岩单纯作为荷载考虑。新奥法的基本原理是：① 支护要适时，即在支护受力最小的时候进行支护；② 支护刚度要适中，使围岩与支护在共同变形过程中取得稳定，刚柔度适宜；

③ 支护应与围岩紧贴,以保证支护与围岩共同工作。

工程实践证明,采用新奥法施工可以减少混凝土衬砌量,不用模板,施工安全,造价降低,是一种多、快、好、省的施工方法。但需注意研究内外水压力、抗渗、允许流速及糙率等问题。

## 模块3 熟悉并掌握衬砌的构造

### 1. 衬砌的分缝和止水

混凝土及钢筋混凝土衬砌一般设有永久性的横向变形缝(垂直水流方向)和施工工作缝。

变形缝是为防止不均匀沉陷而设置的,其位置应设于荷载大小、断面尺寸和地质条件发生变化之处。如洞身与进口或渐变段接头处,以及断层、破碎带的变化处,均需设置变形缝,其构造如图 6-11 所示,缝内贴沥青油毡并做好止水。在断层、破碎带处,还应增加衬砌厚度并配置钢筋。

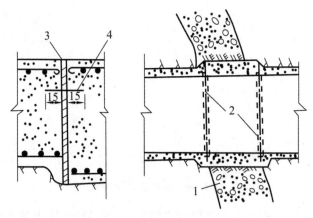

**图 6-11　伸缩变形缝(单位:cm)**

1—断层破碎带;2—沉陷缝;3—沥青油毛毡 1～2 cm;4—止水片或止水带

围岩地质条件比较均一的洞身段,可只设置施工缝。施工缝有纵向的和横向的两种。横向施工缝间距一般为 6～12 m,底板与边墙、顶拱的缝面不得错开。无压隧洞的横向施工缝,一般可不做特殊处理。对有压隧洞和有防渗要求的无压隧洞,横向施工缝应根据具体情况采取必要的接缝处理措施。

纵向工作缝的位置及数目则应根据结构形式及施工条件决定,一般应设在内力较小的部位。衬砌的分缝、分块情况如图 6-12(b)所示,图中 1、2、3、4 为分块浇筑的顺序编号。无论是无压隧洞还是有压隧洞,其纵向施工缝均需凿毛处理。还可设一些插筋以加强其整体性,必要时还可设置止水片(见图 6-13)。

### 2. 灌浆、防渗与排水

为了充填衬砌与围岩之间的缝隙,改善衬砌结构传力条件和减少渗漏,常进行衬砌的回填灌浆。一般在衬砌施工时,顶拱部分预留灌浆管,待衬砌完成后,通过预埋管进行灌浆。如图 6-14 所示,回填灌浆的范围一般在顶拱中心角 90°至 120°以内,孔距和排距一般为 4～6 m,灌浆压力为 200～300 kPa。

为了提高围岩的强度和整体性,改善衬砌结构受力条件,减少渗漏,隧洞衬砌后还常对围岩进行固结灌浆。固结灌浆孔通常对称布置,排距 2～4 m,每排不少于 6 孔。孔深一般约为

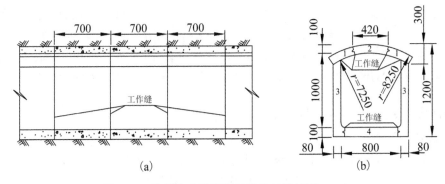

图 6-12　陆浑水库泄洪洞衬砌施工缝(单位:cm)

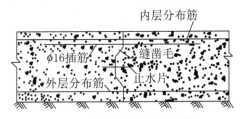

图 6-13　衬砌的纵向工作缝

1.0 倍的隧洞半径,灌浆压力为内水压力的 1.5～2.0 倍。灌浆时应加强观测,防止洞壁变形破坏。回填灌浆孔与固结灌浆孔通常分排间隔排列(见图 6-14)。

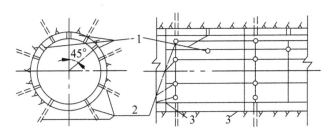

图 6-14　灌浆孔布置图

1—回填关键孔;2—固结灌浆孔;3—伸缩缝

当地下水位较高时,外水压力可能成为无压隧洞的主要荷载之一,为此可采取排水措施以降低外水压力。

无压隧洞的排水,可通过在洞内水面高程以上设置排水孔来实现。孔距和排距 2～4 m,孔深 2～4 m。应注意排水钻孔应在灌浆之后进行,以防堵塞。当无压隧洞边墙很高时,也可在边墙背后水面高程以下设置暗的环向及纵向排水系统。

有压隧洞一般不设排水。当确有必要设置排水时,也只能采用环向、纵向排水暗管,环向暗排水可用砾石铺成,每隔 6～8 m 设一道,收集的渗水汇集后由衬砌下部的纵向排水暗管(如无砂混凝土管)排向下游。

## 模块 4　计算隧洞衬砌的荷载并对其进行组合

### 1. 荷载

隧洞是地下结构,衬砌与围岩有相互的作用,作用于衬砌的荷载种类与大小既取决于隧洞的工作条件,同时也取决于围岩地质条件及施工情况。作用于衬砌的荷载有自重、围岩压力、内水压力、外水压力、温度荷载、灌浆压力、地震荷载等。另外,当与围岩紧密接触的衬砌受荷载后有趋向围岩变形时,围岩可施加反作用于衬砌的荷载,即为弹性抗力。它是能协助衬砌抵抗其他荷载的有利的作用力,但它不是独立存在的荷载,只是被动地有条件地依附于其他荷载存在。

荷载计算对象与结构计算对象相同,为单位洞长。

**1）围岩压力**

围岩压力也称山岩压力。隧洞开挖后由于围岩变形(隧洞开挖破坏了岩体原来的平衡,从而引起围岩应力重分布,引起变形)或塌落而作用在衬砌上的压力,称为围岩压力。按作用的方向,山岩压力主要有两种:作用于衬砌顶部的垂直山岩压力和作用于衬砌两侧的侧向山岩压力。一般岩体中,作用在衬砌上的主要是垂直向下的围岩压力,对软弱破碎岩层,还需考虑侧向山岩压力。

计算山岩压力的方法很多,但目前工程中常用的方法主要有自然平衡拱法和经验法。这里仅介绍较为实用的经验法。

我国 2002 年颁布《水工隧洞设计规范》(SL 279—2002)规定,围岩作用在衬砌上的荷载应根据围岩条件、横断面形状和尺寸、施工方法及支护效果确定,围岩压力的计取应符合下列规定。

（1）自稳条件好、开挖后变形很快稳定的围岩,可不计围岩压力。

（2）薄层状及碎裂散体结构的围岩,作用在衬砌上的围岩压力:

垂直方向 $\qquad q_v = (0.2 \sim 0.3)\gamma_1 B$ (6-2)

水平方向 $\qquad q_h = (0.05 \sim 0.1)\gamma_1 H$ (6-3)

式中:$q_v$——垂直均布围岩压力,$kN/m^2$;

$\qquad q_h$——水平均布围岩压力,$kN/m^2$;

$\qquad \gamma_1$——岩石的重度,$kN/m^3$;

$\qquad B$——隧洞开挖宽度,m;

$\qquad H$——隧洞开挖高度,m。

（3）不能形成稳定拱的浅埋隧洞,宜按洞室顶拱的上覆盖层岩体重力作用计算围岩压力,再根据施工所采取的支护措施予以修正。

（4）块状、中厚层至厚层状结构的围岩,可根据围岩中不稳定块体的作用力来确定围岩压力。

（5）采取了支护或加固措施的围岩,根据其稳定状况,可不计或少计围岩压力。

（6）采用掘进机开挖的围岩,可适当少计围岩压力。

（7）具有流变或膨胀等特殊性质的围岩,可能对衬砌结构产生变形压力时,应对这种作用进行专门研究,并宜采取措施减小其对衬砌的不利作用。

**2）弹性抗力**

在荷载作用下,衬砌向外变形时受到围岩的抵抗,这种围岩抵抗衬砌向外变形而作用在衬砌外壁的作用力,称为弹性抗力。弹性抗力是一种被动力。它与地基反力不同,后者是由力的平衡决定的,其数值与围岩的性质无关;而前者的产生是有条件的。围岩考虑弹性抗力的重要条件是岩石本身的承载能力,而充分发挥弹性抗力作用的主要条件是围岩与衬砌接触程度。

当岩石比较坚硬,且有一定厚度(一般要求大于 3 倍的洞径),无不利的滑动面,围岩与衬砌紧密接触时,才可考虑弹性抗力的作用,否则不考虑围岩的弹性抗力,只考虑衬砌底部的地基反力。

岩石的弹性抗力可以近似地认为与衬砌变形造成的围岩的法向位移 $\delta$ 成正比,即

$$p_0 = k\delta$$

式中:$p_0$——岩石弹性抗力;

$\delta$——衬砌表面法向位移,cm;

$k$——与岩石情况及隧洞开挖尺寸有关的弹性抗力系数,$N/cm^3$。

弹性抗力系数是与围岩性质和隧洞直径有关的比例常数。实质上,它表示能阻止 $10^{-4}\ m^2$ 衬砌面积变位 0.01 m 所需要的力。实践中,常以隧洞半径为 1 m 时的单位弹性抗力系数 $k_0$ 表示围岩的抗力特性,开挖半径为 $r$ 时的弹性抗力系数为

$$k = 100k_0/r$$

式中:$r$——隧洞开挖半径,cm,对于非圆形隧洞,$r = B/2$($B$ 为开挖洞宽)。

弹性抗力系数常用类比法和现场实验方法来确定。弹性抗力若估计过高,则会使衬砌结构不安全;若估计过低,则不经济。因此,必须对其进行认真分析和估算。

**3)内、外水压力**

内水压力是有压隧洞衬砌上的主要荷载。当围岩坚硬完整,洞径小于 6 m 时,可只按内水压力进行衬砌的结构设计。内水压力可根据隧洞压力线或洞内水面线确定。在有压隧洞的衬砌计算中,常将内水压力分为均匀内水压力和非均匀内水压力两部分。均匀内水压力是洞顶内壁以上水头 $h$ 产生的,其值为 $\gamma h$;非均匀内水压力是指洞内充满水,洞壁各点的压强值为 $\gamma d(1-\cos\theta)/2$($\theta$ 为计算点半径与洞顶半径的夹角,$d$ 为隧洞内直径)时的压力。非均匀内水压力的合力向下,数值等于单位洞长内的水重(见图 6-15)。

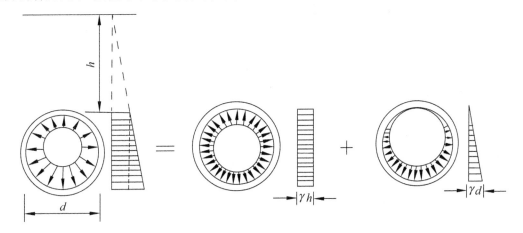

**图 6-15  有压隧洞内水压力分解**

对于有压发电引水隧洞,还应考虑机组甩负荷时引起的水击压力。无压隧洞的内水压力应由洞内的水面线来计算。

外水压力的大小取决于水库蓄水后形成的地下水位线,由于地质条件的复杂性,很难准确计算。一般来说,常假设隧洞进口处的地下水位线与水库正常挡水位相同,在隧洞出口处与下游水位或洞顶齐平,中间按直线变化。考虑到地下水渗流过程的水头损失,工程中实际取用外

水压力的数值应等于地下水的水头乘以折减系数 $\beta_e$（见表 6-1）。设计中,当与内水压力组合时,外水压力常用偏小值;当隧洞放空时,采用偏大值。

表 6-1　外水荷载折减系数 $\beta_e$ 值选用表

| 级别 | 地下水活动状况 | 地下水对围岩稳定的影响 | $\beta_e$ 值 |
|---|---|---|---|
| 1 | 洞壁干燥或潮湿 | 无影响 | 0 |
| 2 | 沿结构面有渗水或滴水 | 风化结构面填充物质,降低结构面的抗剪强度,对软弱岩体有软化作用 | 0～0.4 |
| 3 | 沿裂隙或软弱结构面有大量滴水,线状流水或喷水 | 泥化软弱结构面填充物质,降低结构面的抗剪强度,对中硬岩体有软化作用 | 0.25～0.6 |
| 4 | 严重股状流水,沿软弱结构面有小量涌水 | 地下水冲刷结构面中填充物质,加速岩体风化,对断层等软弱带软化、泥化,并使其膨胀崩解,以及产生机械管涌。有渗透压力,能鼓出较薄的软弱层 | 0.4～0.8 |
| 5 | 严重滴水或流水,断层等软弱带有大量涌水 | 地下水冲刷携带结构面中填充物质,分离岩体,有渗透压力,能鼓出一定厚度的断层等软弱带,能导致围岩塌方 | 0.65～1.0 |

**4）衬砌自重**

取单位长度衬砌计算自重,即沿隧洞轴线 1 m 长的衬砌重量。一般根据衬砌厚度的不同,沿洞线分段进行计算,认为自重是均匀作用在衬砌厚度的平均线上,衬砌单位面积上的自重强度 $g$ 为

$$g = \gamma_c h$$

式中:$\gamma_c$——衬砌材料重度,$kN/m^3$;

$h$——衬砌厚度,m,应考虑平均超挖回填的部分。

除上述主要荷载外,隧洞衬砌上还作用有灌浆压力、温度荷载和地震荷载等,由于对衬砌影响较小,荷载组合时均不予考虑。

**2. 荷载组合**

衬砌计算时,应根据荷载特点及同时作用的可能性,按不同情况进行组合。设计中常用的组合有以下几种。

（1）正常运用情况:山岩压力＋衬砌自重＋宣泄设计洪水时的内水压力＋外水压力。

（2）施工、检修情况:山岩压力＋衬砌自重＋可能出现的最大外水压力。

（3）非常运用情况:山岩压力＋衬砌自重＋宣泄校核洪水时的内水压力＋外水压力。

正常运用情况属于基本组合,用以设计衬砌的厚度、配筋量和强度校核,其他情况用作校核。工程中视隧洞的具体运用情况还应考虑其他荷载组合。

# 模块 5　了解衬砌结构计算方法

衬砌结构计算的目的是确定衬砌厚度、材料强度等级及配筋量。衬砌结构计算的对象,是根据隧洞沿线荷载、断面形状与尺寸的不同将其分为若干段,每段选取一代表性的单位洞长。

衬砌结构计算步骤主要包括:选择衬砌形式并初步拟定其厚度;分别计算单位洞长上各种荷载产生的内力,并按不同的荷载组合叠加;进行强度校核、确定配筋量,判定初拟衬砌厚度是

否合理并进行修改。

当前衬砌结构计算的方法有两种：一种是以衬砌为计算对象的结构力学法；另一种是以隧洞整体为计算对象的弹性力学法。

### 1. 结构力学法

将衬砌与围岩相互分开，以衬砌本身为研究对象，认为衬砌是构件，是承受荷载的主体，围岩是基础，围岩的作用是以弹性抗力的形式施加给衬砌，并按文克尔假定考虑。结构力学法的主要缺点是：首先，这种方法仅能求得衬砌的应力，而不能求出围岩的应力，也无法对围岩的稳定进行分析；其次，这种方法将围岩与衬砌相互分开，将衬砌作为承荷主体，消极地承受荷载，而实际上衬砌与围岩两者紧密结合，是一个整体，共同承受荷载，因而使衬砌尺寸过大。此外，衬砌与围岩间的相互关系复杂，不能简单地用弹性抗力来反映两者之间的相互作用，并且弹性抗力的理论假定——文克尔假定，与实际存在较大出入。尽管结构力学法存在上述问题，但在多年应用中已形成一套完整的体系，在一定程度上反映了隧洞的工作状态，并为广大设计人员所熟悉，因此在一定条件下还得以运用。

### 2. 弹性力学法

将围岩与衬砌视为整体，两者共同承受荷载。其特点是，能对围岩进行分析，并能严格按衬砌与围岩共同工作进行分析而无须采用弹性抗力的概念。由于弹性理论仅能对某些特定条件下的隧洞给出精确解，故其使用受到限制。随着计算机的发展与运用，弹性力学的数值方法，即有限元法，已得到广泛应用，它能模拟复杂的岩体结构，并能得出较为符合实际的成果。

《水工隧洞设计规范》规定，衬砌结构计算应按各设计阶段的要求，根据衬砌的结构特点、荷载作用形式、围岩和施工条件等，选用不同的方法进行计算。

以内水压力为主要荷载，围岩为Ⅰ、Ⅱ类的圆形有压隧洞，宜采用弹性力学解析法；Ⅳ、Ⅴ类围岩中的隧洞，宜采用结构力学法；无压隧洞可采用结构力学法；Ⅱ、Ⅲ类围岩中的隧洞，视围岩的条件和所能取得的基本资料选用合适的方法。如围岩稳定性较好，有较强的自承能力，衬砌目的主要是加固围岩者，或者隧洞跨度大，围岩很不均匀者，宜采用有限元法。

隧洞衬砌结构计算的具体过程，这里不做介绍。对圆形有压隧洞的衬砌，可根据具体情况参照《水工隧洞设计规范》附录 B 进行结构计算。需要说明的是，在生产实践中，现已普遍通过计算机程序进行隧洞衬砌结构计算。

# 项目 7　渠系构造与设计

## 任务 1　渠系建筑物的认知

为了安全合理地输配水量以满足农田灌溉、水力发电、工业及生活用水的需要,在渠道(渠系)上修建的水工建筑物,统称渠系建筑物。

### 模块 1　渠系建筑物的分类

渠系建筑物按其作用,可分为以下几种。

(1) 渠道:是指为农田灌溉、水力发电、工业及生活输水、具有自由水面的人工水道。一个灌区内的灌溉或排水渠道一般分为干、支、斗、农四级,构成渠道系统,简称渠系。

(2) 调节及配水建筑物:用以调节水位和分配流量,如节制闸、分水闸等。

(3) 交叉建筑物:在渠道与山谷、河流、道路、山岭等相交处所修建的建筑物,如渡槽、倒虹吸管、涵洞等。

(4) 落差建筑物:在渠道落差集中处修建的建筑物,如跌水、陡坡等。

(5) 泄水建筑物:为保护渠道及建筑物安全或方便维修,用以放空渠水的建筑物,如泄水闸、虹吸泄洪道等。

(6) 冲沙和沉沙建筑物:为防止或减少渠道淤积,在渠首或渠系中设置的冲沙和沉沙设施,如冲沙闸、沉沙池等。

(7) 量水建筑物:用以计量输配水量的设施,如量水堰、量水管嘴等。

渠系中的建筑物,一般规模不大,但数量多,总的工程量和造价在整个工程中所占比重较大。为此,应尽量简化结构,改进设计和施工,以节约原材料和劳力、降低工程造价。

### 模块 2　渠系建筑物的布置原则

渠系建筑物的布置原则可以概括为:

(1)布局合理,效益最佳;

(2)运行安全,保证需求;

(3)联合修建,形成枢纽;

(4)独立取水,便于管理;

(5)交通方便,便于生产。

### 模块 3　渠系建筑物的特点

渠系建筑物的特点如下:

(1)量大面广,总投资多;

（2）同一类型建筑物的工作条件、结构形式、构造尺寸较为近似，因此对其体形结构的合理设计具有十分重要的经济意义；

（3）受地形环境影响大。

# 任务 2　渠道的布置与设计

灌溉渠道一般可分为干、支、斗、农四级固定渠道。干、支渠主要起输水作用，称为输水渠道；斗、农渠主要起配水作用，称为配水渠道。

## 模块 1　渠道的布置

**1．地形条件**

在平原地区，渠道路线最好是直线。在山坡地区，渠道路线应尽量沿等高线方向布置，以免过大的挖填方量。

**2．地质条件**

渠道线路应尽量避开渗漏严重、流沙、泥泽、滑坡以及开挖困难的岩层地带。

**3．施工条件**

施工条件包括施工时的交通运输、水和动力供应、机械施工场地、取土和弃土的位置等条件。

**4．管理要求**

渠道布置要与行政区划及土地利用规划相结合，以便于管理和维护。

## 模块 2　渠道的纵横断面设计

**1．渠道横断面**

（1）渠道横断面尺寸应根据水力计算确定。

（2）渠道横断面的形状常用梯形，它便于施工，并能保持渠道边坡的稳定。

**2．渠道纵断面**

根据灌溉水位要求确定渠道的空间位置。

# 任务 3　渡槽的布置与设计

## 模块 1　槽址选择与渡槽选型

**1．渡槽的作用与组成**

**1）渡槽的作用**

渡槽是输送水流跨越渠道、河流、道路、山冲、谷口等的架空输水建筑物。当挖方渠道与冲沟相交时，为避免山洪及泥沙入渠，还可在渠道上面修建排洪渡槽，用来排泄冲沟来水及泥沙。

**2）渡槽的组成**

渡槽由槽身、支承结构、基础及进出口建筑物等部分组成。槽身置于支承结构上，槽身重及槽中水重通过支承结构传给基础,再传至地基。

渡槽一般适用于渠道跨越深宽河谷且洪水流量较大、渠道跨越广阔滩地或洼地等情况。它比倒虹吸管水头损失小,便利通航,管理方便,是交叉建筑物中采用最多的一种形式。

**2. 渡槽的类型**

渡槽根据其支承结构的情况,可分为梁式渡槽和拱式渡槽两大类。

**1)梁式渡槽**

梁式渡槽槽身置于槽墩或排架上,其纵向受力和梁相同,故称梁式渡槽,如图 7-1 所示。槽身在纵向均匀荷载作用下,一部分受压,一部分受拉,故常采用钢筋混凝土结构。为了节约钢筋和水泥用量,还可采用预应力钢筋混凝土及钢丝网水泥结构,跨度较小的槽身也可用混凝土建造。

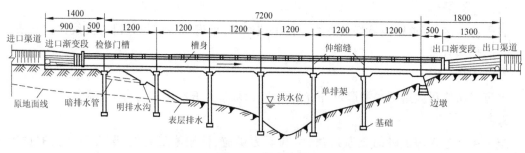

**图 7-1 梁式渡槽**

梁式渡槽的主要类型有简支梁式、双悬臂梁式和单悬臂梁式。

(1)简支梁式:其优点是,结构简单,施工吊装方便,接缝处止水构造简单;其缺点是,跨中弯矩较大,底板受拉,对抗裂防渗不利。常用跨度是 8～15 m,其经济跨度为墩架高度的 0.8～1.2。

(2)双悬臂梁式:根据其悬臂长度的不同,可分为等跨双悬臂式和等弯矩双悬臂式。等跨双悬臂式,在纵向受力时,其跨中弯矩为零,底板承受压力,有利于抗渗。等弯矩双悬臂式,跨中弯矩与支座弯矩相等,结构受力合理,但需上下配置受力筋及构造筋,总配筋量常大于等跨双悬臂式,不一定经济,且由于跨度不等,对墩架工作不利,故应用不多。双悬臂梁式渡槽因跨中弯矩较简支梁的小,每节槽身长度可为 25～40 m,但其重量大,整体预制吊装困难,当悬臂顶端变形或地基产生不均匀沉陷时,接缝处止水容易被拉裂。

(3)单悬臂梁式:一般用在靠近两岸的槽身,或者在双悬臂梁式向简支梁式过渡时采用。

**2)拱式渡槽**

拱式渡槽的主要承重结构是拱圈。槽身通过拱上结构将荷载传给拱圈,它的两端支承在槽墩或槽台上。拱圈的受力特点是承受以压力为主的内力,故可应用石料或混凝土建造,并可用于较大的跨度。但拱圈对支座的变形要求严格。对于跨度较大的拱式渡槽,应建在比较坚固的岩石地基上。

拱式渡槽的主要类型有石拱渡槽、肋拱渡槽和双曲拱渡槽。

(1)石拱渡槽:主拱圈为一实体的矩形截面的板拱,一般用粗料石砌筑。其优点是,就地取材,节省钢筋,结构简单,便于施工;其缺点是,自重大,对地基要求高,施工时需较多木料搭设拱架。

(2)肋拱渡槽:主拱圈是由 2～4 根拱肋组成,拱肋间用横系梁联结以加强拱肋整体性,保证拱肋的横向稳定。肋拱渡槽一般采用钢筋混凝土结构,对于大中跨径的肋拱结构可分段预制吊装拼接,无须支架施工。这种形式的渡槽外形轻巧美观,自重较轻,工程量小,但钢筋用量较多。

（3）双曲拱渡槽:主要拱圈由拱肋、拱波、拱板和横系梁（横隔板）等组成（见图 7-2）。因主拱圈沿纵向和横向都呈拱形,故称为双曲拱。双曲拱能充分发挥材料的抗压性能,造型美观;此外,主拱圈可分块预制,吊装施工,既节省搭设拱架所需的木料,又不需要较多的钢筋,适用于修建大跨径渡槽。

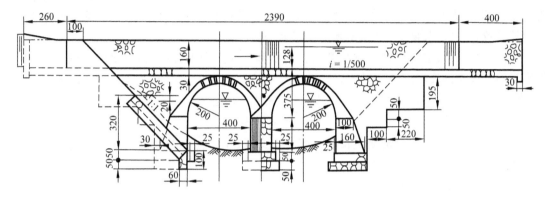

**图 7-2　双曲拱渡槽**

**3. 槽址选择**

（1）应结合渠道线路布置,尽量利用有利的地形、地质条件,以便缩短槽身长度,减少基础工程量,降低墩架高度。

（2）槽轴线力求短直,进出口要避免急转弯并力求布置在挖方渠道上。

（3）跨越河流的渡槽,槽轴线应与河道水流方向正交,槽址应位于河床及岸坡稳定、水流顺直的地段,避免选在河流转弯处。

（4）少占耕地,少拆迁民房,并尽可能有较宽敞的施工场地,争取靠近建筑材料产地,以便就地取材。

（5）交通方便,水电供应条件较好,有利于管理维修。

**4. 渡槽选型**

（1）地形、地质条件:地形平坦、槽高不大时,一般采用梁式渡槽,施工与吊装均比较方便;对于窄深的山谷地形,当两岸地质条件较好,有足够的强度与稳定性时,宜建大跨度拱式渡槽,避免很高的中间墩架;当地形、地质条件比较复杂时,应作具体分析。

（2）建筑材料:应贯彻就地取材和因材设计的原则,结合地形、地质及施工等其他条件,采用经济合理的结构形式。

（3）施工条件:应尽可能采用预制构件进行装配的结构形式,以加快施工进度,节省劳力。同一渠系有几个渡槽时,应尽量采用同一种结构形式。

## 模块 2　渡槽的总体布置

**1. 渡槽总体布置的基本要求**

流量、水位满足灌区需要;槽身长度短,基础、岸坡稳定,结构选型合理;进出口顺直通畅,避免填方接头;少占农田,交通方便,就地取材等。

总体布置的步骤,一般是先根据规划阶段初选槽址和设计任务,在一定范围内进行调查和勘探工作,取得较为全面的地形、地质、水文气象、建筑材料、交通要求、施工条件、运用管理要求等基本资料,然后在全面分析基本资料的基础上,按照总体布置的基本要求,提出几个布置方案,经过技术经济比较,选择最优方案。

**2. 进出口段布置**

(1)平流段:进出口前后的渠道上应有一定长度的直线段。渡槽进出口渠道的直线段与槽身连接,在平面布置上要避免急剧转弯,防止水流条件恶化,影响正常输水,造成冲刷现象。对于流量较大、坡度较陡的渡槽,尤其要注意这一问题。

(2)渐变段:渠道与渡槽的过水断面在形状和尺寸上均不相同,为使水流平顺衔接,渡槽进出口均需设置渐变段。渐变段中以扭曲面形式的水流条件较好,应用较多;八字墙式施工简单,小型渡槽使用较多。渐变段的长度 $L_j$ 通常采用经验公式计算,即

$$L_j = c(B_1 - B_2)$$

对于中小型渡槽,出口渐变段长度也可取 $L_1 \geqslant 4h_1$,$h_1$ 为上游渠道水深;出口渐变段长度取为 $L_2 \geqslant 6h_2$,$h_2$ 为出口渠道水深。

(3)护底与护坡:设置护底与护坡,防止冲刷。

**3. 基础布置**

渡槽基础的类型较多,根据埋置深度可分为浅基础和深基础。埋置深度小于 5 m 时为浅基础。应结合渡槽形式选定基础结构的形式,基础结构的布置尺寸需在槽墩或槽架布置的基础上确定。对于浅基础,基底面高程(或埋置深度)应根据地形、地质等条件选定。

(1)冰冻地区:基底面应埋入冰冻层以下不少于 0.3 m,以免因冰冻而降低地基承载力。

(2)耕作区:耕作区内的基础,基顶面以上要留有 0.5~0.8 m 的覆盖层,以利耕作。

(3)软弱地基:基础埋置深度一般在 1.5~2.0 m,如果地基的允许承载力较低,则可采取增加埋深或加大基底面尺寸的办法,以满足地基承载力的要求。当上层地基土的承载能力大于下层的时,宜利用上层土做持力层,但基底面以下的持力层厚度应不小于 1.0 m。

(4)坡地上的基础:基底面应全部置于稳定坡线之下,并应削除不稳定的坡土和岩石以保证工程的安全。河槽中受到水流冲刷的基础,基顶面应埋入最大冲刷深度之下,以免基底受到淘刷而危及工程的安全。对于深基础,计算的入土深度应从稳定坡线、耕作层深、最大冲刷深度等处算起,以确保深基础的承载能力。最大冲刷深度的计算可参考有关书籍和资料。

# 模块 3　渡槽的水力计算

渡槽水力计算的目的,就是确定渡槽底纵坡、横断面尺寸和进出口高程,校核水头损失是否满足渠系规划要求。

**1. 槽身断面尺寸的确定**

**1)计算公式选用**

槽身过水断面尺寸一般依据渡槽的设计流量,按照水力学公式进行计算。当槽身长度 $L$ 大于 15~20 倍的水深 $h$ 时,按明渠均匀流公式计算;当 $L$ 小于 15~20 倍的水深 $h$ 时,按淹没宽顶堰公式计算。

### 2）参数的选定

槽身糙率对过水断面积及水流状态影响较大,应根据施工条件和工艺水平参照工程实测资料分析选取,初步设计时可按手册查用。槽身过水断面的宽深比不同,槽身的工程量也不同,为使工程经济,应有适宜的宽深比。从过水能力方面考虑,应取宽深比 $b/h=2.0$,但从受力条件考虑,梁式渡槽的槽身侧墙在纵向起着梁的作用,加高侧墙,可提高槽身的纵向承载能力,故宜适当降低宽深比,工程中常采用 $b/h=1.25\sim1.67$;确定纵坡时应满足渠系规划要求,同时不能引起出口渠道的冲刷。一般常采用 $i=1/1500\sim1/500$,槽内流速为 $1\sim2$ m/s,对于通航的渡槽,要求流速在 $1.5$ m/s 以内,底坡小于 $1/2000$。

### 3）超高

为了防止因风浪或其他原因而引起侧墙顶溢水,侧墙应有一定的超高。按建筑物的等级和过水流量不同,超高 $\Delta h$ 可选用 $20\sim60$ m,也可用经验公式计算,即

矩形槽身 $\qquad\qquad\qquad\qquad \Delta h=h/12+5$

U 形槽身 $\qquad\qquad\qquad\qquad \Delta h=D/12$

## 2. 水头损失计算

水流经过渡槽进口段时,随着过水断面的减小,流速逐渐加大,水流位能一部分转化为动能,另一部分因水流收缩而产生水头损失,因此进口段将产生水面降落 $Z$;水流进入槽身后,基本保持均匀流,沿程水头损失值 $Z_1=I_L$;水流经过出口段时,随着过水断面增大,流速逐渐减小,水流动能因扩散而损失一部分,另一部分则转化为位能,而使出口水面回升 $Z_2$,从而与下游渠道相衔接。

渡槽水力计算示意图如图 7-3 所示。

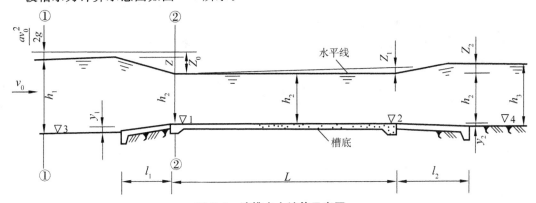

**图 7-3　渡槽水力计算示意图**

### 1）进口水面降落 $Z$

$$Z=\frac{Q^2}{(\sigma\varphi\omega\sqrt{2g})^2}-\frac{v_0^2}{2g}$$

或

$$Z=\frac{1+K_1}{2g}(v^2-v_0^2)$$

### 2）槽身沿程水头损失 $Z_1$

$$Z_1=I_L$$

### 3）出口水面回升 $Z_2$

$$Z_2=\frac{1-K_2}{2g}(v^2-v_1^2)$$

**4）渡槽总水头损失 $\Delta Z$**

$$\Delta Z = Z + Z_1 - Z_2$$

如果按上式求得的 $\Delta Z$ 等于或略小于允许水头损失值,则槽底纵坡和槽身断面即为所求;如果 $\Delta Z$ 大于允许值较多,则应重新拟定槽底纵坡 $i$,重新计算,直到满足要求为止。如果 $i$ 值已定得很小,若再减小将会过多增加渡槽工程量,则也可不改变 $i$ 值,而降低下游渠底高程使渠水位与水面回升后的水位相等;或者由下游推算到上游,而将上游渠底抬高。

**3. 渡槽进出口底部高程确定**

为保证通过设计流量时,上下游渠道保持均匀流,而不致产生大的壅水或降水,进出口底板高程应按以下方法确定。

(1) 进口抬高值　　　　　　　　　$y_1 = h_1 - Z - h_2$

(2) 出口降低值　　　　　　　　　$y_2 = h_3 - Z_3 - h_2$

(3) 进口槽底高程　　　　　　　　$\bigtriangledown_1 = \bigtriangledown_3 + y_1$

(4) 出口槽底高程　　　　　　　　$\bigtriangledown_2 = \bigtriangledown_1 - Z_1$

(5) 出口渠底高程　　　　　　　　$\bigtriangledown_4 = \bigtriangledown_2 - y_2$

# 模块 4　梁式渡槽的设计

**1. 槽身设计**

**1）槽身横断面形式和尺寸确定**

(1) 横断面形式:槽身横断面形式分为矩形和 U 形两种。大流量渡槽多采用矩形,中小流量可采用矩形也可采用 U 形。矩形槽身常是钢筋混凝土或预应力钢筋混凝土结构,U 形槽身还可采用钢丝网水泥或预应力钢丝网水泥结构。

(2) 拉杆:一般中小流量无通航要求,槽顶设拉杆,其间距为 $1 \sim 2$ m,以增加侧墙稳定并改善槽身横向受力条件;若有通航要求,则不设拉杆,而适当加大侧墙厚度。

(3) 宽深比:钢筋混凝土矩形及 U 形槽身横断面的造型主要取决于槽身的宽深比,由于水力条件与结构受力条件的矛盾,实际设计中一般根据结构受力条件及节省材料的原则来选择宽深比。

(4) 槽身侧墙通常都作纵梁考虑,由于侧墙薄而高,故在设计中除考虑强度外,还应考虑侧向稳定,一般以侧墙厚度 $t$ 与侧墙高度 $H$ 的比值 $t/H$ 作为衡量指标。

**2）槽身结构计算**

渡槽槽身是空间结构,受力较复杂,常近似按纵、横两个方向进行内力分析。

(1) 纵向结构计算:对矩形槽身,可将侧墙视为纵向梁,梁截面为矩形或 T 形,按受弯构件计算纵向正应力和剪应力,并进行配筋计算和抗裂验算。

U 形槽身纵向应力计算时,需先求出截面形心轴位置及形心轴至受压区和受拉区边缘的距离 $y_1$ 和 $y_2$(见图 7-4),再按下式计算,即

$$\sigma_{压} = \frac{M}{I_0} y_1 \leqslant f_c$$

$$\sigma_{拉} = \frac{M}{I_0} y_2 \leqslant \gamma_m \alpha_{ct} f_{tk}$$

对于较重要工程,应按下式作抗裂验算,即

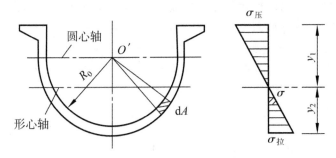

**图 7-4　纵向结构计算示意图**

$$\sigma_{拉} = \frac{M}{I_z} y'_2 \leqslant \gamma_m \alpha_{ct} f_{tk}$$

式中：$I_z$——换算截面惯性矩；

$y'_2$——换算截面形心轴至受拉边缘距离。

U 形槽身的纵向配筋一般按总拉力法计算，即考虑受拉区混凝土已开裂不能承受拉力，形心轴以下全部拉力由钢筋承担的情况。

$$F_{总} = \int_A \sigma \, dA = \frac{M}{I_0} S_{max}$$

钢筋总面积为

$$A_s \geqslant \frac{\gamma_0 F_{总}}{f_y}$$

（2）横向结构计算：一般是沿槽长方向取单位长度，按平面问题进行分析。

作用于单位长度槽身脱离体上的荷载除 $q$ 外，两侧尚有 $Q_1$ 及 $Q_2$，这两剪力差值 $\Delta Q$ 与荷载 $q$ 维持平衡，即 $\Delta Q = Q_1 - Q_2 = q$。对于矩形槽身，$\Delta Q$ 在截面上的分布沿高度呈抛物线形，方向向上，它绝大部分分布在两侧墙截面上，工程设计中一般不考虑底板截面上的剪力。

矩形槽身两侧墙截面上的剪力不影响侧墙的横向弯矩，可将它集中于侧墙底面按支承铰考虑。

侧墙底部最大弯矩值为

$$M_a = M_b = \frac{qh^2}{6}$$

底板跨中最大弯矩值为

$$M_c = \frac{q^2 L^2}{8} - M_a$$

底板跨中弯矩在满槽水深时不一定是最大值，由计算得知，当 $h = \dfrac{L}{2}$ 时，其跨中正弯矩达最大值，可用此值与满槽水深时的计算结果比较，按最大值配置底板跨中钢筋。

当侧墙上设交通桥时，应计入其重力及人群荷载，此荷载对侧墙中心将产生弯矩 $M_0$，则上式为

$$M_a = \frac{qh^2}{6} + M_0$$

$$M_c = \frac{q^2 L^2}{8} - M_a - M_0$$

　　有拉杆的矩形槽身横向结构计算时,假定设拉杆处的横向内力与不设拉杆处的横向内力相同,将拉杆"均匀化",拉杆截面尺寸一般较小,可不计其抗弯作用及轴力对变位的影响。

　　槽身设置拉杆后,可显著地减小侧墙和底板的弯矩。侧墙底部和底板跨中的最大弯矩值均发生在满槽水深的情况下。有拉杆的矩形槽身属一次超静定结构,可按力矩分配法计算。

　　图 7-5 所示的为计算简图。

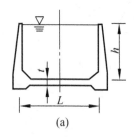 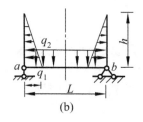 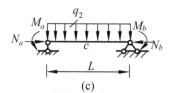

(a)　　　　　　　　　(b)　　　　　　　　　(c)

**图 7-5　计算简图**

### 3）槽身构造要求

　　（1）变形缝:梁式渡槽的槽身多采用钢筋混凝土结构。为了适应槽身因温度变化引起的伸缩变形,渡槽与进出口建筑物之间及各节槽身之间必须用变形缝分开,缝宽 3～5 cm。变形缝需要用既能适应变形又能防止漏水的材料封堵。特别是槽身与进出口建筑物之间的接缝止水必须严密可靠,否则不仅会造成大的漏水,还可能促使岸坡滑塌影响渡槽的安全。

　　（2）止水:渡槽槽身接缝止水所用材料和构造形式多种多样。

　　（3）支座:变形缝之间的每节槽身沿纵槽向有两个支点。为使支点接触面的压力分布比较均匀并减小槽身摩擦时所产生的摩擦力,常在支点处设置支座钢板或油毡坐垫。每个支点处的支座钢板有两块。

### 2．渡槽的支承结构

　　梁式渡槽的支承形式有槽墩式和槽架式两种。

### 1）槽墩

　　槽墩一般为重力墩,有实体墩和空心墩两种形式。

　　（1）实体墩:一般用浆砌石或混凝土建造,常用高度为 8～15 m。其构造简单,施工方便,但由于自身重力大,用料多,当墩身较高并承受较大荷载时,要求地基有较大的承载能力。

　　（2）空心墩:体形及部分尺寸基本与实体墩的相同。

　　（3）槽台:渡槽与两岸连接时,常用重力式边槽墩,也称为槽台。槽台的作用是支承槽身和挡土。

### 2）槽架

　　槽架是钢筋混凝土排架结构,有单排架、双排架、A 字形排架和组合式槽架等形式。

　　（1）单排架:单排架体积小,重量轻,可现浇或预制吊装,在渡槽工程中被广泛应用。单排架高度一般为 10～20 m。单排架是由两根肢柱和横梁所组成的多层钢架结构。

　　（2）双排架:由两个单排架及横梁组合而成,为空间框架结构。在较大的竖向及水平荷载作用下,其强度、稳定性及地基应力均较单排架容易满足要求,可适应较大的高度,通常为15～25 m。如陕西省的石门水库灌区沥水沟渡槽,采用双排架高度为 26～28 m。

　　（3）A 字形排架:常由两片 A 字形单排架组成,其稳定性能好,适应高度大,但施工较复杂,造价较高。

(4)组合式排架:适用于跨越河道主河槽部分,最高洪水位以下为重力墩,其上为槽架,槽架可为单排架,也可为双排架。

排架与基础的连接可采用固接和铰接。

**3. 渡槽的基础**

基础是渡槽的下部结构,它将渡槽的全部重量传给地基。常用的渡槽基础的形式有刚性基础、整体板基础、钻孔桩基础和沉井基础等。

(1)刚性基础:常用于重力式实体墩和空心墩基础,一般用浆砌石或混凝土建造,基础形状呈台阶形。因其抗弯能力小而抗压能力大,基础在墩底面的悬臂挑出长度不能太大,设计时不考虑其抗弯作用。

(2)整体板基础:整体板基础为钢筋混凝土梁板结构,因设计时考虑其弯曲变形而按梁计算,故又称为柔性基础。其底面积大,可弹性变形,适应不均匀沉陷能力好,常用作排架基础。

(3)钻孔桩基础:适用于荷载大、承载能力低的地基。施工机具简单,建造速度快,造价低。桩顶设承台以便与槽墩连接,并将桩柱向上延伸而成桩柱式槽架。

(4)沉井基础:沉井基础的适用条件与钻孔桩基础相似,在井顶作承台(盖板)以便修筑槽墩(架)。井筒内可根据需要填砂石料或低标号混凝土。

**4. 渡槽与两岸的连接**

**1) 槽身与填方渠道连接**

槽身与填方渠道连接常采用的方式有斜坡式和挡土墙式。

(1)斜坡式:将连接段伸入填方渠道末端的锥形土坡内,按连接段的支承方式不同,又分为刚性连接和柔性连接。

刚性连接是将连接段支承在埋于锥形护坡内的槽墩或槽架上,支承墩建在岩基或老土上。柔性连接是将连接段直接搁置在填方渠道上。

(2)挡土墙式:将槽身的一端支承在重力式挡土墙上,挡土墙应修建在岩基或老土上。对于拱渡槽,应按槽台的要求进行布置。其两侧建造一字墙或八字墙以挡土。为降低墙后地下水位,墙身应设置排水孔。挡土墙式连接常用于填方高度不大的情况。

**2) 槽身与挖方渠道连接**

槽身与挖方渠道连接时,一般将边跨槽身支承在地梁或高度不大的实体墩上。槽身与渐变段之间常设连接段。有时为了缩短槽身长度,可将连接段向槽身方向延伸,并支承在用浆砌石建造的底座上。

# 任务 4　倒虹吸管的布置与设计

倒虹吸管是设置在渠道与河流、山沟、谷地、道路等相交处的压力输水建筑物,如图 7-6 所示。它与渡槽相比,具有造价低、施工方便的优点,但其水头损失较大,运行管理不如渡槽方便。

## 模块 1　倒虹吸管的布置

### 1. 管路布置

根据管路埋设情况及高差大小,倒虹吸管的布置形式可分为以下几种。

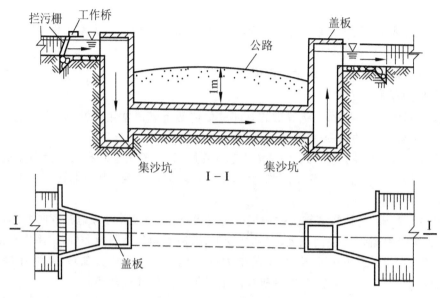

**图 7-6 倒虹吸管**

#### 1）竖井式

竖井式倒虹吸管多用于压力水头较小,穿越道路的情况。这种形式构造简单、管路短。进出口一般用砖石或混凝土砌筑成竖井。竖井断面为矩形或圆形,其尺寸稍大于管身,底部设 0.5 m 深的集沙坑,以沉积泥沙,并便于清淤及检修管路时排水。管身断面一般为矩形、圆形或其他形式。竖井式水力条件差,但施工比较容易,一般用于工程规模较小的倒虹吸管。

#### 2）斜管式

斜管式倒虹吸管多用于压力水头较小,穿越渠道、河流的情况。斜管式倒虹吸管构造简单,施工方便,水力条件好,实际工程中常被采用。

#### 3）曲线式

当岸坡较缓时,为减少施工开挖量,管道可随地面坡度铺设成曲线形。管身常为圆形的混凝土管或钢筋混凝土管,可现浇也可预制安装。管身一般设置管座。在管道转弯处应设置镇墩,并将圆管接头包在镇墩内。为了防止温度引起的不利影响,减小温度应力,管身常埋于地下,且为减小工程量,埋置不宜过深。

#### 4）桥式

当渠道通过较深的复式断面或窄深河谷时,为降低管道承受的压力水头,减小水头损失,缩短管身长度,便于施工,可在深槽部位建桥,而将管道铺设在桥面上或支承在桥墩等支承结构上。桥下应有足够的净空高度,以满足泄洪要求。在通航河道上应满足通航要求。

### 2. 进出口布置

#### 1）进口段的形式和布置

进口段包括进水口、拦污栅、闸门、启闭台、进口渐变段及沉沙池等,如图 7-7 所示。进口段的结构形式应保证通过不同流量时管道进口处于淹没状态,以防止水流在进口段发生跌落、产生水跃而使管身引起振动。进口应具有平顺的轮廓,以减小水头损失,并应满足稳定、防冲和防渗等要求。

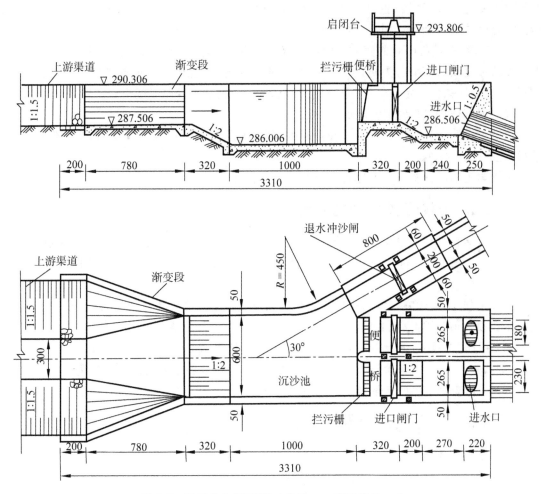

图 7-7  进口段布置图(尺寸单位:cm,高程单位:m)

**2)出口段的形式和布置**

出口段包括出水口、闸门、消力池、渐变段等。其布置形式与进口段的相似。为使出口段与下游渠道平顺连接,一般设渐变段,其长度常用 4～6 倍的渠道设计水深。同时渐变段下游 3～5 m 长度内的渠道还应护砌,以防止水流对下游渠道冲刷。渐变段的底部常设消力池。消力池长度一般为渠道设计水深的 5～6 倍。消力池深度可按下式估算,即

$$T \geqslant 0.5D + \delta + 30 \text{ cm}$$

**3)管身及镇墩的形式与构造**

(1)管身:倒虹吸管的材料应根据压力大小及流量的多少,就地取材、施工方便、经久耐用等原则综合分析选择。常用的材料主要有混凝土、钢筋混凝土、铸铁和钢材等。

为防止温度、冰冻、耕作等不利因素影响,管道应埋设在耕作层以下;在冰冻区,管顶应布置在冰冻层以下;在穿越河道时,管顶应布置在冲刷线以下 0.5 m;穿越公路时,为改善管身的受力条件,管顶应埋设在路面以下 1.0 m 左右。

为了防止管道因地基不均匀沉陷及温度过低产生较大的纵向应力,使管身发生横向裂缝,管身应设置伸缩缝,缝内设止水。缝的间距应根据地基、管材、施工、气温等条件确定。伸缩缝

的形式主要有平接、套接、企口接及预制管的承插式接头等。缝的宽度一般为 $1\sim2$ cm,缝中堵塞沥青麻绒、沥青麻绳、柏油杉板或胶泥等。

（2）镇墩：在倒虹吸管的变坡及转弯处都应设置镇墩,其主要作用是连接和固定管道。在斜坡段若坡度陡,长度大,为防止管身下滑,保证管身稳定,也应在斜坡段设置镇墩,其设置个数视地形、地质条件而定。镇墩的材料主要为砌石、混凝土或钢筋混凝土。在岩基上的镇墩可加锚杆与岩基连接,以增加管身的稳定性。

镇墩承受管身传来的荷载及水流产生的荷载,以及填土压力、自身重力等,为了保持稳定,镇墩一般是重力式的。

镇墩与管盖的连接形式有刚性连接和柔性连接两种。

## 模块 2　倒虹吸管的水力计算

倒虹吸管的水力计算,主要是根据渠道规划所确定的上游渠底高程、水位、通过的流量和允许的水头损失,通过水力计算确定倒虹吸管的断面尺寸,水头损失值及进出口的水面衔接。

实际工作中,渠道在规划时已确定渠道断面形式和上游渠底高程、倒虹吸管通过的流量和允许水头损失值。因此,倒虹吸管的水力计算内容有以下几种情况:

（1）根据需要通过的流量和允许的水头损失,确定管道的断面形式和尺寸;

（2）根据允许的水头损失和初步拟定的断面尺寸,校核能否通过规定的流量;

（3）根据需要通过的流量及拟定的管内流速,校核水头损失是否超过允许值。

## 模块 3　倒虹吸管管身结构计算

### 1. 管壁厚度的拟定

管身结构设计步骤一般是:根据管径和压力水头的大小,初步拟定管壁厚度,确定各作用荷载,然后进行横向和纵向内力计算,校核管壁厚度,进行横向和纵向内力计算,校核工业管壁厚度,进行配筋计算和抗裂验算。

### 2. 作用荷载及荷载组合

当进行管身结构设计时,一般根据荷载大小分为若干段进行计算。对于中小型倒虹吸管,如斜管段不长,内水压力等荷载的变化范围不大时可不分段,而按受力最大的水平段计算,作为确定整个管道构造的依据。

埋在河槽部分的管道,可能出现如下荷载组合:① 河道枯水时期管内正常输水,作用荷载有管的自重、土压力、内水压力及管内外温差等;② 河道洪水期管内无水,作用荷载有管的自重、土压力、外水压力及管内外温差等;③ 管内正常输水,管外无水也无填土,作用荷载有管的自重、内水压力及管内外温差等。交通道路下的管段,应根据具体情况决定何种荷载组合中加地面荷载。

### 3. 管身结构计算

管身结构计算包括横向和纵向计算。

#### 1）横向计算

管身横向在各荷载单独作用下的内力（弯矩 $M$ 和轴力 $N$）可参照有关书籍所列图表,根据倒虹吸管的安装方式等具体情况直接查出。然后根据荷载组合情况将查得数值组合叠加,即可求得截面的内力值。

**2）纵向计算**

管身纵向结构计算比较复杂。对于中小型倒虹吸管往往不做纵向计算,一般在构造上采取适当措施来减小纵向应力,如在一定长度内设置伸缩缝和柔性接头,对地基进行处理以限制不均匀沉陷,适当选择施工季节或在刚性坐垫与管身之间涂柏油或铺油毛毡(管段两端约三分之一长度内)等。

# 任务 5　其他渠系建筑物的构造

## 模块 1　涵洞的构造

涵洞主要是指不设闸门的输水涵洞与排洪涵洞,其一般由进口、洞身、出口三部分组成,如图 7-8 所示。

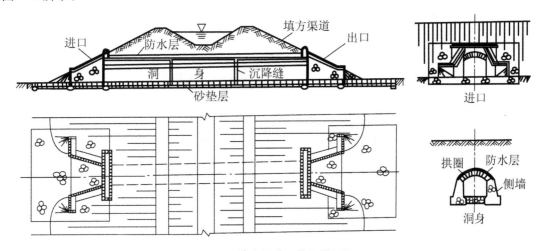

**图 7-8　填方渠道下的石拱涵洞**

### 1. 涵洞工作特点

渠道上的输水涵洞,一般是无压的,上下游水位差也较小,其过涵流速一般在 2 m/s 左右,故一般可不考虑专门的防渗、排水和消能问题。

### 2. 涵洞的类型

涵洞按水流通过时的形态可以分为无压涵洞、半有压涵洞和有压涵洞,如图 7-9 所示。

无压涵洞水头损失较少,一般适用于平原渠道。高填方土堤下的涵洞可用压力流。半有压流的状态不稳定,周期性作用时对洞壁产生不利影响,一般情况下设计时应避免这种流态。

洞身断面形式可分为圆形、方形和拱形。圆形洞身适用于顶部垂直荷载大的情况,可以是无压的,也可以是有压的,如图 7 10 所示。拱形洞身适用于洞顶垂直荷载较大,跨径大于 1.57 m 的无压涵洞。方形洞身适用于洞顶垂直荷载少,跨径小于 1 m 的无压明流涵洞。

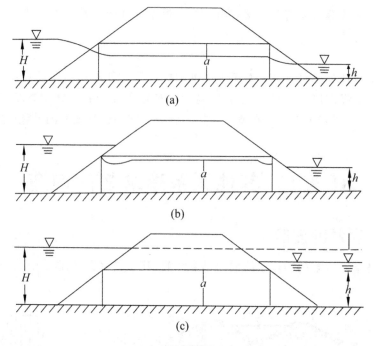

**图 7-9　涵洞的流态**

(a) 无压涵洞;(b) 半有压涵洞;(c) 有压涵洞

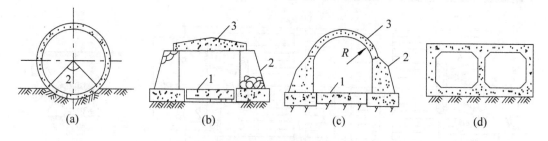

**图 7-10　涵洞断面形式**

(a) 圆涵;(b) 盖板涵;(c) 拱涵;(d) 箱涵

## 模块 2　渠道上桥梁的构造

**1. 桥梁的类型**

桥梁按用途,可分为生产桥、拖拉机桥和低标准公路桥;按结构形式和受力特点,可分为梁式桥、拱桥和桁架拱桥。

**2. 桥面构造**

(1) 行车道板:渠道上桥梁净宽一般根据车辆类型、荷载及运行要求加以确定。

(2) 桥面铺装:桥梁需在行车道板上面铺设桥面铺装,其作用在于防止车辆轮胎或履带对行车道板的直接磨损,此外对车的集中荷载还有扩散作用。

(3) 人行道:人行道的设置应根据需要而定,人行道宽 0.75 m 或 1.0 m,为便于排水,人行道也设置向行车道倾斜 1% 的横坡。

(4) 栏杆:人行道外侧设栏杆,栏杆高 0.8～1.2 m,栏杆柱间距 1.6～2.7 m,柱截面常为

0.15 m×0.15 m。不设人行道时,桥面两侧应设安全带。

（5）变形缝：为减小温度变化、混凝土收缩、地基不均匀沉降等影响,桥面需设置伸缩缝,缝内填塞有弹性、不透水的橡皮或沥青胶泥等,以防雨水和泥土渗入,保证车辆平稳行驶。

（6）排水设施：为便利桥面排水,桥面需设 1.5%～3.0%的横坡。

### 3. 桥梁的荷载

#### 1）荷载的分类

（1）恒载：包括桥梁上部结构物自重及附属设备重、填土重及土压力等。

（2）车辆荷载及其影响力：包括车辆荷载及其产生的冲击力、制动力,以及所引起的土侧压力等。

（3）其他荷载及外力：包括人群荷载、温度变化及混凝土收缩影响力、支座阻力、水的浮力、冰压力、漂浮物的撞击力及施工荷载等。

#### 2）荷载组合

（1）主要荷载组合：由恒载、车辆荷载、汽车荷载的冲击力、车辆荷载引起的土侧压力及人群荷载组成。

（2）附加荷载组合：① 由恒载和平板挂车或履带车荷载组成（又称验算荷载组合）;② 由主要荷载组合中的一种或几种荷载与可能同时作用的一种或几种荷载和外力组成。

## 模块 3　跌水与陡坡的构造

### 1. 落差建筑物的类型

当渠道通过地面过陡的地段时,为了保持渠道的设计比降,避免大填方或深挖方,往往将水流落差集中,修建建筑物连接上下游渠道,这种建筑物称为落差建筑物,如图 7-11 所示。

落差建筑物有跌水、陡坡、斜管式跌水和跌井式跌水等四种。其中跌水和陡坡应用最广。

落差建筑物的设计,除满足强度和稳定要求外,水力设计是重要内容。布置时应使进口前渠道水流不出现较大的水面降落和雍高,以免上游渠道产生冲刷或淤积,出口处必须设置消能防冲设施,避免下游渠道的冲刷。

### 2. 跌水

跌水有单级跌水和多级跌水两种形式,两者构造基本相同。一般单级跌水的跌差小于3～5 m,超过此值时宜采用多级跌水。

#### 1）单级跌水

单级跌水常由进口连接段、跌水口、跌水墙、消力池和出口连接段所组成。

（1）进口连接段。

为使渠水平顺进入跌水口,使泄水有良好的水力条件,常在渠道与跌水口之间设连接段。其形式有扭曲面、八字墙、圆锥形等。扭曲面翼墙较好,水流收缩平顺,水头损失小,是常用形式。连接段长度 $L$ 与上游渠底宽 $B$ 和水深 $H$ 的比值有关,$B/H$ 越大,$L$ 就越长。

（2）跌水口。

跌水口又称控制缺口,是设计跌水和陡坡的关键。为使上游渠道水面在各种流量下不产生雍高和降落,常将跌水口缩窄,减少水流的过水断面,以保持上游渠道的正常水深。跌水缺口的形式有矩形、梯形和底部加抬堰等形式。

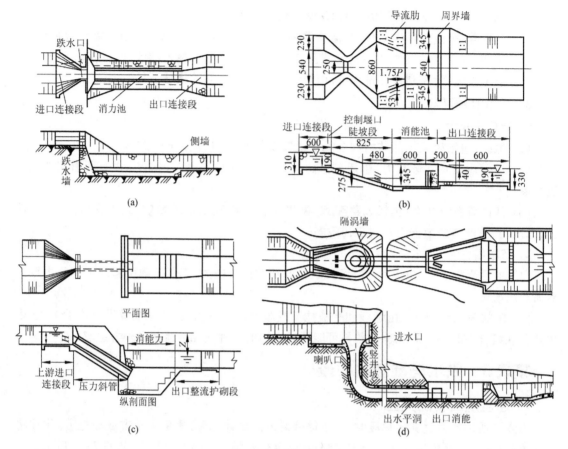

**图 7-11　落差建筑物**

（a）跌水；（b）陡坡；（c）斜管式跌水；（d）跌井式跌水

（3）跌水墙。

跌水墙有直墙和倾斜面两种。多采用重力式挡土墙。由于跌水墙插入两岸，其两侧有侧墙支撑，稳定性较好，设计时常按重力式挡土墙设计，但考虑到侧墙的支撑作用，也可按梁板结构计算。为防止上游渠道渗漏而引起跌水下游的地下水位抬高，减小渗流对消力池底板等的渗透压力，应做好防渗排水设施。

（4）消力池。

跌水墙下设消力池，使下泄水流形成水跃，以消减水流能量。消力池在平面布置上有扩散和不扩散形式，它的横断面形式一般为矩形、梯形和折线形。折线形布置为渠底高程以下为矩形，渠底高程以上为梯形。

（5）出口连接段。

下泄水流经消力池后，在出口处仍有较大的能量，流速在断面上分布不均匀，对下游渠道常引起冲刷破坏。为改善水力条件，防止水流对下游冲刷，在消力池与下游渠道之间设出口连接段，其长度应大于进口连接段。

**2）多级跌水**

多级跌水的组成和构造与单级跌水的相同，只是将消力池做成几个阶梯，各级落差和消力池长度都相等，使每级具有相同的工作条件，便于施工，如图 7-12 所示。

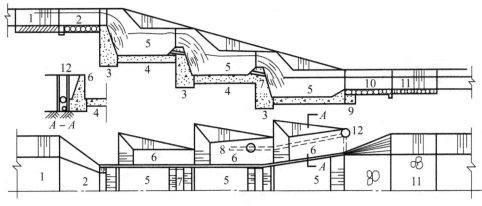

**图 7-12  多级跌水**

多级跌水的分级数目和各级落差大小,应根据地形、地质、工程量大小等具体情况综合分析确定。当受地形地质条件影响较大时,也可修建不连续的多级跌水。工程实践说明,多级跌水的跌水墙工程量与其数目成反比,即增加跌水数目,减小各级落差,在一般情况下,跌水墙的工程量将减小。

### 3. 陡坡

陡坡由进口连接段、控制堰口、陡坡段、消力池和出口连接段组成。

陡坡的构造与跌水的相似,不同之处是陡坡段代替了跌水墙。由于陡坡段水流速度较高,对进口和陡坡段布置要求较高,以使下泄水流平稳、对称且均匀地扩散,以利下游消能和防止对下游渠道的冲刷。

**1)陡坡段的布置**

在平面布置上,陡坡底可做成等宽的、底宽扩散形和菱形三种。

(1)扩散形陡坡。

陡坡段采用扩散形布置,可以使水流在陡坡上发生扩散,以减小单宽流量,这对下游消能防冲有利。陡坡的比降应根据修建陡坡处的地形、地质、跌差及流量大小等条件确定。当流量大、跌差大时,陡坡比降应缓一些;当流量较小、跌差小且地质条件较好时,可陡一些。土基上陡坡比降通常取 $1:2.5\sim1:5$。

(2)菱形陡坡。

菱形陡坡在平面布置上,上部扩散、下部收缩,在平面上呈菱形。在收缩段的边坡上设置导流肋。这种布置使消力池段的边墙边坡向陡槽段延伸,使其成为陡坡边坡的一部分,从而使水跃前后的水面宽度一致,两侧不产生平面回流旋涡,使消力池平面上的单宽流量和流速分布均匀,减轻了对下游的冲刷。

(3)陡坡段的人工加糙。

在陡坡段上进行人工加糙,对促使水流紊动扩散,降低流速,改善下游流态及消能均起着重要作用。常见的加糙方式有交错式矩形糙条、单人字形槛、双人字形槛、棋布形方墩等。

**2)消力池及出口连接段**

陡坡出口消能一般都采用消力池,使水流在池中发生淹没水跃以消减水流能量,其布置形式与跌水的相似。为了提高消能效果,消力池中常设一些辅助消能工,如消力齿、消力墩、消力肋及尾槛等。

# 项目 8　过坝建筑物构造与设计

河流是天然的水道，为船舶、木（竹）材和鱼类提供来往的通道。在河道上修建拦河闸、坝以后，一方面其上游加大水深，改善了航行条件，扩大了水产养殖水域；另一方面却截断了河流并形成集中的上下游水位差，阻碍了船舶通航、木材流放和鱼类回游。因此，必须在筑坝、建闸的同时，根据运用的需要，在水利枢纽中设置过船、过木、过鱼的专门水工建筑物。

水工建筑物根据其用途，大致可分为通航建筑物、过木建筑物和过鱼建筑物等三类。

# 任务 1　通航建筑物构造与设计

通航建筑物一般在下列情况下修建：① 通航的河道被拦水坝闸截断后，影响航运；② 渠的河道上形成集中落差，妨碍航运。

通航建筑物一般分为船闸和升船机两类。船闸利用水力使船只浮送过坝，通航能力较大，应用较为广泛。升船机是利用机械将船只升送过坝，耗水量少，一次提升高度大。

## 模块 1　船闸构造与设计

船闸是通过闸室的水位自动上升或下降，分别与上游或下游水位齐平，从而使得船舶克服航道上的集中水位落差，从上游（下游）水面驶向下游（上游）水面的专门建筑物。

### 1. 船闸的组成

船闸一般由闸室，上、下游闸首，引航道等基本部分组成，如图 8-1 所示。

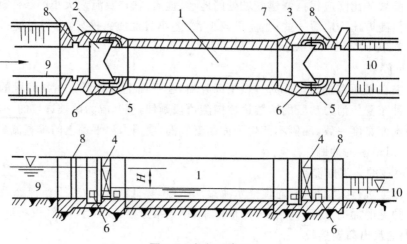

**图 8-1　船闸示意图**

1—闸室；2—上闸首；3—下闸首；4—闸门；5—阀门；6—输水廊道；7—门龛；

8—检修门槽；9—上游引航道；10—下游引航道

**1）闸室**

闸室是指由上、下闸首和两侧边墙所组成，通过船闸的船舶可在此暂时停泊的空间。闸室是船闸的主要组成部分，主要由浆砌石、钢筋混凝土闸底板和闸墙构成，可以是整体式的，也可以是分离式的。闸室可保证过坝（闸）船只的安全，闸墙上需设系船柱或系船环。

**2）上、下游闸首**

上、下游闸首是指将闸室与上、下游引航道隔开的挡水建筑物，一般由侧墙和底板组成。位于上游的闸首称为上闸首，位于下游的闸首称为下闸首。闸首内设有工作闸门、检修闸门、输水系统（输水廊道和输水阀门等）及启闭机械等设备。船闸的闸门常用人字形闸门。

**3）引航道**

引航道是指保证过闸船舶安全进出闸室交错避让和停靠用的一段航道。与上闸首相连接的航道称为上游引航道，与下闸首相连接的航道称为下游引航道。

引航道内一般设有导航和靠船建筑物。导航建筑物与闸首相连接，其作用是引导船舶顺利地进出闸室；靠船建筑物与导航建筑相连接，布置于船只过闸方向的一岸，其作用是供等待过闸船舶停靠使用。

## 2. 船闸工作原理

船只过坝的工作原理是利用输水设备使闸室内水位依次与上、下游齐平，使船只顺利从上游到下游，或从下游到上游。具体过程为：当上行船只过闸时，首先通过下游输水设备将闸室内水位泄放到与下游水位齐平，然后开启下游闸门，船只驶入闸室后关闭下游闸门，由上游输水设备向闸室充水，待水面与上游水位齐平后开启上游闸门，船只离开闸室上行。若有船只下行，则需先关闭上游闸门。调节水位后，再开启下游闸门，让船只下行。

图 8-2 所示的为船只过闸程序示意图。

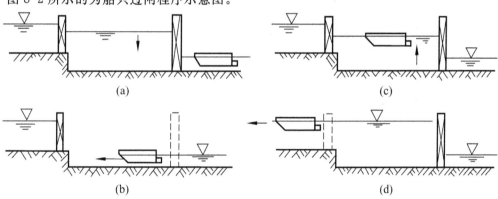

(a)　　　　　　　　　　　　　　　　(c)

(b)　　　　　　　　　　　　　　　　(d)

**图 8-2　船只过闸程序示意图**

## 3. 船闸的类型

### 1）按船闸级数分

（1）单级船闸：是指沿船闸纵向只建有一级闸室的船闸，如图 8-2 所示。这种形式的船闸，船只通过时，只需要进行一次充泄水即可克服上、下游水位的全部落差，一般适用于 20 m 以内水头。

（2）多级船闸：是指沿船闸纵向连续建有两级以上闸室的船闸，如图 8-3 所示。船只通过多级船闸时，需进行多次充泄水才能克服上、下游水位的全部落差。多级船闸一般适用于水头

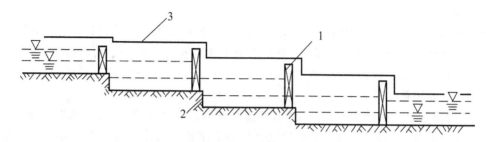

**图 8-3　多级船闸示意图**
1—闸门；2—帷墙；3—闸墙顶

超过 20 m 的情况。

**2）按船闸的线数分**

（1）单线船闸：其特点是在一个枢纽内只建有一条通航线路的船闸。一般情况下，大多数采用这种形式。

（2）多线船闸：是指在一个枢纽内建有两条或两条以上通航线路的船闸。图 8-4 所示的为长江葛洲坝水利枢纽所采用的三线船闸。当通过枢纽的货运量巨大，采用单线船闸不能满足通过能力要求或船闸所处河段的航道对国民经济具有特殊重要意义，以及不允许因船闸检修而停航时才修建多线船闸。

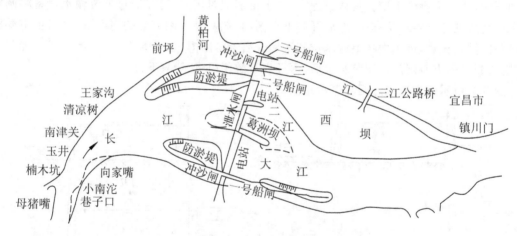

**图 8-4　葛洲坝水利枢纽三线船闸布置示意图**

在双线船闸中，可将两个船闸的闸室并列，而在两个闸室之间采用一个公共的隔墙，如图 8-5 所示。这时可利用隔墙设置输水廊道，使两个闸室相互连通，一个闸室的泄水可以部分地用于另一个闸室的充水，这样可以减少工程量和船闸用水量。

**3）按闸室形式分**

（1）广厢式船闸：其主要特点是，闸首口门的宽度小于闸室的宽度，如图 8-6 所示，适用于小型船只为主过坝。

（2）具有中间闸首的船闸。在上、下闸首之间增设一个中间闸首，将一个闸室分为前、后两部分，如图 8-7 所示。当所通过的船只较小时，可只用闸室的前半部或后半部；当通过较大的船只或船只较多时，可将前、后闸室连为一体使用。这种形式的船闸适用于过闸船只数量、大小不均一的情况。

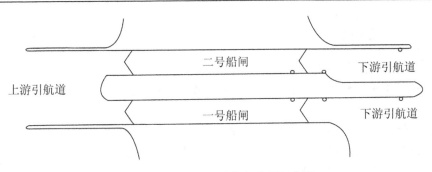

**图 8-5　闸室并列双线船闸布置示意图**

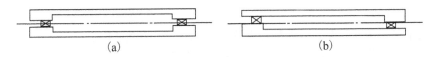

**图 8-6　广厢式船闸示意图**

（3）竖井式船闸。在闸室的上游侧设有较高的帷墙，而在下游侧设有胸墙，船舶在胸墙下的净空通过，下游闸门采用平面提升式，如图 8-8 所示。这种形式的船闸用于水头较高、地基良好的情况，可以减小下游闸门的高度，使用于水头高且地基良好的情况。

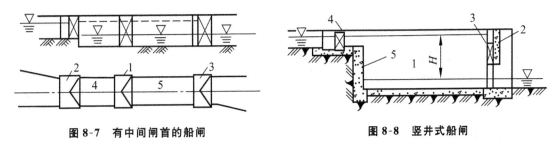

**图 8-7　有中间闸首的船闸**　　　　　**图 8-8　竖井式船闸**

**4）船闸基本尺度**

船闸基本尺度包括闸室有效长度与宽度、门槛水深及引航道长度与宽度。船闸的基本尺度取决于过闸船队的数量和船只大小，如图 8-9 所示。

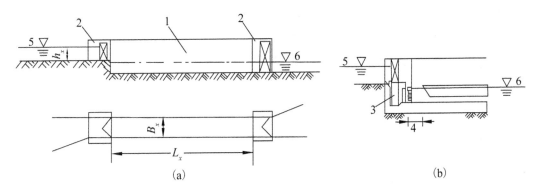

**图 8-9　船闸的基本尺度示意图**

1—闸室；2—闸首；3—消能室；4—镇静段；5—上游最低通航水位；6—下游最低通航水位

## 模块 2　升船机

### 1. 升船机的组成及作用

升船机一般由承船厢、垂直支架或斜坡道、闸首、机械传动机构、事故装置和电气控制系统等几部分。

(1) 承船厢:用于装载船只,其上、下游端部均设有厢门,以使船舶进出承船厢体。

(2) 垂直支架或斜坡道:垂直支架一般用于垂直升船机的支撑结构,并起导向作用,而斜坡道则用于斜面升船机的运行轨道。

(3) 闸首:用于衔接承船厢与上、下游引航道,闸首内一般设有工作闸门和拉紧(将承船厢与闸首锁紧)、密封等装置。

(4) 机械传动机构:用于驱动承船厢升降和启闭承船厢的厢门。

(5) 事故装置:当发生事故时,用于制动并固定承船厢。

(6) 电气控制系统:主要是用于操纵升船机的运行。

### 2. 升船机的工作原理

将船只开进有水或无水的船厢内,利用水力或机械沿垂直或斜面的方向升降船厢,达到使船只过坝的作用。

### 3. 升船机的类型

#### 1) 按承船厢的工作条件分

升船机按承船厢的工作条件,可分为干式和湿式两种类型。

(1) 干式也称干运,是指将船只置于无水的承船厢内承台上提升运送过坝。

(2) 湿式也称湿运,是指船只浮于有水的承船厢内提升运送过坝,与船闸的工作原理基本相同。

#### 2) 按承船厢的运行线路分

升船机按承船厢的运行线路,一般可分为垂直升船机和斜面升船机两种类型。

(1) 垂直升船机:是利用水力或机械力沿铅直方向升降,使船只过坝;按其升降设备特点,有提升式、平衡重式和浮筒式等形式,如图 8-10 所示。

(2) 斜面升船机:将船只置于承船厢内,沿着铺在斜面上的轨道升降,运送船只过坝,一般由承船厢、斜坡轨道及卷扬机等设备组成,如图 8-11 所示。

## 模块 3　通航建筑物形式的选择及布置

### 1. 形式的选择

水头在 40 m 以下时,宜选船闸;20 m 以下时,宜用单级;20 m 以上时,可考虑多级;40～70 m 时,应在船闸与升船机之间进行技术经济比较,择优选定;大于 70 m 时,宜建升船机。

### 2. 布置

(1) 通航建筑物一般靠岸边布置。

(2) 船闸应布置在稳定、顺直河段。

(3) 闸室一般布置在坝(闸)轴线的下游。

(4) 平原地区的低水头枢纽,应考虑河床变迁及泥沙淤积对航道进出的影响。

(5) 过坝公路或铁路跨越船闸时,将交通桥布置在下闸首易满足桥下净空要求。

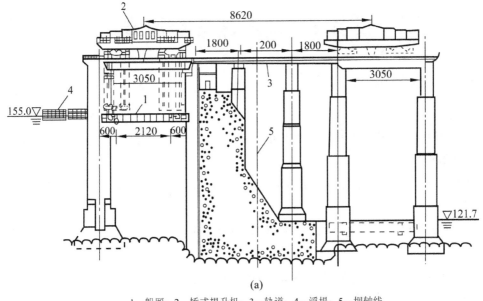

(a)

1—船厢；2—桥式提升机；3—轨道；4—浮堤；5—坝轴线

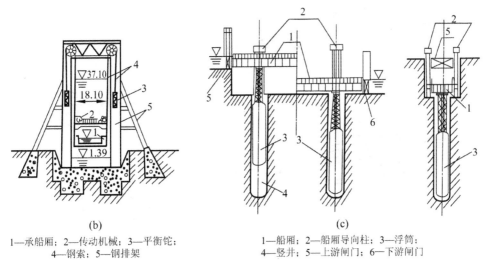

(b)

1—承船厢；2—传动机械；3—平衡铊；
4—钢索；5—钢排架

(c)

1—船厢；2—船厢导向柱；3—浮筒；
4—竖井；5—上游闸门；6—下游闸门

**图 8-10  垂直升船机(单位:cm)**

(a) 提升式垂直升船机；(b) 平衡重式垂直升船机；(c) 浮筒式升船机

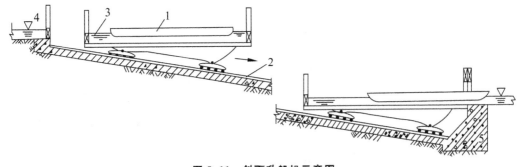

**图 8-11  斜面升船机示意图**

1—船只；2—轨道；3—承船厢；4—上闸首；5—下闸首

# 任务2　过木建筑物构造

## 模块1　筏道构造

**1. 定义**

筏道是利用水力输送木排(木筏)过坝的陡槽。

**2. 适用条件**

中、低水头且上游水位变幅不大的水利枢纽。

**3. 优点**

通过能力大、使用方便、建筑技术要求低、运费便宜等。

**4. 组成**

筏道主要由上、下游引筏道,进口段,槽身段和出口段组成。

筏道形式如图 8-12 所示。

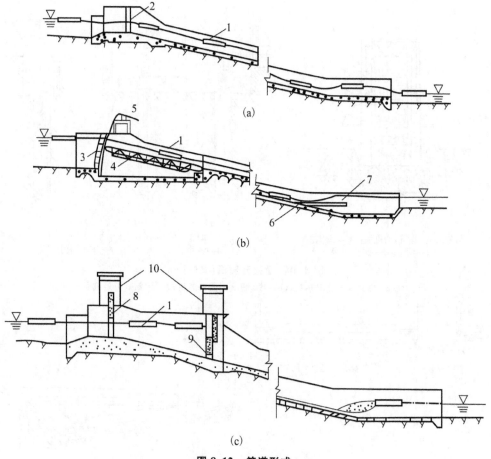

**图 8-12　筏道形式**

1—木筏;2—闸门槽;3—叠梁闸门;4—活动筏槽;5—卷扬机;
6—糙齿;7—消能栅;8—上闸门(开);9—下闸门(关);10—启闭机室

## 模块 2　漂木道构造

与筏道类似,漂木道也是一个水槽,由上、下游引筏道,进口段,槽身段和出口段组成,用于大批散漂原木的浮运过坝。还有一种只运送单根原木的过木槽,用于过木量较少的情况。漂木道按木材的通过方式,可分为全浮式、半浮式和湿润式,适用于中、低水头且上游水位变化不大的水利枢纽。

## 模块 3　过木机构造

过木机是一种运送木材过坝的机械设施。通过高坝修建筏道及漂木道有困难或不经济时,可以采用机械设备输送木材过坝。我国的一些水利枢纽采用的过木机有链式传送机、垂直和斜面卷扬提升式过木机、桅杆式和塔式起重机、架空索道传送机等。

## 模块 4　过木建筑物在水利枢纽中的布置

(1) 最好将过木建筑物布置在靠近岸边处,并与船闸和水电站厂房分开。

(2) 进口应设导漂设施,以便引导原木或木排进入过木通道。

(3) 筏道和漂木道应布置成直线,上、下游引筏道可根据地形条件布置成直线或曲线线形。

(4) 下游出口要求水流顺直,以便木材顺河下行,不致随回流停滞。

# 任务 3　过鱼建筑物构造

**1. 鱼道**

鱼道是最早采用的一种过鱼建筑物,适用于低水头水利枢纽。鱼道由进口、槽身、出口及诱鱼补给水系统等组成。鱼道按其结构形式有斜槽式、水池式和隔板式等三类。

**2. 鱼闸**

鱼闸的工作原理类似于船闸,采用控制水位升降的方法来输送鱼类通过拦河闸坝。鱼闸主要有竖井式和斜井式两种类型,能在较大水位差条件下工作,可以适用于较高的水头。

**3. 升鱼机**

升鱼机是利用机械设施将鱼输送过坝,既可适用于高水头的水利枢纽过鱼,又能适应库水位较大变幅,但机械设备易发生故障。升鱼机有湿式和干式两种。

**4. 过鱼建筑物在水利枢纽中的位置**

低水头的闸坝枢纽,常把鱼道布置在水闸一侧的边墙内或岸边上,进口则设在边孔的闸门下游。

水头较高的水利枢纽,常把鱼道、鱼闸或升鱼机分别布置在水电站和溢流坝两侧或导墙内。

# 参 考 文 献

[1]  电力工业部中南勘测设计研究院.DL 5077—1997 水工建筑物荷载设计规范[S].北京：中国电力出版社,2000.

[2]  长江水利委员会长江勘测规划设计研究院.SL 252—2000 水工建筑物等级划分及洪水标准[S].北京：中国水利水电出版社,2000.

[3]  中国水利水电科学研究院.DL 5073—2000 水工建筑物抗震设计规范[S].北京：中国电力出版社,2001.

[4]  长江水利委员会长江勘测规划设计研究院.SL 319—2005 混凝土重力坝设计规范[S].北京：中国水利水电出版社,2005.

[5]  贵州省水利厅.SL 25—2006 砌石坝设计规范[S].北京：水利电力出版社,2006.

[6]  上海勘测设计研究院,长江水利委员会长江勘测规划设计研究院.SL 282—2003 混凝土拱坝设计规范[S].北京：中国水利水电出版社,2003.

[7]  水利部国际合作与科技司.SL/T 225—98 水种水电工程土工合成材料应用技术规范[S].北京：中国水利水电出版社,1998.

[8]  水电水利规划设计总院.SL 274—2001 碾压式土石坝设计规范[S].北京：中国水利水电出版社,2002.

[9]  中水东北勘测设计研究有限责任公司.SL 211—97 水工建筑物抗冻设计规范[S].北京：中国水利水电出版社,1998.

[10]  水电水利规划设计总院.SL 228—98 混凝土面板堆石设计规范[S].北京：中国水利水电出版社,2002.

[11]  水利部天津水利水电勘测设计研究院.SL 253—2000 溢洪道设计规范[S].北京：中国水利水电出版社,2000.

[12]  江苏省水利勘测设计研究院.SL 265—2001 水闸设计规范[S].北京：中国水利水电出版社,2001.

[13]  水利部东北勘测设计研究院.SL 279—2002 水工隧洞设计规范[S].北京：中国水利水电出版社,2003.

[14]  水利电力部水利水电规划设计总院.中国拱坝[M].北京：水利电力出版社,1987.

[15]  李瓒,陈兴华,郑建波,等.混凝土拱坝设计.北京：中国电力出版社,2000.

[16]  王世夏.水工建筑物的理论和方法[M].北京：中国水利水电出版社,2000.

[17]  祁庆和.水工建筑物[M].北京：中国水利水电出版社,1998.

[18]  胡荣辉,张五禄.水工建筑物[M].北京：中国水利水电出版社,1999.

[19]  郭宗闵.水工建筑物[M].北京：中国水利水电出版社,1998.

[20]  黎展眉.拱坝[M].北京：水利电力出版社,1982.

[21]  王毓泰,周维垣,毛健全,等.拱坝坝肩岩体稳定分析[M].贵阳：贵州人民出版社,1982.

[22]  王宏硕,翁情达.水工建筑物(基本部分)[M].北京：水利电力出版社,1991.

[23] 吴媚玲.水工建筑物[M].北京:清华大学出版社,1991.

[24] 张世儒,夏维成.水闸[M].北京:水利电力出版社,1979.

[25] 谈松曦.水闸设计[M].北京:水利电力出版社,1986.

[26] 沈长松,王世夏,林益才,等.水工建筑物[M].北京:中国水利水电出版社,2008.

[27] 白继中,田利萍,张保同.水工建筑物[M].郑州:黄河水利出版社,2010.